21世纪高等学校计算机教育实用规划教材

Java语言程序设计 (Java 7)
——入门与提高篇

李绪成 王法胜 主编
熊耀华 付丽梅 董英茹 李民 副主编

清华大学出版社
北京

内 容 简 介

本书通过 270 多个实例、1 万多行代码对 Java 技术进行全面而详细的介绍。

本书共分 6 章。第 1 章是 Java 语言快速入门，让读者对编程语言和 Java 语言有初步的认识，能够使用集成开发环境编写出自己的第一个程序。第 2 章是 Java 基本编码能力培养，包括基本数据类型、各种运算符、流程控制、方法和数组。第 3 章是面向对象基础，介绍了如何编写类以及如何创建对象，并介绍了对象数组、基本数据类型封装类型、String、Math、Date、Random、System、DateFormat、MessageFormat 和 NumberFormat 等常用工具类的用法。第 4 章介绍了面向对象的高级特性，包括继承、多态、final、abstract 等特性，以及 Object 类、Class 类和内部类的使用。第 5 章用于提升读者的编码能力，包括对异常处理、输入输出、集合框架、正则表达式、枚举类型和 Annotation 类型的介绍。第 6 章是关于 Java 开发的高级主题，包括多线程、网络编程和 GUI 编程，最后通过 3 个综合实例对全书内容进行了总结。

为了便于读者学习，本书提供了 30 多个学时的配套视频教程以及 500 多道各种类型的习题。

本书可以作为高等院校计算机相关专业 Java 语言程序设计课程的教材，也可以作为 Java 程序设计的培训教材，还可以作为自学者的参考书。

封面贴有清华大学出版社防伪标签，无标签者不得销售。
版权所有，侵权必究。侵权举报电话：010-62782989　13701121933

图书在版编目(CIP)数据

Java 语言程序设计(Java 7)——入门与提高篇/李绪成，王法胜主编．—北京：清华大学出版社，2014
(2020.8 重印)
21 世纪高等学校计算机教育实用规划教材
ISBN 978-7-302-34761-3

Ⅰ．①J…　Ⅱ．①李…②王…　Ⅲ．①JAVA 语言－程序设计－高等学校－教材　Ⅳ．①TP312

中国版本图书馆 CIP 数据核字(2013)第 298461 号

责任编辑：付弘宇　薛　阳
封面设计：傅瑞学
责任校对：白　蕾
责任印制：丛怀宇

出版发行：清华大学出版社
　　　网　　址：http://www.tup.com.cn，http://www.wqbook.com
　　　地　　址：北京清华大学学研大厦 A 座　　　邮　编：100084
　　　社 总 机：010-62770175　　　　　　　　　　邮　购：010-62786544
　　　投稿与读者服务：010-62776969，c-service@tup.tsinghua.edu.cn
　　　质量反馈：010-62772015，zhiliang@tup.tsinghua.edu.cn
　　　课件下载：http://www.tup.com.cn,010-83470236
印 装 者：涿州市京南印刷厂
经　　销：全国新华书店
开　　本：185mm×260mm　　　印　张：25.75　　　字　数：624 千字
　　　　　(附光盘 1 张)
版　　次：2014 年 1 月第 1 版　　　　　　　　　　印　次：2020 年 8 月第 4 次印刷
印　　数：4001～4500
定　　价：49.00 元

产品编号：055222-02

出版说明

随着我国高等教育规模的扩大以及产业结构调整的进一步完善,社会对高层次应用型人才的需求将更加迫切。各地高校紧密结合地方经济建设发展需要,科学运用市场调节机制,合理调整和配置教育资源,在改革和改造传统学科专业的基础上,加强工程型和应用型学科专业建设,积极设置主要面向地方支柱产业、高新技术产业、服务业的工程型和应用型学科专业,积极为地方经济建设输送各类应用型人才。各高校加大了使用信息科学等现代科学技术提升、改造传统学科专业的力度,从而实现传统学科专业向工程型和应用型学科专业的发展与转变。在发挥传统学科专业师资力量强、办学经验丰富、教学资源充裕等优势的同时,不断更新教学内容、改革课程体系,使工程型和应用型学科专业教育与经济建设相适应。计算机课程教学在从传统学科向工程型和应用型学科转变中起着至关重要的作用,工程型和应用型学科专业中的计算机课程设置、内容体系和教学手段及方法等也具有不同于传统学科的鲜明特点。

为了配合高校工程型和应用型学科专业的建设和发展,急需出版一批内容新、体系新、方法新、手段新的高水平计算机课程教材。目前,工程型和应用型学科专业计算机课程教材的建设工作仍滞后于教学改革的实践,如现有的计算机教材中有不少内容陈旧(依然用传统专业计算机教材代替工程型和应用型学科专业教材),重理论、轻实践,不能满足新的教学计划、课程设置的需要;一些课程的教材可供选择的品种太少;一些基础课的教材虽然品种较多,但低水平重复严重;有些教材内容庞杂,书越编越厚;专业课教材、教学辅助教材及教学参考书短缺,等等,都不利于学生能力的提高和素质的培养。为此,在教育部相关教学指导委员会专家的指导和建议下,清华大学出版社组织出版本系列教材,以满足工程型和应用型学科专业计算机课程教学的需要。本系列教材在规划过程中体现了如下一些基本原则和特点。

(1) 面向工程型与应用型学科专业,强调计算机在各专业中的应用。教材内容坚持基本理论适度,反映基本理论和原理的综合应用,强调实践和应用环节。

(2) 反映教学需要,促进教学发展。教材规划以新的工程型和应用型专业目录为依据。教材要适应多样化的教学需要,正确把握教学内容和课程体系的改革方向,在选择教材内容和编写体系时注意体现素质教育、创新能力与实践能力的培养,为学生知识、能力、素质协调发展创造条件。

(3) 实施精品战略,突出重点,保证质量。规划教材建设仍然把重点放在公共基础课和专业基础课的教材建设上;特别注意选择并安排一部分原来基础比较好的优秀教材或讲义修订再版,逐步形成精品教材;提倡并鼓励编写体现工程型和应用型专业教学内容和课程体系改革成果的教材。

（4）主张一纲多本，合理配套。基础课和专业基础课教材要配套，同一门课程可以有多本具有不同内容特点的教材。处理好教材统一性与多样化，基本教材与辅助教材，教学参考书，文字教材与软件教材的关系，实现教材系列资源配套。

　　（5）依靠专家，择优选用。在制订教材规划时要依靠各课程专家在调查研究本课程教材建设现状的基础上提出规划选题。在落实主编人选时，要引入竞争机制，通过申报、评审确定主编。书稿完成后要认真实行审稿程序，确保出书质量。

　　繁荣教材出版事业，提高教材质量的关键是教师。建立一支高水平的以老带新的教材编写队伍才能保证教材的编写质量和建设力度，希望有志于教材建设的教师能够加入到我们的编写队伍中来。

21世纪高等学校计算机教育实用规划教材编委会
联系人：魏江江 weijj@tup.tsinghua.edu.cn

前　言

毋庸置疑，Java 是一种优秀的编程语言，从诞生至今一直都很优秀！

尽管 Java 很优秀，但是对于第一次接触编程的人来说并不容易学，尤其是入门，万事开头难。作者讲了十多年的 Java 课程，接触过各种学生，包括参加培训的学生、专科学生、本科学生、硕士研究生和企业员工，对此深有体会。

本书将为你打开一扇通往 Java 世界的大门，使你少走弯路，快速入门，打好坚实的基础。

本书的特点

本书的特点如下：

- 全部知识点都采用实例进行讲解，全书使用了 270 多个实例。
- 注重编码能力的培养，对常用的工具类及其用法进行了详细的介绍，很多时候不在语法细节上纠缠过多，而是关注如何使用。
- 内容安排上遵从如下过程：培养基本编码能力和对 Java 的兴趣→掌握 Java 的面向对象特性→掌握常用类库的用法→掌握 Java 的一些高级特性。
- 对 Java 7 的新特性进行了介绍，并且指出了哪些是 Java 7 的新特性以便读者根据自己的工作环境选择语法。
- 提供 500 多道习题加深对知识的理解和提高动手能力，通过简答题和填空题考查读者对基本概念的掌握，通过选择题加深对知识点的理解，通过编程题提升读者的编码能力。
- 通过 30 多个学时的同步视频教程帮助学生学习，视频是作者上课的内容实录，真实地反映了授课过程，读者观看视频就像是在作者的课堂上一样。

本书的内容组织

第 1 章先从整体上对编程语言进行了概述，接下来对 Java 语言进行了概述，然后介绍了如何在集成开发环境下开发 Java 程序，通过一个例子介绍了 Java 程序的组成、编写和运行。

第 2 章是对基本编码能力的培养，首先介绍如何使用 Java 语言表示信息以及如何使用 Java 语言处理信息，然后介绍了如何使用选择结构和循环结构，最后介绍了如何编写方法和使用数组。

第 3 章是对面向对象基本概念的介绍，首先介绍了如何编写类和如何创建对象，然后介绍了基本类型及其封装类型的用法，在此基础上介绍了对象数组、String 相关类和一些常用的工具类。

第 4 章进一步介绍了 Java 面向对象的一些高级特性，包括如何实现继承、final 修饰符和 abstract 修饰符的使用、强制类型转换、多态性、Object 类和 Class 类的使用以及内部类的使用。

第 5 章对编码能力提升，包括异常处理、输入输出、集合框架、正则表达式、枚举类型和 Annotation。异常处理，对程序中可能出现的异常情况进行处理；输入输出，对输入输出流和文件操作进行介绍；集合框架，介绍泛型与常用的集合操作的相关的类；正则表达式，对正则表达式的编写和使用进行介绍；枚举类型和 Annotation 类型的介绍；ResourceBundle 的使用。

第 6 章介绍了几个 Java 的高级应用，包括多线程、网络编程和 GUI 编程。多线程，介绍 Java 如何对多线程提供支持，以及如何使用 Java 编写多线程应用；网络编程，介绍如何通过 HTTP 协议访问 Web 应用，如何通过 Socket 编程实现 C/S 结构的应用程序；GUI，介绍如何编写图形用户界面。最后给出了 3 个综合实例。

第 1 章由李绪成编写，第 2 章由王法胜编写，第 3 章由熊耀华编写，第 4 章由付丽梅编写，第 5 章由董英茹编写，第 6 章由李民编写，参加本书光盘资源建设的还有闫海珍、孙凤栋、王红、张阳等人。李绪成负责全部书稿和资源的审定。

本书光盘内容和其他辅助资源

本书附赠光盘包含的内容如下：
(1) 对应本书的视频教程。是作者给研究生上课的视频教程，几乎包含了全部内容。
(2) 实例源代码。书中 270 多个实例对应的代码。
(3) 习题。500 多道习题及部分参考答案。
(4) Eclipse 中程序的调试方法。调试程序的能力是编程人员的一项最基本的能力。
(5) 常见 Java 异常及原因分析。
(6) 多份 Java 比赛的试题。
(7) 本书内容对应的 PPT(PDF 格式)。
(8) Eclipse，Java 集成开发环境。本书采用的版本是 Eclipse IDE for Java Developers：Juno Service Release 1。
(9) JDK 和 JRE。本书使用的版本是 Java 7。

另外，读者可以从我的博客或者清华大学出版社的网站上得到其他辅助资料。我的博客地址是 http://blog.csdn.net/javaeeteacher。博客上有大量 Java 相关的技术文档。读者也可以通过博客与本人交流和提问，我会尽我所能来回答读者的问题。

提供给教师的资源

为了方便教师使用本教材，本书为教师提供了电子版的教学辅助资料，教师可以通过清华大学出版社网站或者作者的邮箱(lixucheng@dl.cn)、责任编辑的邮箱(fuhy@tup.tsinghua.edu.cn)来获取。这些资料包括：
(1) 教学大纲，包括 3 种版本，分别对应 32 学时、64 学时和 96 学时。
(2) 教学进程表(日历)，包括 3 种版本，分别对应 32 学时、64 学时和 96 学时。
(3) Word 版本的教案。

(4) 教学内容对应的 PPT 的可编辑版本。

(5) 期中试题,多套不同类型的试题。

(6) 期末试题,多套不同类型的试题。

给学生和读者的建议

要想学好 Java,第一要实践,第二要实践,第三还是要实践,实践是硬道理。

最好把书中的所有例子都自己写一遍试试,然后在此基础上进行修改来加深理解,最后通过光盘中提供的各种习题来加深对概念的理解以及提高编码能力。

对于不同的专题,可以从网络上获取各种资源,或者查看 Oracle 公司提供的 Java 帮助文档。

希望读者不仅仅是学会书中的内容,更能学会如何学习。

致谢

本书的出版要感谢很多人,首先要感谢参与本书编写的其他作者,感谢他们和我共同完成了这本书。

感谢我教过的所有学生,教他们学习 Java 的经历对于本书内容的选择和组织有很大帮助,使我知道哪些知识点应该详细讲,哪些知识点需要重点讲,每个知识点应该如何讲。

感谢 CSDN 的读者,部分书稿在 CSDN 上分享,很多读者提了很好的建议。

感谢我的学生们——2012 级软件工程硕士,他们是本书的第一批读者,他们为最终的书稿提了很多有益的建议。

感谢清华大学出版社的编辑,是他们让书稿更加通顺易读。

最后要感谢我的家人,正是有他们的支持,我才有大量的时间来写这本书。

尽管我们尽了最大努力,但因为水平有限、时间仓促,书中错误在所难免,欢迎读者批评指正。有问题请联系: lixucheng@dl.cn 或 fuhy@tup.tsinghua.edu.cn。

编 者

2013 年 10 月

目 录

第1章 Java 语言快速入门 ································ 1
  1.1 引言 ··· 1
    1.1.1 程序与软件 ································ 1
    1.1.2 程序设计语言 ······························ 1
    1.1.3 流行的程序设计语言 ··················· 2
    1.1.4 面向对象与面向过程 ··················· 2
    1.1.5 机器语言、汇编语言和高级语言 ····· 2
    1.1.6 解释与编译 ································ 3
  1.2 Java 语言概述 ······································· 3
    1.2.1 Java 语言的发展历史 ··················· 3
    1.2.2 Java 7 的架构 ···························· 4
    1.2.3 Java 语言的特点 ························· 6
    1.2.4 Java 的 3 个版本 ························ 6
    1.2.5 Java 程序的运行过程 ·················· 7
  1.3 Java 运行环境 ······································· 8
    1.3.1 JDK 下载 ··································· 8
    1.3.2 系统需求 ···································· 8
    1.3.3 安装 JDK ··································· 9
    1.3.4 配置环境变量 Path ····················· 10
  1.4 第一个 Java 程序 ·································· 11
    1.4.1 编写源代码 ································ 11
    1.4.2 把源文件编译成字节码文件 ········ 12
    1.4.3 使用 java 命令运行字节码文件 ···· 14
  1.5 使用 Eclipse 编写 Java 程序 ·················· 15
    1.5.1 下载 ··· 15
    1.5.2 安装 ··· 15
    1.5.3 配置 ··· 16
    1.5.4 编写 Java 程序 ·························· 18
  1.6 Java 语言的基本符号 ···························· 23
    1.6.1 Java 语言使用的编码 ·················· 23

1.6.2　数字常量 …………………………………… 23
　　1.6.3　字符常量 …………………………………… 23
　　1.6.4　字符串常量 ………………………………… 24
　　1.6.5　布尔常量 …………………………………… 24
　　1.6.6　标识符 ……………………………………… 24
　　1.6.7　保留字 ……………………………………… 25
　　1.6.8　运算符 ……………………………………… 25
　　1.6.9　分隔符 ……………………………………… 25
　　1.6.10　null 符号 …………………………………… 26
　　1.6.11　void 符号 …………………………………… 26
　　1.6.12　注释 ………………………………………… 26
1.7　实例：输出各种基本数据 …………………………… 27
小结 ………………………………………………………… 28

第 2 章　Java 基本编码能力培养 ……………………… 29

2.1　信息表示 ……………………………………………… 29
　　2.1.1　8 种基本数据类型 …………………………… 29
　　2.1.2　引用类型的代表 String 类型 ………………… 30
　　2.1.3　变量声明 ……………………………………… 31
　　2.1.4　使用变量表示信息（为变量赋值）…………… 31
　　2.1.5　实例：使用变量表示信息并输出 …………… 34
2.2　输入各种类型的数据 ………………………………… 35
　　2.2.1　通过 Scanner 输入 int 类型的数据 …………… 35
　　2.2.2　通过 Scanner 输入其他类型的数据 ………… 36
2.3　进行各种运算 ………………………………………… 38
　　2.3.1　赋值运算符 …………………………………… 38
　　2.3.2　算术运算符 …………………………………… 39
　　2.3.3　自增、自减运算符 …………………………… 41
　　2.3.4　比较（关系）运算符 ………………………… 42
　　2.3.5　逻辑运算符 …………………………………… 43
　　2.3.6　位运算符 ……………………………………… 45
　　2.3.7　移位运算符 …………………………………… 46
　　2.3.8　条件运算符 …………………………………… 48
　　2.3.9　字符串连接运算符 …………………………… 48
　　2.3.10　复合赋值运算符 …………………………… 50
2.4　顺序结构 ……………………………………………… 50
2.5　选择结构 ……………………………………………… 51
　　2.5.1　基本选择 if…else …………………………… 51
　　2.5.2　变形 1：if …………………………………… 53

  2.5.3 变形 2：if-else if-else ·········· 53
  2.5.4 多选择 switch 语句 ·········· 56
  2.5.5 实例：计算个人所得税 ·········· 58
 2.6 循环结构 ·········· 59
  2.6.1 for 循环 ·········· 59
  2.6.2 while 循环和 do while 循环 ·········· 63
  2.6.3 cotinue 和 break ·········· 65
  2.6.4 死循环 ·········· 66
  2.6.5 死循环实例：学生信息管理系统的菜单设计 ·········· 67
  2.6.6 实例：求多个数字的最大值、最小值和平均值 ·········· 68
 2.7 数组 1 ·········· 69
  2.7.1 一维数组的定义 ·········· 69
  2.7.2 为数组申请空间 ·········· 70
  2.7.3 一维数组元素的访问 ·········· 71
  2.7.4 为数组元素赋值和遍历数组 ·········· 71
  2.7.5 实例：查找、反转、排序 ·········· 73
  2.7.6 使用 Arrays 管理数组：排序、复制、查找和填充 ·········· 75
  2.7.7 二维数组 ·········· 79
 2.8 方法 ·········· 82
  2.8.1 方法的定义 ·········· 82
  2.8.2 方法的调用 ·········· 84
  2.8.3 传值和传引用 ·········· 85
  2.8.4 方法的递归调用 ·········· 86
  2.8.5 变长参数方法 ·········· 87
  2.8.6 实例：使用数组表示学生信息实现学生信息管理 ·········· 90

第 3 章 面向对象基础 ·········· 93

 3.1 面向对象的基本概念 ·········· 93
  3.1.1 对象观 ·········· 93
  3.1.2 类型观 ·········· 96
  3.1.3 对象之间的消息传递 ·········· 97
  3.1.4 抽象过程 ·········· 98
 3.2 编写类和创建对象 ·········· 100
  3.2.1 使用 class 定义类 ·········· 100
  3.2.2 使用 new 实例化对象 ·········· 102
  3.2.3 通过对象引用访问对象 ·········· 103
  3.2.4 为类定义包 ·········· 106
  3.2.5 类的访问控制符 ·········· 106
  3.2.6 成员的访问控制符 ·········· 107

- 3.2.7 构造方法 ·· 108
- 3.2.8 成员变量的初始化 ·· 110
- 3.2.9 使用 this 访问成员变量和方法 ·· 110
- 3.2.10 使用 this 访问自身的构造方法 ··· 111
- 3.2.11 访问器方法 ·· 112
- 3.2.12 static 成员变量及 static 初始化块 ····································· 113
- 3.2.13 static 成员方法 ·· 115

3.3 基本数据类型和封装类型 ·· 116
- 3.3.1 基本数据类型对应的封装类型 ·· 116
- 3.3.2 从基本数据类型到封装类型的转换 ······································ 116
- 3.3.3 从封装类型到基本数据类型的转换 ······································ 117
- 3.3.4 Integer 提供的其他常用方法 ·· 117

3.4 数组 2 ·· 118
- 3.4.1 对象数组与基本数据类型数组的比较 ··································· 118
- 3.4.2 实例：使用 Student 数组实现学生信息管理系统 ····················· 121

3.5 String、StringBuffer 和 StringBuilder ·· 126
- 3.5.1 String 类 ·· 126
- 3.5.2 StringBuffer ·· 136
- 3.5.3 StringBuilder ··· 141
- 3.5.4 String 与基本数据类型之间的转换 ······································ 141

3.6 常用工具 ·· 143
- 3.6.1 Math ··· 143
- 3.6.2 Random ··· 145
- 3.6.3 实例：模拟抽奖 ··· 146
- 3.6.4 NumberFormat 和 DecimalFormat ·· 147
- 3.6.5 Date 和 Calendar ·· 148
- 3.6.6 DateFormat 和 SimpleDateFormat ·· 151
- 3.6.7 MessageFormat ·· 155
- 3.6.8 System.out.printf 和 System.out.format ································· 157
- 3.6.9 System ·· 159
- 3.6.10 BigInteger 和 BigDecimal ·· 161

第 4 章 深入面向对象 ··· 164

4.1 实现继承 ·· 164
- 4.1.1 实现继承 ··· 164
- 4.1.2 访问控制符 ·· 166
- 4.1.3 定义与父类同名的成员变量 ·· 171
- 4.1.4 成员方法的继承与重写 ·· 172
- 4.1.5 构造方法与继承 ··· 174

4.1.6 子类、父类成员的初始化顺序 …………………………………… 178
4.2 final 成员 ……………………………………………………………………… 179
   4.2.1 final 修饰局部变量 ………………………………………………… 179
   4.2.2 final 修饰成员变量 ………………………………………………… 180
   4.2.3 final 修饰方法 ……………………………………………………… 181
   4.2.4 final 修饰类 ………………………………………………………… 182
4.3 abstract ……………………………………………………………………… 182
   4.3.1 抽象方法 …………………………………………………………… 182
   4.3.2 抽象类 ……………………………………………………………… 183
4.4 接口 …………………………………………………………………………… 185
   4.4.1 接口的定义 ………………………………………………………… 185
   4.4.2 实现接口 …………………………………………………………… 186
   4.4.3 接口继承接口 ……………………………………………………… 188
   4.4.4 接口和抽象类的区别 ……………………………………………… 189
4.5 向上转型和强制类型转换 …………………………………………………… 189
   4.5.1 向上转型 …………………………………………………………… 189
   4.5.2 方法的实参和方法返回值中使用子类实例 ……………………… 190
   4.5.3 面向接口的编程 …………………………………………………… 191
   4.5.4 强制类型转换和 ClassCastException ………………………… 191
   4.5.5 instanceof 操作符 ………………………………………………… 192
4.6 多态性 ………………………………………………………………………… 193
   4.6.1 动态联编 …………………………………………………………… 193
   4.6.2 多态性及实现多态的三个条件 …………………………………… 193
   4.6.3 实例：画图软件设计 ……………………………………………… 194
4.7 Object 和 Class ……………………………………………………………… 195
   4.7.1 Object ……………………………………………………………… 195
   4.7.2 Class ………………………………………………………………… 196
4.8 对象之间关系的实现 ………………………………………………………… 198
   4.8.1 一对一关系的实现 ………………………………………………… 198
   4.8.2 一对多和多对一关系的实现 ……………………………………… 200
   4.8.3 多对多关系的实现 ………………………………………………… 202
   4.8.4 实例：创建整数链表 ……………………………………………… 204
4.9 内部类 ………………………………………………………………………… 207
   4.9.1 作为类成员的内部类 ……………………………………………… 207
   4.9.2 成员方法中定义的内部类 ………………………………………… 212
   4.9.3 匿名内部类 ………………………………………………………… 213

第 5 章 编码能力提升 ……………………………………………………………… 216
5.1 异常处理 ……………………………………………………………………… 216

5.1.1	什么是异常处理	216
5.1.2	三种类型的异常	217
5.1.3	非检查性异常的处理	218
5.1.4	使用 try…catch…finally 对异常处理	218
5.1.5	try-with-resources 语句	223
5.1.6	通过 throws 声明方法的异常	224
5.1.7	自定义异常和异常的抛出	225
5.1.8	实例：对年龄的异常处理	226

5.2 输入输出(I/O)流 ……………………………… 228
- 5.2.1 通过 File 类对文件操作 …………… 228
- 5.2.2 输入输出流的分类 …………………… 232
- 5.2.3 FileInputStream …………………… 234
- 5.2.4 FileOutputStream ………………… 235
- 5.2.5 FileReader ………………………… 237
- 5.2.6 FileWriter ………………………… 238
- 5.2.7 使用缓冲流 ………………………… 239
- 5.2.8 DataInputStream 和 DataOutputStream …… 240
- 5.2.9 标准输入输出 ……………………… 242
- 5.2.10 Serializable 和 Exernalizable …… 244
- 5.2.11 ObjectOutputStream 与 ObjectInputStream …… 245
- 5.2.12 使用 NIO 中的 Files 读取文件属性 …… 247
- 5.2.13 使用 NIO 中的 Files 访问文件 …… 250
- 5.2.14 使用 NIO 中的 Files 管理文件和文件夹 …… 255
- 5.2.15 遍历文件夹 ………………………… 260
- 5.2.16 实例：统计代码量 ………………… 262
- 5.2.17 实例：使用文件存储学生信息进行学生信息管理 …… 263

5.3 泛型 …………………………………………… 264
- 5.3.1 泛型的定义 ………………………… 264
- 5.3.2 泛型的使用 ………………………… 265
- 5.3.3 复杂泛型 …………………………… 266

5.4 集合框架 ……………………………………… 267
- 5.4.1 集合概述 …………………………… 267
- 5.4.2 Collection 接口 …………………… 267
- 5.4.3 Set 接口和 SortedSort 接口 ……… 268
- 5.4.4 List 接口 …………………………… 269
- 5.4.5 Map 接口和 SortedMap 接口 ……… 269
- 5.4.6 Iterator 接口和 Enumeration 接口 … 270
- 5.4.7 HashSet 类 ………………………… 271
- 5.4.8 TreeSet 类 ………………………… 274

- 5.4.9 ArrayList 类 ····· 275
- 5.4.10 实例：使用 ArrayList 实现学生信息管理系统 ····· 277
- 5.4.11 LinkedList 类 ····· 280
- 5.4.12 Vector 类 ····· 281
- 5.4.13 Hashtable 类 ····· 281
- 5.4.14 HashMap 类 ····· 282
- 5.4.15 TreeMap 类 ····· 284
- 5.4.16 Properties 类 ····· 285
- 5.4.17 Comparable 接口 ····· 286
- 5.4.18 Comparator 接口 ····· 288
- 5.4.19 Collections ····· 290

5.5 正则表达式 ····· 292
- 5.5.1 正则表达式概述 ····· 292
- 5.5.2 选择字符 ····· 293
- 5.5.3 特殊模式 ····· 294
- 5.5.4 转义字符 ····· 295
- 5.5.5 重复次数 ····· 295
- 5.5.6 子表达式 ····· 296
- 5.5.7 指定字符串的开始和末尾 ····· 296
- 5.5.8 分支 ····· 296
- 5.5.9 常见用法举例 ····· 297
- 5.5.10 Pattern 和 Matcher ····· 298

5.6 枚举类型 ····· 299
- 5.6.1 枚举类型的定义 ····· 299
- 5.6.2 枚举类型的访问 ····· 299
- 5.6.3 在 switch 中使用枚举类型 ····· 300

5.7 Annotation 元注释 ····· 301
- 5.7.1 定义 Annotation 元注释 ····· 301
- 5.7.2 使用 Annotation 元注释 ····· 302
- 5.7.3 解析 Annotation 注释 ····· 302

5.8 使用 ResourceBundle 访问资源文件 ····· 304
- 5.8.1 properties 文件的编写 ····· 304
- 5.8.2 加载资源文件 ····· 304
- 5.8.3 实例：从资源文件加载信息 ····· 305

第 6 章 高级应用 ····· 306

6.1 多线程 ····· 306
- 6.1.1 线程与进程 ····· 306
- 6.1.2 Java 中多线程实现的方式 ····· 307

		6.1.3	线程的名字	309
		6.1.4	线程的优先级	311
		6.1.5	让线程等待	311
		6.1.6	实例：实现人能够同时说话和开车	315
		6.1.7	资源同步	316
		6.1.8	wait 和 notify	319
	6.2	网络编程		321
		6.2.1	网络编程概述	322
		6.2.2	使用 URLConnection 访问 Web 应用	323
		6.2.3	实例：提取网页中感兴趣的内容	325
		6.2.4	Socket 通信	327
		6.2.5	实例：聊天室	330
		6.2.6	用户数据报通信	335
	6.3	GUI		339
		6.3.1	Swing 快速上手	339
		6.3.2	容器类	343
		6.3.3	布局方式	352
		6.3.4	基本组件	356
		6.3.5	辅助类 Color、Font	367
		6.3.6	事件处理	370
		6.3.7	菜单	375
		6.3.8	单选菜单项、复选菜单项和弹出式菜单	378
		6.3.9	树形结构的使用	382
		6.3.10	表格的使用	385
		6.3.11	实例：选择用户	387
		6.3.12	实例：模拟登录	388
		6.3.13	JApplet	388
		6.3.14	图形	391
	6.4	综合实例		392
		6.4.1	实例：学生信息管理系统（GUI 版本）	393
		6.4.2	实例：网络聊天程序（GUI 版本）	393
		6.4.3	实例：简单画图工具	393

第1章　Java 语言快速入门

本章的目的是让读者对编程语言有初步的认识,在此基础上介绍 Java 语言的特点和发展历史等,以及如何使用工具来编写和运行 Java 程序,主要内容包括:
- 引言
- Java 语言概述
- Java 运行环境
- 第一个 Java 程序
- 使用 Eclipse 编写 Java 程序
- Java 语言的基本符号
- 实例:输出各种基本数据类型

1.1 引　　言

在介绍 Java 语言之前,先来了解一下程序、软件、编程语言的关系,流行的编程语言有哪些,面向对象和面向过程的区别,机器语言、汇编语言和高级语言的区别,解释型和编译型语言之间的区别。

1.1.1 程序与软件

计算机系统包括硬件系统和软件系统。软件系统来告诉硬件系统如何执行具体操作。软件系统通常是由一个或多个可执行程序以及相关的资源组成的。

程序可以接收输入,然后处理,最后把执行的结果输出。当然,程序接收输入可以通过很多方式,可以通过键盘、鼠标、触摸屏、游戏操作杆等,也可以通过麦克风、摄像头、网络等,程序的输出也可以有很多方式,可以通过显示器、音响、打印机等。可以简单地认为任何程序都是对输入进行处理然后输出。当然,这里的输入、处理和输出可能都非常复杂。

1.1.2 程序设计语言

程序是使用程序设计语言编写的,就像人类使用自然语言可以相互沟通一样,人类使用程序设计语言可以与计算机沟通,能够告诉计算机我们要干什么,计算机按照我们的要求进行各种计算,然后把执行的结果告诉我们。

程序设计语言的主要作用包括两个方面:信息表示和信息处理。

信息表示包括两个方面:把用户的信息表示成计算机可以理解的方式,把计算机的执行结果转换为用户可以理解的方式。例如,可以使用 height=163 表示人的身高是 163 厘米,可以使用 direction=1 表示汽车向前运动。例如运行结果 result=true 表示处理成功,把表示人胖瘦的数字转换为胖瘦的程度。

信息处理是对用户输入的各种信息进行加工处理。例如对用户输入的两个数字求和,查找一组数据中的最大值,把用户的不太清晰的照片处理得比较清楚等。

存在很多种类的程序设计语言,每种语言都是围绕着信息表示和信息处理来设计的,语言之间的差别就是信息表示的方式不同,信息处理的方式不同。

1.1.3 流行的程序设计语言

世界上有多少种编程语言,没有人去统计过也没有办法统计。随着计算机软硬件的发展,会不断地产生新的语言,当然也有一些语言消失了。不同语言在不同时期的市场占有量也在不断发生变化。

现在最流行的语言有:Java、C、C++、PHP、BASIC、C♯、Python、Perl、JavaScript、Ruby 和 Delphi。Java、C 和 C++ 占有绝对的优势,是比较通用的语言,应用的领域非常广。随着网络应用的快速发展,主要用于开发网站的 PHP 语言和主要在网页中使用的 JavaScript 语言的市场份额增长很快,同时开发传统桌面应用的 BASIC 和 Delphi 的市场份额下降得也比较快。C♯是微软为抗衡 Java 推出的跨平台的语言,推出之后市场份额也在不断扩大。Perl 语言是一种脚本语言,开发应用的速度比较快,适合完成日志分析、后台作业和系统维护管理等功能。Python 语言是结合了多种语言的优点而开发的一种语言,语法简单,并且可以很容易地与其他语言结合使用。

1.1.4 面向对象与面向过程

根据语言采用的信息表示和信息处理方式的不同,可以把语言分成面向对象的语言和面向过程的语言。

在面向过程的语言中,强调的是过程。使用面向过程的语言编写的程序是由大量的过程组成的,有的语言使用函数或者方法来描述过程,在程序运行过程中通过函数之间的相互调用来交互,函数之间的数据通过函数的参数和返回值来传递。C 语言是面向过程语言的代表。

在面向对象的语言中,强调的是对象。使用面向对象的语言编写的程序是由大量的类组成的,类中不仅包含函数(方法)还包含数据。在程序的运行过程中,根据类创建对象,对象之间通过方法调用来交互。在面向对象的语言中,数据是以成员变量的形式存在的,同一个对象的方法之间可以共享成员变量。C++ 和 Java 是面向对象语言的两个典型代表。

1.1.5 机器语言、汇编语言和高级语言

按照语言使用起来的难易程度把语言分为机器语言、汇编语言和高级语言。

机器语言是计算机可以直接理解的语言,机器语言使用二进制序列表示各种操作,每个语句就是一条指令。机器语言和硬件相关,非常灵活、直接操作硬件,所以执行的速度非常快。因为机器语言和硬件相同,通用性比较差,另外代码全部采用二进制编码,使用机器语言编写程序的难度非常大。

汇编语言同样是面向机器的程序设计语言,在汇编语言中,使用特定符号代替直接面向机器的操作码,用地址符号代替地址码,相对于机器语言来说编写要简单很多。但是汇编语

言的编写效率比较低。汇编语言不能直接执行,需要使用汇编程序把汇编语言翻译为机器语言。现在汇编语言主要用在一些直接对硬件进行操作的环境中,例如单片机系统。

高级语言是相对于机器语言和汇编语言的,使用高级语言编写程序更简单。在高级语言中,语法和结构类似于自然语言,更加容易理解,并且不对硬件直接操作,一般人都很容易学会。高级语言不是特指某一种语言,前面列出的常用的程序设计语言都属于高级语言。高级语言不能直接执行,需要先翻译成机器语言,然后才能执行。

1.1.6 解释与编译

高级语言编写的程序需要翻译成机器语言才能执行。翻译的方式有两种:编译和解释。

使用编译型语言编写的程序需要先编译才能执行,通常把编译后的文件存储起来,以后直接执行编译后的文件,不需要每次运行前都编译。编译后的程序与机器相关,所以执行效率高,但是跨平台性差。C、C++和 Delphi 都属于编译型语言。

使用解释型语言编写的程序在运行程序的时候才翻译,专门有一个解释器去进行翻译,每个语句都是执行的时候才翻译。缺点是效率比较低,解释一句执行一句,并且不能提前发现错误,每执行一次就需要解释一次。优点是跨平台性好,在运行的时候被解释为机器语言。JavaScript、BASIC、PHP、Python、PERL 和 Ruby 属于解释型语言。

Java 语言和 C#语言也属于解释型语言,但是它们也有编译的过程,编译后的代码在虚拟机上解释运行。

1.2　Java 语言概述

下面从 Java 语言的发展历史、Java 7 中的主要技术、Java 语言的特点、Java 的 3 个版本以及 Java 程序的运行过程对 Java 进行一个概述。

1.2.1 Java 语言的发展历史

表 1.1 列出了 Java 的发展历史。

表 1.1　Java 的发展历史

版本	发布时间	概　　　述
开始研究	1990.12	Sun 公司成立了一个名为绿色项目的小组(Green Team),Jame Gosling 是这个小组的负责人,被称为 Java 之父。小组成立的初衷是为了开发一种能够在消费类电子产品上进行交互式操作的分布式系统框架
Oak	1991.6	开始准备开发一种新的语言,名字叫 Oak。这是因为 Jame Gosling 在思考用什么名字的时候,回首向窗外望去,看见一棵老橡树,于是建了一个目录叫 Oak,这就是 Java 语言的前身。后来发现这个名字已经被注册了,所以改成了 Java
HotJava	1995.5	Oak 项目并没有得到预期的成功,1993 年,全世界第一个 Internet 网页浏览器诞生了,James Gosling 认为 Oak 非常适合 Internet,便使用 Oak 在 Internet 平台上编写出高交互性的网页程序,这就是后来的 Java Applet。到了 1994 年,WWW 已如火如荼地发展起来,Gosling 决定用 Oak 开发一个新的 Web 浏览器,到 1994 年秋天,完成了 WebRunner 的开发工作。WebRunner 改名为 HotJava,并于 1995 年 5 月发布,在产业界引起了巨大的轰动,Java 的地位也随之而得到肯定

续表

版本	发布时间	概述
Java 1.0	1996.1	这个版本包括两部分：运行环境(JRE)和开发环境(JDK)。在运行环境中包括了核心 API、集成 API、用户界面 API、发布技术和 Java 虚拟机(JVM) 5 个部分。而开发环境还包括了编译 Java 程序的编译器(javac)
Java 1.1	1997.2	相对于 JDK 1.0 最大的改进就是为 JVM 增加了 JIT(即时编译)编译器。JIT 和传统的编译器不同，传统的编译器是编译一条，运行完后再将其扔掉，而 JIT 会将经常用到的指令保存在内存中，在下次调用时直接使用。这样可以极大地提高 JDK 的效率。1997 年 JDK 的下载量超过 22 万
Java 1.2	1998.12	1998 年是 Java 开始迅猛发展的一年，在这一年中 Sun 发布了 JSP/Servlet、EJB 规范以及将 Java 分成了 J2EE、J2SE 和 J2ME，标志着 Java 开始向企业、桌面和移动 3 个领域进军。1998 年 JDK 的下载超过 200 万
Java 1.3	2000.5.8	对类库进行了大量的改进，Tomcat 3.0 得到广泛应用，WebLogic 等服务器也开始得到关注
Java 1.4	2002.2.13	是历史上最为成熟的版本，主要是对 JDK 性能的改进，这时候 JDK 已经得到了广泛应用
Java 1.5	2004.9	Sun 将 JDK 1.5 改名为 J2SE 5.0，意味着有非常大的改动。在 J2SE 5.0 中重点是提高语言的易用性，增加了泛型、增强 for 循环、可变数目参数、注释(Annotations)、自动拆箱(unboxing)和装箱等功能
Java 1.6	2006.12	在性能方面又有了很大提升，新的 Java 编译器 API 允许 Java 应用程序对 Java 源代码进行编译，提供了对动态语言的支持，增强了对内存泄漏的分析和诊断能力，简化了对 Web Service 的开发和发布(JAX-WS 和 JAXB)，内嵌数据库并支持 JDBC 4.0，增强了对 HTTP 的支持
Oracle 收购 Sun	2009.4.20	金融危机的影响，使 Sun 公司陷入了被收购的命运。Oracle 以 74 亿美元的价格收购 Sun 公司，Java 变成了 Oracle 的技术。IBM 也参与了 Sun 公司的收购，但是最终因为出价 70 亿美元过低而告失败
Java 7	2011.7.28	提供了模块化支持，增加了对多种动态语言的支持，提高开发效率

1.2.2 Java 7 的架构

Java 7 的架构如图 1.1 所示，图 1.1 列出了 Java 7 中相关的技术。

Oracle 有两个产品实现了 Java Platform Standard Edition(Java 平台标准版，简称 Java SE)7：Java SE Development Kit(JDK)7 和 Java SE Runtime Environment(JRE)7。JDK 中包含了 JRE，并额外增加了一些工具。

图 1.1 的最下面是 Java 虚拟机(Java Virtual Machine，JVM)，JVM 为 Java 程序提供运行环境，Java 程序需要编译成字节码文件，然后由 Java 虚拟机解释执行。通常 JDK 会提供一个或者多个虚拟机的实现。

在专门为客户端程序提供服务的平台上，JDK 通常提供一个称为客户端虚拟机的虚拟机实现(Java HotSpot Client VM)，客户端虚拟机可以快速启动，并且占用内存较少。在执行程序的时候，可以通过在命令行使用-client 选项来启动客户端虚拟机。

在所有平台上，JDK 都会提供一个称为服务器端虚拟机的虚拟机实现。服务器端的虚拟机能够最大化程序的执行速度。在执行程序的时候，可以通过在命令行使用-server 选项

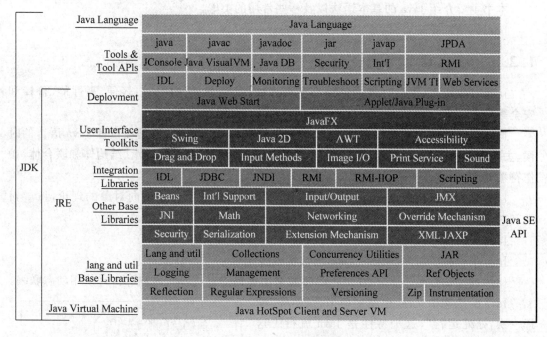

图 1.1 Java 7 结构图

来启动服务器端虚拟机。

图 1.1 中的倒数第 2 部分是语言包和工具包。语言包是 java.lang,是 Java 语言实现最基本的一些类所在的包,包括 Object 和 Class 类,基本数据类型的封装类,表示字符串的 String 类和进行数学运算的 Math 类等。工具包是 java.util 包,是最常用的一些工具类所在的包,包括表示日期的 Date 类,表示集合的 Set、List 和 Map 等,这些都是编写 Java 程序最常用的一些类。

图 1.1 中的倒数第 3 部分是其他的一些基础类,包括输入/输出、对象序列化、网络、安全、国际化、JavaBean 组件、JMX、XML 操作的 API、JNI、扩展机制和覆盖机制。这些类库提供了 Java 中比较常用的功能的支持。

图 1.1 中的倒数第 4 部分是一些集成类库,这些类库用于连接其他的程序和服务,例如 JDBC 用于连接数据库管理系统,JNDI 可以连接命名和目录服务,RMI 可以连接远程的对象。

图 1.1 中的倒数第 5 部分是图形界面工具集,包括编写图形用户界面程序的 AWT、Swing 和 JavaFX 类库,声音和打印服务等相关接口。

图 1.1 中的倒数第 6 部分主要是为 Java Applet 和下载到本地执行的代码提供运行环境支持。Applet 是嵌入在网页中,在客户端执行的。下载到本地执行的程序可以在 Java Web Start 中执行。

图 1.1 中,JDK 比 JRE 多出来的部分是开发工具,包括编译 Java 程序的工具、运行 Java 程序的工具、打包 Java 程序的工具等。

图 1.1 中最上面是 Java 语言,用户需要按照这个语法规定编写自己的程序,语法主要包括变量定义、方法编写、数组编写、各种运算符、类和对象、继承、封装、多态、接口、包、异常处理等。

本书主要介绍Java的基本语法以及一些常用的类库。

Java既是一个平台，也是一种语言。

1.2.3　Java语言的特点

Java具有简单、面向对象、分布式、支持多线程、动态、结构中立、轻便、高性能、鲁棒和安全等特点。

Java语言的简单性是指Java语言的前身是C和C++语言，但是在设计Java语言的时候，去除了C和C++中比较复杂的部分，例如Java中没有指针、多继承、结构体和联合体、操作符覆盖和goto语句等。

Java是面向对象的语言，可以充分利用现代软件工程中关于面向对象的理论，Java对类和对象、封装、继承和多态等面向对象的思想都提供了很好的支持。

Java支持分布式的应用。

Java中提供了对多线程的支持，能够实现多线程。

Java的动态性是指Java在运行的时候采用解释的方式，动态加载类，并使用动态联编。

Java的结构中立性，也就是跨平台性，即"编译一次，处处运行"，这个特性是Java流行了这么多年的主要原因。Java程序在运行的时候需要先编译成字节码文件，这些字节码文件可以运行在不同平台的虚拟机上，与硬件和操作系统无关，由相应平台上的Java虚拟机解释执行，如图1.2所示。

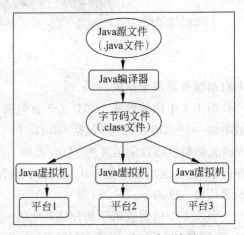

Java是轻便的，在Java中规定了各种基本数据类型的长度，这些长度不会随着硬件平台和操作系统的改变而改变，使得Java程序可以有很好的适应性。由不同平台上的虚拟机来把字节码文件转换为相应平台机器码。

图1.2　Java程序的跨平台性

Java是鲁棒的，在编译和运行的时候进行严格审查，避免在运行的时候出现错误。

Java是安全的，Java的内存分配机制和对象引用机制避免了C++中通过指针对内存进行操作的方式，可以避免一些错误的产生。类加载器的安全验证功能、字节码验证过程和Java网络开发相关包的安全机制都对Java的安全提供了很好的支持。

【记住】Java的最大特性是跨平台性，是通过不同平台提供的JVM来实现的。

1.2.4　Java的3个版本

Java平台分3个版本：Java SE、Java ME和Java EE。

Java SE是Java Platform，Standard Edition的缩写。能够开发和部署在桌面和服务器上运行的Java应用，也能开发嵌入式和实时系统。我们通常所说的Java指的就是Java SE，包含了Java的基本语法，Java的面向对象特性，大量的基础功能，例如异常处理、并发控制、Java安全、Swing、2D、网络编程、JDBC(访问数据库)、RMI(远程方法调用)、JNDI(命名目录服务接口)等。

Java ME 是 Java Platform,Micro Edition 的缩写。为运行在移动设备或者其他嵌入式设备上的 Java 应用提供稳定的运行环境,例如手机、PDA、打印机等。Java ME 包括灵活的用户接口、提供高安全性、提供内置的网络协议,并支持动态下载的有线和无线应用。基于 Java Me 的应用可以用于多种设备。

Java EE 是 Java Platform,Enterprise Edition 的缩写。基于 Java SE,是实现企业级 SOA(Service-Oriented Architecture)和下一代 Web 应用的工业标准。因为它是一种标准,所以通常要有应用服务器才能够运行 Java 企业级应用。该标准定义了很多组件和服务,例如 JSP、Servlet、EJB、JSF、JPA、JMS、JTA 等。该标准规定了用户如何来实现这些组件并且如何使用这些服务,另外规定了服务提供商如何来提供这些服务。通常所说的 JSP 实际上是 JavaEE 中的 Web 应用开发。

本书介绍的是 JavaSE。

【记住】 Java 分为 Java SE、Java ME 和 Java EE 3 个版本。

1.2.5 Java 程序的运行过程

如图 1.3 所示,Java 程序的运行包括两步:先使用编译器编译,然后使用 JVM 解释执行。

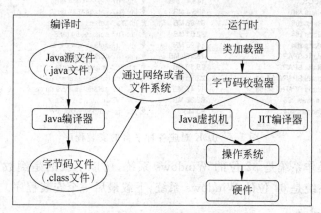

图 1.3 Java 程序的运行过程

Java 源程序需要先经过编译器编译成字节码文件,Java 源文件的后缀名是.java,编译后的文件是.class 文件,编译后的 class 文件与平台无关,可以复制到任何电脑上运行,并且还可以通过网络传递到远程,在远程执行。

Java 代码的执行是 Java 虚拟机来解释执行字节码文件,执行的具体过程如下:先由类加载器加载类,然后由字节码校验器对字节码文件进行校验,如果没有问题继续执行,如果有问题则退出执行。执行的时候 Java 虚拟机负责把字节码转换为机器码,由操作系统转给硬件执行。在执行的时候 JIT 编译器可以保存一些指令,当下次执行这条指令的时候就不需要解释了,而是直接执行,这样可以提高运行的速度。

Java 程序的编译使用 javac 命令,Java 程序的运行可以使用 Java 命令调用 Java 虚拟机来解释执行字节码文件。

【记住】 Java 程序需要先编译成 class 文件,然后由虚拟机解释执行。

1.3 Java 运行环境

Java 程序需要在虚拟机中运行,需要安装 JRE,为了开发程序,最好安装 JDK,下面介绍 JDK 的下载和安装。

1.3.1 JDK 下载

下载地址:http://www.oracle.com/technetwork/java/javase/downloads/index.html,从这个位置可以下载 Java 的最新版本。本书使用的版本是 Java SE Development Kit 7u7,下载的地址是 http://www.oracle.com/technetwork/java/javase/downloads/jdk7u7-downloads-1836413.html。

JDK 提供了不同类型平台的安装程序,图 1.4 列出了主要的平台和对应的版本。

Product / File Description	File Size	Download
Linux x86	120.62 MB	jdk-7u7-linux-i586.rpm
Linux x86	92.86 MB	jdk-7u7-linux-i586.tar.gz
Linux x64	118.8 MB	jdk-7u7-linux-x64.rpm
Linux x64	91.59 MB	jdk-7u7-linux-x64.tar.gz
Mac OS X	143.46 MB	jdk-7u7-macosx-x64.dmg
Solaris x86	135.4 MB	jdk-7u7-solaris-i586.tar.Z
Solaris x86	91.86 MB	jdk-7u7-solaris-i586.tar.gz
Solaris x64	22.51 MB	jdk-7u7-solaris-x64.tar.Z
Solaris x64	14.95 MB	jdk-7u7-solaris-x64.tar.gz
Solaris SPARC	135.69 MB	jdk-7u7-solaris-sparc.tar.Z
Solaris SPARC	95.15 MB	jdk-7u7-solaris-sparc.tar.gz
Solaris SPARC 64-bit	22.75 MB	jdk-7u7-solaris-sparcv9.tar.Z
Solaris SPARC 64-bit	17.47 MB	jdk-7u7-solaris-sparcv9.tar.gz
Windows x86	88.36 MB	jdk-7u7-windows-i586.exe
Windows x64	90 MB	jdk-7u7-windows-x64.exe

图 1.4 JDK 对应各种平台的安装程序

本书使用的操作系统是 32 位的 Windows 系统,所以下载的是倒数第 2 个安装程序。如果读者的操作系统是 64 位的 Windows 系统,下载最后一个安装程序。

1.3.2 系统需求

JDK 对运行环境有一定的要求,这些要求包括对处理器、硬盘和内存的要求。

- 处理器:Pentium 2 266 MHz 以上;
- 对硬盘存储空间的要求如表 1.2 所示。
- 对内存的要求如表 1.3 所示。

表 1.2 存储空间要求

模 块	空间要求
Java 运行环境(JRE),包括 JFX 运行时	124MB
Java 更新程序(Java Update)	2MB
Java 开发工具,包括 JavaFX SDK	245MB
源代码	27MB

表 1.3 对内存的要求

版 本	内存
Windows 7	128MB
Windows Vista	128MB
Windows Server 2008	128MB
Windows XP	64MB

1.3.3 安装 JDK

安装过程如图 1.5~图 1.9 所示。

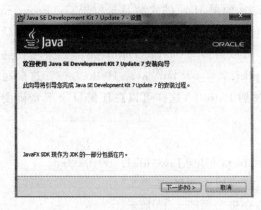

图 1.5 开始安装

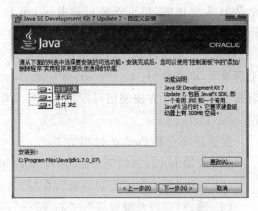

图 1.6 设置安装路径

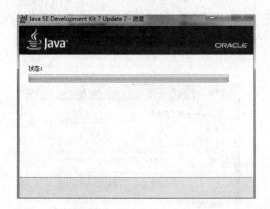

图 1.7 安装过程

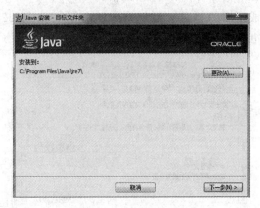

图 1.8 设置 JRE 安装路径

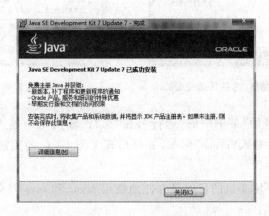

图 1.9 安装完成

1.3.4 配置环境变量 Path

在编译 Java 程序时需要使用 javac 命令,在执行程序的时候需要使用 java 命令,这些命令是 JDK 提供的,位于安装目录中的 bin 目录中,如果 JDK 的安装目录位于 C:\Program Files\Java\jdk1.7.0_07,则 javac 和 java 命令位于 C:\Program Files\Java\jdk1.7.0_07\bin 目录中。如果在这个目录中使用这些命令,可以直接写:javac Hello.java,如果不在这个目录下,则需要写:C:\Program Files\Java\jdk1.7.0_07\bin\javac Hello.java。这样写起来不方便,为了方便使用可以把 bin 目录配置到 Path 中,这样可以在任何目录下直接使用 javac Hello.java。

配置环境变量 Path 的过程如下:

(1) 复制 bin 目录的完整路径,例如 C:\Program Files\Java\jdk1.7.0_07\bin。

(2) 单击"开始"→"控制面板",在"控制面板"窗口中选择"系统"。

(3) 选择"高级系统设置"→"高级"→"环境变量",如图 1.10 所示。

(4) 选择"系统变量"→Path→"编辑",如图 1.11 所示。注意不要删除原来的值,添加在后面即可,假设原来的值为%SystemRoot%\system32;%SystemRoot%;,编辑后可以写成下面的格式:%SystemRoot%\system32;%SystemRoot%;C:\Program Files\Java\jdk1.7.0_07\bin。

图 1.10 配置环境变量(选择环境变量)

图 1.11 配置环境变量(编辑 Path)

(5) 测试:单击"开始"菜单中的"运行",在"运行"输入框中输入"cmd",然后按 Enter 键。在弹出的命令行中输入"javac"回车,如果出现关于 javac 的用法表示 Path 配置成功,如图 1.12 所示。

【记住】 ①配置环境变量的目的是方便地使用 javac 和 java 等命令;②配置方法是把 bin 目录配置到 Path 中。

图 1.12 测试环境变量

1.4 第一个 Java 程序

Java 应用的开发包括如下几步：编写、编译和运行。

1.4.1 编写源代码

每个 Java 应用可以包含 1 个或多个 Java 文件，Java 文件的后缀名是.java。Java 文件是纯文本文件，它的编写可以使用各种文本编辑工具，编写完之后保存成.java 文件即可。每个 Java 文件通常包括一个类或者一个接口，也可以是多个类。

【例 1.1】 在控制台输出"Hello World!"。

```java
package example1_1;

public class Hello {

    /**
     * main 方法,所有的应用都应该提供这样一个 main 方法
     */
    public static void main(String[] args) {
        System.out.println("Hello World!");
    }

}
```

下面对代码进行分析：

第 1 行是包的声明，package 是声名包的关键字，example1_1 是包名。以后编写任何 Java 文件，第一行都应该是包的声明（尽管可以不要），可以先把包理解为文件夹。

第 3 行是类的定义。public 就是公有的类，class 是声名类的关键字，Hello 是类的名字。注意类名与文件名应该相同。编写 Java 应用主要就是编写类和接口，也可以把接口理解为特殊的类，类是组成文件的基本逻辑单位。

第 5 行到第 7 行是注释。注释用于解释程序的功能，是三种注释方式中的一种。

第 8 行到第 10 行是一个方法。方法是类的主要组成部分。这个方法是 main 方法，是比较特殊的方法，每个 Java 应用都应该有一个 main 方法，是整个应用的入口。main 方法的定义格式是固定的：public static void main(String[] args)。以后不管程序的功能是大是小，都应该有这样一个入口类和方法。第 9 行是方法的内容，用于在控制台输出一句"Hello World!"。这是一个最简单的应用程序。但不管应用多么复杂，都是这样的结构，区别在于现在只有一个输出语句，复杂应用在这里会有更多代码。

第 11 行的右括号与第 4 行的左括号对应。

【改写代码】 你可以试着修改方法的注释和输出内容，例如输出自己的名字，看看如何修改？

这里的代码虽然很简单，但是应该养成好的习惯，注意以下几个方面：

- 声明包；
- 适当地加入空行；
- 适当地缩进；
- 类名和文件名保持一致，类名尽量有意义，看到名字应该能够想到意思；
- 适当地注释，关于注释的格式在后面部分会介绍；
- 一定不要落掉括号，括号成对出现；
- 每句话基本上都有一个结束符";"；
- 输出的字符串使用双引号；
- 注意双引号，小括号，分号都是英文的，刚学习语言的人容易写成中文的。

Java 为纯文本文件，所以 Java 应用的编写可以采用任何文本编辑器，例如记事本、写字板、EditPlus 等。但是这些工具都是通用文本编辑工具，所以在开发 Java 应用的时候，需要用户对 Java 的基本语法和类库非常熟悉，否则容易出现很多语法错误。为了提高开发效率，可以采用集成开发环境（IDE）。IDE 可以帮助我们生成一些代码，例如，对于上面的代码，使用 IDE 的时候需要自己编写的代码就很少，使用 IDE 的向导只要输入包名、类名，然后修改注释内容和 main 方法中的内容即可。另外，IDE 可以为类中的属性生成 set 方法和 get 方法，可以把我们编写的代码补充完整，在编写代码的过程中，给出大量的提示信息。下一节介绍集成开发环境的使用。

【记住】 ①Java 文件后缀名为.java；②Java 类名和文件名相同；③main 方法是整个应用的入口；④main 方法的形式是 public static void main(String args[])；⑤输出信息使用 System.out.println()。

1.4.2 把源文件编译成字节码文件

Java 文件编写之后需要编译，编译之后生成的文件是字节码文件，字节码文件的后缀名是.class。编译后的字节码是平台无关的,可以在各种类型的平台上运行,前提是平台上有支持Java程序运行的Java虚拟机。编译通过JDK提供的开发工具Javac。需要注意的是编译Java文件的JDK的版本一定要和运行Java的JRE版本一致,否则可能出错。

使用javac命令的时候可以提供很多参数,读者可以通过直接在命令行输入javac查看,如图1.12所示,最基本的用法:

　　javac　-d 生成文件的位置　源文件

要编译例1.1中的文件(文件位于C:\javabook\ch1),可以使用:

　　javac　-d C:\javabook\ch1 C:\javabook\ch1\Hello.java

表示在C:\javabook\ch1生成编译后的文件,源文件为C:\javabook\ch1\Hello.java。

如果编译失败,会提示错误信息。如果编译成功,在C:\javabook\ch1下面生成example1_1文件夹,文件夹中生成了Hello.class文件。生成example1_1的原因是源文件中使用"package example1_1;"声明了包。编译过程如图1.13所示。

图1.13　编译文件

如果要多次编译,输入源文件的路径不方便,可以直接进入到相应的文件夹。使用"cd"命令进入到子目录,例如"cd C:\javabook\ch1"。要切换盘符使用相应的盘符(c:或者d:)就可以了。进入到相应的目录之后,就可以不用写源文件的文件夹了。下面是具体用法:

　　javac　-d.　Hello.java
　　javac　-d.　*.java

第1行编译Hello.java文件,第2行会编译当前位置下的所有Java文件,-d后面的"."表示在当前位置生成编译后的文件,如果在类中声明了包会生成包对应的文件夹,操作过程如图1.14所示。

【记住】　编译使用javac　-d. Hello.java。

图1.14　编译文件

1.4.3 使用 java 命令运行字节码文件

Java 文件编译之后形成 .class 文件,运行的时候使用的是 class 文件。Java 应用的运行是通过 JDK 中提供的 java 命令运行的。关于 java 命令的用法,可以在命令行直接输入"java"查看,如图 1.15 所示。

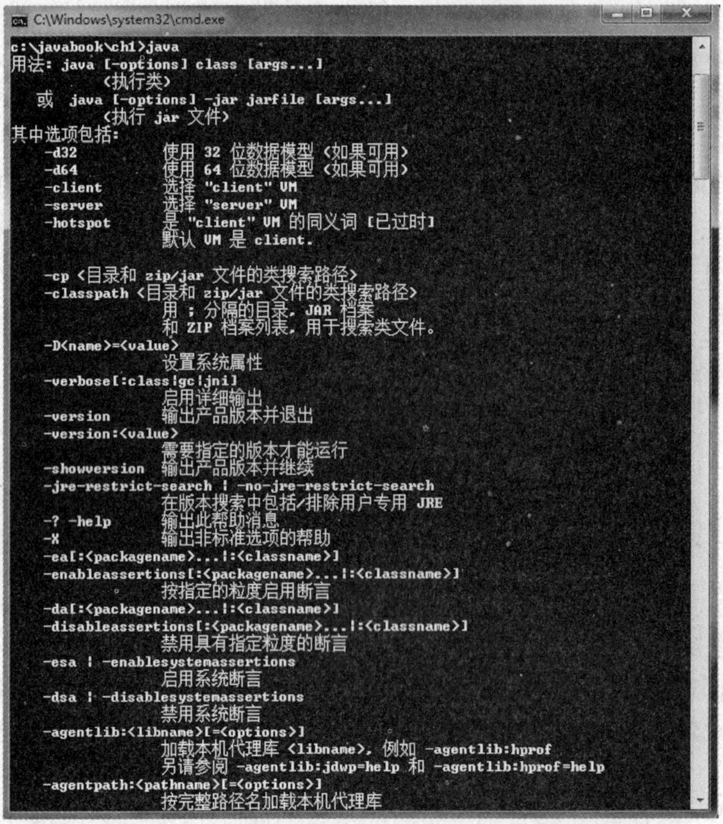

图 1.15 java 命令的用法

使用 java 命令运行 Java 程序的基本格式:

java 包名.类名

【注意】 运行的位置应该是包所在的文件夹。要运行前面的 Hello.class,使用下面的命令:

java example1_1.Hello

如果系统报错,找不到类,可以使用 classpath 参数指出文件位置,"."表示当前位置,运行结果如图 1.16 所示。

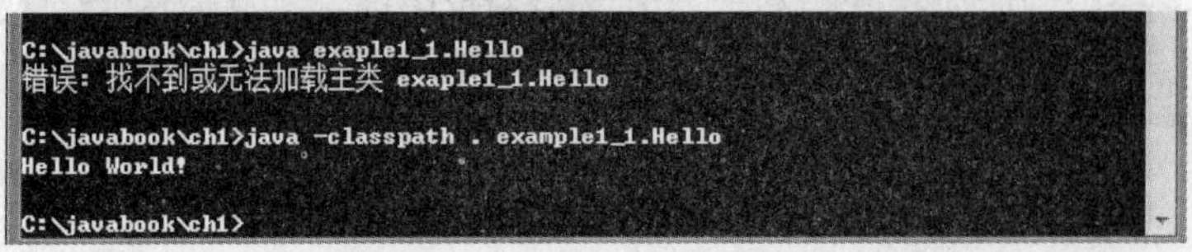

图 1.16 运行 Java 程序

【注意】 在运行的时候不用写文件的后缀名".class"。
【记住】 运行程序使用java -classpath . example1_1.Hello。

1.5 使用Eclipse编写Java程序

流行的Java IDE有Eclipse、NetBeans、JBuider和Intelli J。Eclipse的市场份额最大，并且有很多基于Eclipse的插件，所以本书使用Eclipse作为集成开发环境。

1.5.1 下载

Eclipse是一个非常优秀的集成开发环境，能够支持很多类型的应用的开发。Eclipse的下载地址是http://www.eclipse.org/downloads/。这个地址中列出了Eclipse针对不同平台和不同应用类型所提供的安装程序版本，图1.17列出了下载量最大的三个版本。Eclipse Classic是Eclipse的经典版本，是最普通的版本。Eclipse IDE for Java Developers是针对Java应用开发的版本。Eclispe IDE for Java EE Developers是针对Java EE应用开发的版本。本书中使用的版本是Eclipse IDE for Java Developers版本，使用32位版本，下载后的文件名是eclipse-java-juno-SR1-win32.zip。

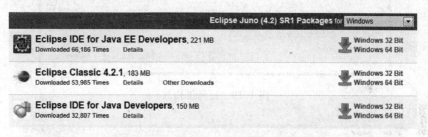

图1.17　Eclipse的部分版本

1.5.2 安装

Eclipse不需要安装，直接解压缩即可，本书所使用的Eclipse解压缩的位置是C:\javabook\eclipse，文件夹中的文件和子文件夹如图1.18所示。为了方便使用可以创建一个eclipse.exe的快捷方式。

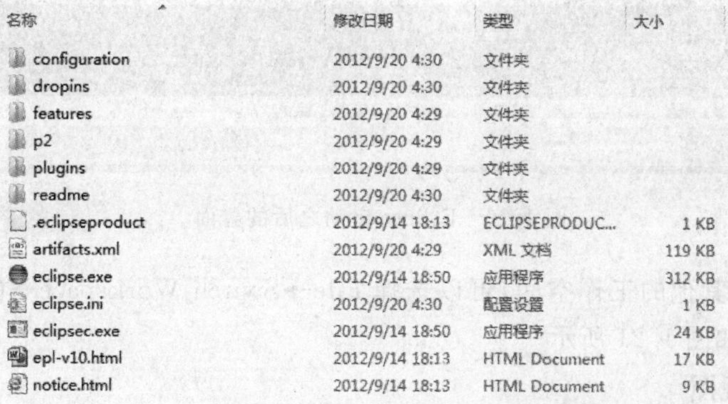

图1.18　Eclipse解压缩之后的目录

1.5.3 配置

配置工作主要包括工作空间的配置、视图选择、Java 编译器的选择、JRE 的选择。

1. 设置工作空间

解压缩后单击 eclipse.exe 或者以快捷方式启动 Eclipse,启动之后弹出如图 1.19 所示的界面。该界面用于选择工作空间,工作空间就是创建的 Java 工程所处的位置。在这个界面中,通过右边的 Browse 按钮可以切换选择文件夹,本书把 c:\javabook\workspace 作为工作空间。把下面的复选框 Use this as the default and do not ask again 选中,把这个工作空间设置为默认工作空间,下次启动 Eclipse 的时候就不会显示这个界面了。单击 OK 按钮启动 Eclipse,启动之后的界面如图 1.20 所示。

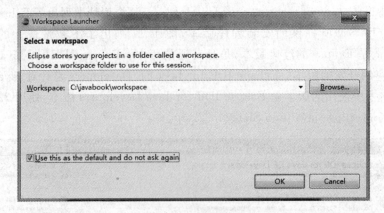

图 1.19 选择工作区

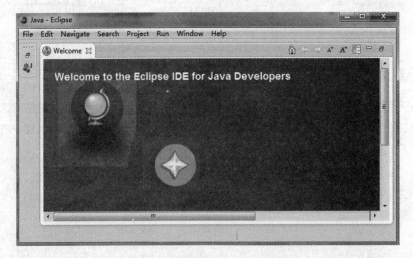

图 1.20 Eclipse 启动之后的界面

如果要切换到其他的工作空间,可以选择 File→Switch Workspace→Other,然后选择相应的位置即可,如图 1.21 所示。

2. 选择工作视图

进入 Eclipse 之后,可以选择不同的视图(Perspective),也就是不同的工作界面。选择

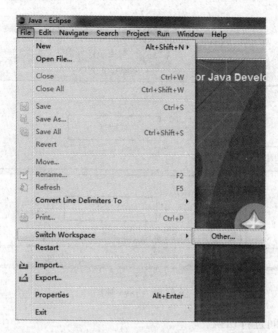

图 1.21 切换工作空间

视图可以通过 Window→Open Perspective,选择某个视图或者选择 Other,也可以从窗口右边的工具栏选择。开发 Java 应用通常选择 Java Perspective,如图 1.22 和图 1.23 所示。每个视图包含不同的小窗口,小窗口称为 View。

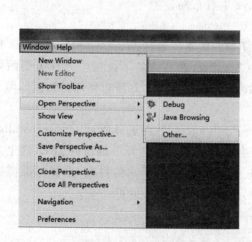

图 1.22 选择 Other

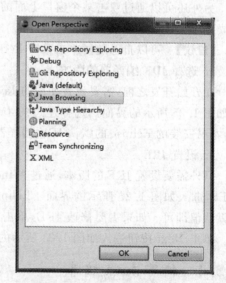

图 1.23 选择 Java

Java Perspective 主要包括三个部分,如图 1.24 所示。
- 左边的 Package 部分:能够看到工程中的所有文件夹,所有的类,类中所有的成员变量和成员方法。
- 中间的代码区域:显示代码,Java 代码就是在这个区域显示的,可以显示多个文件,

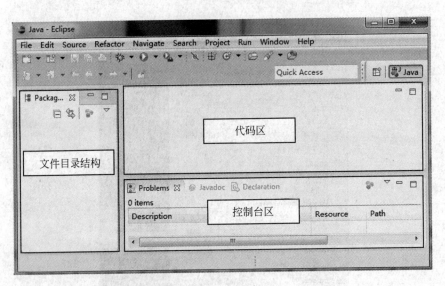

图 1.24 Java 视图

在多个文件之间进行切换。
- 下面的控制台区域：显示运行的结果，还有编译时候的错误信息等。

【注意】 可以通过拖动改变区域所在的位置。

在某种视图下可以选择组成视图的窗口（View），通过 Window→Open View，然后选择相应的窗口即可。有时候不小心把某个窗口关闭掉了，可以通过这种方式重新打开。

另外还可以通过双击某个窗口上面的边框，可以把当前窗口最大化，例如在编写代码的时候可以把代码区域最大化。

【建议】 可以自己随便单击某个 Perspective 看看布局。

3. 选择 JDK 编译器的版本

在开始开发之前，需要设置使用的 Java 编译器的版本。通过 Window→Preferences 打开如图 1.25 所示的界面。选择左边的 Java→Compiler，在右边的下拉框中选择需要的版本，本书安装的 Eclipse 的默认 JDK 编译器是 1.7，本书使用 Java 7，所以使用默认值即可。

4. 设置 JRE

另外需要设置 JRE 的版本，通过 Window→Preferences，然后选择通过 Java→Installed JRES，进入如图 1.26 所示的界面。Eclipse 在启动的时候已经选择了最新的 JRE，这里采用默认值即可。如果需要修改 JRE，单击 Add 进入如图 1.27 所示的界面，选择标准虚拟机。单击 Next 按钮进入如图 1.28 所示的界面，选择相应的 JDK 即可。

1.5.4 编写 Java 程序

使用 Eclipse 编写 Java 程序的基本过程包括创建工程、创建包、创建类、编写类和运行。

1. 创建工程

在 Eclipse 中开发 Java 应用，首先需要创建工程。创建工程的过程如下：

在左边的 Package 窗口下面的空白处单击右键，选择 New→Java Project，或者在菜单中选择 File→New→Java Project，弹出创建工程的界面，如图 1.29 所示。输入工程的名字

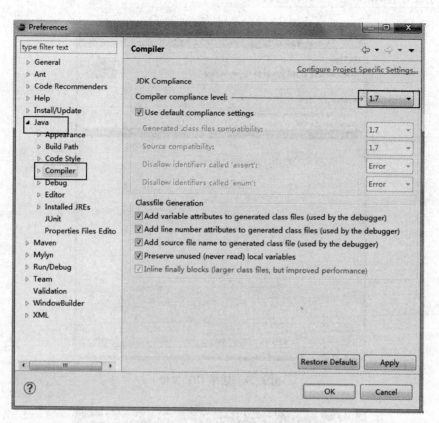

图 1.25 设置 JDK 编译器版本

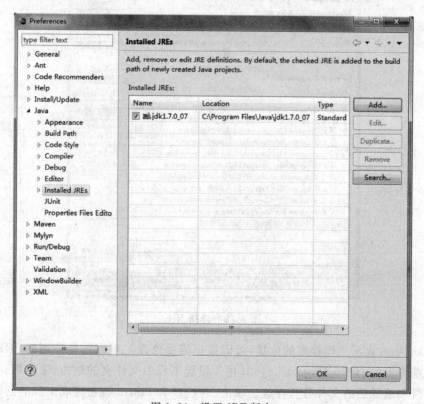

图 1.26 设置 JRE 版本

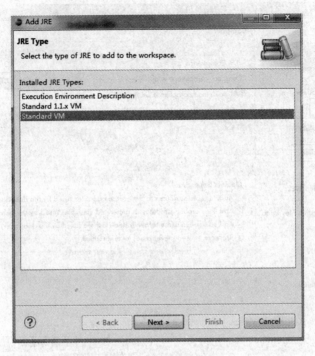

图 1.27　选择 JRE 类型

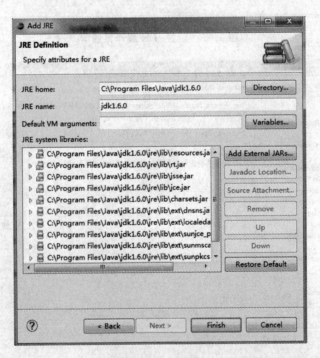

图 1.28　选择 JRE

"ch1"。Location 表示工程存放的位置，可以根据需要修改。可以选择使用的 JRE，这里选择使用之前设置的 JRE。Project Layout 用于设置工程中文件夹的结构，采用默认设置，也就是源文件和编译后的文件分开存放。单击 Next 或者 Finish 按钮完成工程的创建。

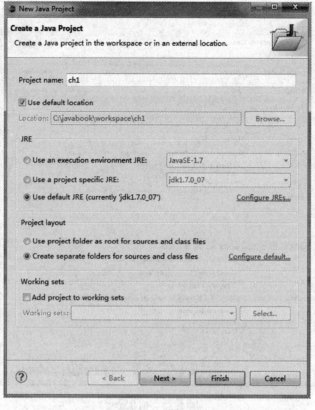

图1.29 创建工程

创建完的工程默认有一个src文件夹用于存放源文件,在编译的时候会编译src下面的所有文件。编译后的文件存放在bin目录下,默认是看不到这个文件夹的,可以通过其他视图查看。

2. 创建包

在src上单击右键,选择New→Package,或者使用工具栏中的 按钮来创建包,在弹出的界面中输入包名即可,这里输入"ch1"。也可以在创建类的时候创建包。

3. 创建类

在某个包中单击右键,选择New→Class,或者使用工具栏中的 按钮来创建类,在弹出的界面中选择包(默认会选择鼠标单击的包),输入类名"Hello",如果希望生成main方法,把相应的复选框选中,如图1.30所示。这样就生成了一个Hello.java类,并且在代码区域中把这个类显示出来,如图1.31所示。

4. 编写类

可以双击代码区域的Hello.java进行编辑。

在main方法中加入下面的代码:

System.out.println("Hello World!");

【注意】 这个地方不要拷贝,而是输入,看看输入的过程中这个集成开发环境为我们提供什么服务。

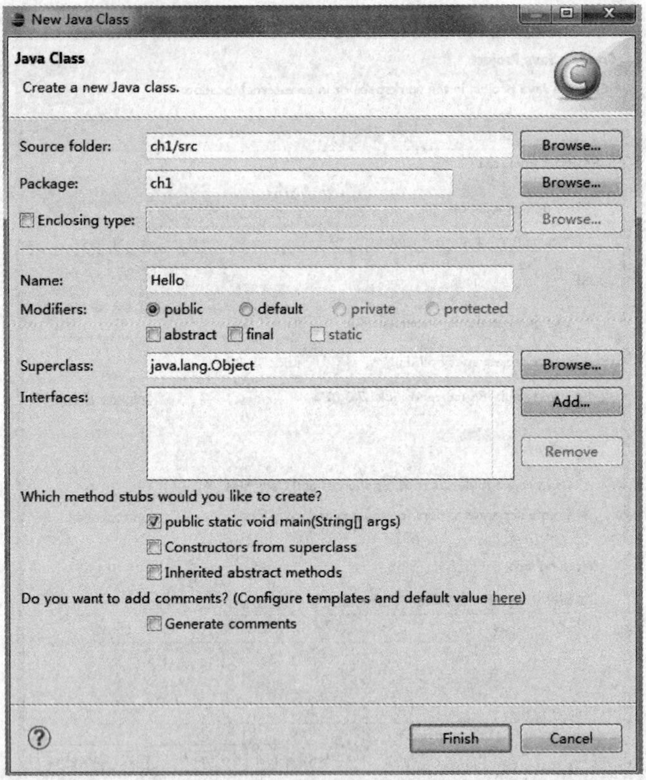

图1.30 创建类

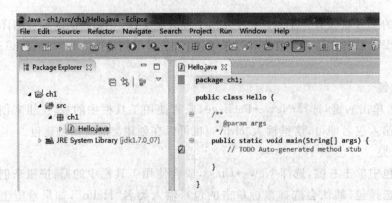

图1.31 生成的类和目录结构

如果代码写错,在出错的代码行上的左边和右边会有红色的标记。把鼠标放在左边的红色标记上,可以看到系统提示的错误信息,可以根据错误信息修改代码。读者可以故意把代码写错看看效果。

5. 运行

之前我们手工编写的时候,在运行之前要进行编译,现在可以直接运行,集成开发环境自动编译。

要运行程序,在要执行的代码区域单击右键,选择 Run As→Java Application 或者在工

具栏中选择 ▶▼ 按钮。在窗口的下面会显示运行的结果。如果运行有错误，也会在下面的窗口中显示错误信息。如果看不到执行结果，可以通过 Window→Show View→Console 打开控制台。

1.6　Java 语言的基本符号

Java 程序是由多个文件组成的，每个文件又是由很多代码行组成的，每个代码行是由一些基本符号组成的。本节讨论组成 Java 程序的相关符号。

1.6.1　Java 语言使用的编码

Java 语言使用 Unicode 编码，能够表示所有的自然语言所使用的字符。Unicode 编码本身在不断地发展，Java 语言所使用的 Unicode 版本也在随着 Unicode 版本的变化而更新。

1.6.2　数字常量

数字常量是由 0~9 这 10 个符号组成的数字序列，用于表示数字，可以使用负号"−"和数字一起表示负数，例如 123,35,−222 等。

如果表示整数，不能以 0 开始。整数可以使用二进制、八进制、十进制和十六进制表示。

- 二进制表示：以 0b 或者 0B 开头，后面跟数字，因为是二进制，数字只能是 0 和 1，例如 0b101、0B1101。二进制表示是 Java 7 中新增加的方式。
- 八进制表示：以 0 开始，后面跟数字，因为是八进制，数字只能是 0~7，例如 015 表示 13，而不是 15。
- 十进制表示：直接使用 0~9 组成，不能以 0 开始，例如 123。
- 十六进制表示：以 0x 或者 0X 开始，使用 0~9 以及 A~F 这 16 个字符，例如 0x123。

如果表示浮点数可以使用"."分隔符，例如 9.3,10.2 等。如果整数部分是 0，可以省略，例如"0.5"也可以写成".5"。

在 Java 7 中数字常量中还可以包含下划线，例如 123_23 与 12323 相同，目的是增强可读性。但是下划线不能出现在小数点前后以及数字的开头和结尾处。

【注意】　单精度类型的常量必须在数字后面使用 f 标识，如果浮点数不加 f，它的默认类型为双精度。

1.6.3　字符常量

字符常量是使用单引号括起来的某个字符，用于表示程序中使用的字符，例如 'a'。字符常量可以是数字，例如 '0'，不表示数字 0，而表示字符"0"。在 Java 中使用 unicode 编码，所以字符常量可以用于表示一个汉字，例如 '中'。

有些不可见的字符和特殊字符需要使用转义字符表示。常用的转义字符如表 1.4 所示。

表 1.4 转义字符

转义字符	编码	含义
\b	\u0008	后退键,键盘上的"←"
\t	\u0009	Tab 键,用于生成多个空格
\n	\u000a	换行符
\f	\u000c	换页符
\r	\u000d	回车键
\"	\u0022	双引号
\'	\u0027	单引号
\\	\u005c	反斜线
\0ddd		使用八进制表示的字符
\0xddd		使用十六进制表示的字符
\udddd		使用 Unicode 编码表示的字符

1.6.4 字符串常量

字符串常量是使用双引号括起来的一个字符的序列,例如:

"字符串"

如果字符串中包含了特殊字符,需要使用转义字符表示。例如:

"字符串常量应该使用两个\"引起来"

【注意】 不能使用中文的双引号。

1.6.5 布尔常量

布尔类型的常量有两个:true 和 false。true 表示"真",false 表示"假"。

1.6.6 标识符

标识符是用户定义的用于表示变量名、类名、接口名、方法名、方法的参数名等的符号。
标识符的命名应该按照一定的规则,标识符命名规则如下:
(1) 由字母、数字、下划线或 $ 符号组成,对标识符的长度没有特别限制;
(2) 必须以字母、下划线或 $ 符号开头;
(3) 标识符区分大小写;
(4) 标识符不能使用系统的保留字。
下面的标识符是合法的标识符:
- test   字母组成。
- test2   字母和数字组成。
- test_3   字母、数字、下划线组成。
- $test   字母和美元符号组成。

下面的标识符是不合法的标识符:
- 2a   不能以数字开头。

- test-3 "-"不是指定的字符。
- class   是系统的保留字。

1.6.7 保留字

保留字是系统定义的用于特殊目的的符号,例如用于定义一个整型变量要使用保留字 int,要创建一个类需要使用 class 保留字,有些保留字现在没有被 Java 规范使用,等以后扩展的时候也许会用,例如 goto。

Java 规范中现在使用的保留字又称为关键字。关键字中不包含现在没有被 Java 规范使用的保留字。用户在定义标识符的时候不能使用系统保留字。

Java 中的保留字如下:

abstract	boolean	break	byte	byvalue	case
catch	char	class	continue	default	do
double	else	extends	false	final	finalize
finally	float	for	future	generic	goto
this	if	import	implements	inner	instanceof
int	interface	long	native	new	null
operator	outer	package	private	protected	public
rest	return	short	static	switch	super
synchronized	threadsafe	throw	throws	transient	true
try	var	void	volatile	while	

1.6.8 运算符

下面的 37 个标记是运算符:

```
=    >    <    !    ~    ?    :
==   <=   >=   !=   &&   ||   ++   --
+    -    *    /    &    |    ^    %    <<   >>   >>>
+=   -=   *=   /=   &=   |=   ^=   %=   <<=  >>=  >>>=
```

关于运算符的用法将在第 2 章介绍。

1.6.9 分隔符

下面的 10 个 ASCII 字符是分隔符:

(   )   {   }   [   ]   ;   ,   .   :

"("和")"主要用于以下几个方面:

- 方法定义时的参数列表;
- 方法调用时的参数列表;
- 改变表达式运算的先后顺序;
- switch 语句的条件。

"{"和"}"主要用于以下几个方面:

- 组织类体;

- 组织方法体；
- try 语句；
- catch 语句；
- finally 语句；
- 静态初始化器；
- 终结器；
- if 语句的多行代码；
- else 语句的多行代码；
- for 语句的多行代码；
- while 语句的多行代码；
- 任意的多行语句。

"["和"]"主要用于以下几个方面：

- 定义数组；
- 访问数组的元素。

";"表示语句的结束符，也可以单独使用，但是使用的时候表示一个空语句。

","主要用于以下几个方面：

- 当声明同种类型的多个变量的时候，多个变量之间使用","；
- 当方法声明多个异常类型的时候，多个异常类型之间使用","。

"."用于调用对象或者类的方法或者属性。

":"主要用于以下几个方面：

- case 语句之后；
- 代码行的标记之后；
- 条件运算符中。

1.6.10 null 符号

null 符号表示一个空值。一个对象等于 null，说明这个对象不存在。关于对象的概念，在本书的后面章节将会介绍。

1.6.11 void 符号

void 符号也表示一个空类型，当一个方法不需要返回值的时候，使用 void 表示不需要返回值。

1.6.12 注释

注释是程序中比较特殊的语句，说它特殊在于编译程序的时候，不会编译注释的内容。注释用来解释程序的某些部分，提高程序的可读性，方便程序的维护。在调试时，可以使用注释暂时屏蔽某些程序语句。

在 Java 中注释有三种格式：

格式 1：

//注释的内容

格式 2：

```
/*
  注释的内容 1
  注释的内容 2
  注释的内容 3
*/
```

格式 3：

```
/**
  注释的内容 1
  注释的内容 2
  注释的内容 3
*/
```

格式 1 用于单行注释，如果注释的内容较少，可以使用单行注释。

格式 2 用于多行注释，如果注释较多，一行写不完，可以分多行写，以"/ *"开始，以"* /"结束。

【注意】 在注释中不能出现"* /"，否则会被认为是注释的结束符号。

格式 3 被称为文档注释，当使用 javadoc 命令生成帮助文档的时候，文档注释的内容会生成在帮助文档中。

1.7 实例：输出各种基本数据

实例完成的功能：输出各种基本数据。

【例 1.2】 输出整数、浮点数、字符、布尔类型和字符串类型的数据。

```java
package example1_2;

public class OutputData {

    public static void main(String[] args) {
        //输出整数
        System.out.println(123);
        System.out.println(0123);
        System.out.println(0x123);
        System.out.println(0b101);
        System.out.println(123_123);
        //输出浮点数
        System.out.println(23.33);
        System.out.println(23.33f);
        //输出字符
        System.out.println('A');
        System.out.println('\\');
        //输出布尔类型的值
        System.out.println(true);
```

```
            System.out.println(false);
            //输出字符串
            System.out.println("这是一个字符串");
            System.out.println("字符串使用\"表示");
        }
    }
```

运行结果：

```
123
83
291
5
123123
23.33
23.33
A
\
true
false
这是一个字符串
字符串使用"表示
```

小　　结

  本章首先介绍了程序、软件和编程语言之间的关系，流行的编程语言，面向对象和面向过程的区别，机器语言、汇编语言和高级语言的区别，解释型和编译型语言之间的区别。其次介绍了Java语言的发展历史、Java 7中的主要技术、Java语言的特点、Java的三个版本以及Java程序的运行过程。再次介绍了如何安装Java的运行和开发环境。通过一个例子展示了Java程序的特点，并且介绍了在集成开发环境Eclipse中如何编写Java程序。最后介绍了Java语言的基本符号。

第 2 章　Java 基本编码能力培养

任何编程语言都是来表示信息和处理信息的，本章介绍如何使用 Java 表示信息，如何使用 Java 进行简单的运算，主要内容包括：
- 信息表示
- 输入各种类型的数据
- 进行各种运算
- 顺序结构
- 选择结构
- 循环结构
- 数组的定义和使用
- 方法的定义和使用

2.1　信息表示

任何语言都可以理解为对信息的表示，对信息的处理，把处理结果告诉用户。信息表示是信息处理的基础，所以下面首先介绍信息的表示。

信息表示包含 Java 语言提供哪些数据类型来表示信息，以及如何声明变量来为信息分配内存空间，如何使用变量来表示信息。

2.1.1　8 种基本数据类型

Java 中数据可以是基本数据类型，也可以是引用数据类型，关于引用数据类型我们介绍一个比较有代表意义并且使用非常频繁的 String 类。本节介绍基本数据类型，下一节介绍 String 类型。

Java 中提供了 8 种基本数据类型，包括 4 种整数类型，2 种浮点数类型，1 种字符类型和 1 种布尔类型。

整数类型包括 byte、short、int 和 long，用于表示整数，它们的区别在于表示的数据的范围不同。

浮点数包括 float 和 double 类型，用于表示浮点数，float 表示单精度浮点数，double 表示双精度浮点数。

字符类型是 char，表示单个字符，可以表示汉字。

布尔类型 boolean，表示真假。

8 种基本数据类型占用的内存大小和表示数据的范围如表 2.1 所示。

表 2.1 Java 基本数据类型

基本数据类型	位数	表示范围
byte	8 位	$-128 \sim 127$
short	16 位	$-2^{15} \sim 2^{15}-1$
int	32 位	$-2^{31} \sim 2^{31}-1$
long	64 位	$-2^{63} \sim 2^{63}-1$
float	32 位	$-3.4028235 \times 10^{38} \sim 3.4028235 \times 10^{38}$
double	64 位	正负 $1.7976931348623157 \times 10308$ 之间
char	16 位	采用 Unicode 编码,可以表示中文
boolean		值只能为 true 或者 false

【提示】 对于给定了取值范围(如 0~1000 万)的某个变量,如何选择类型呢? 可以采用简单估算的方法,因为 $2^{10}=1024$,可以按照 $2^{10} \approx 1000$ 来估算。下面看看 1000 万需要什么类型的变量表示:1000 万$=1000 \times 1000 \times 10 \approx 2^{10} \times 2^{10} \times 10=2^{20} \times 10$,10 用 4 位表示,所以 1000 万使用 24 位表示即可,所以选择 int 类型即可。

【记住】 8 种基本数据类型是 byte、short、int、long、float、double、char 和 boolean。

2.1.2 引用类型的代表 String 类型

引用类型的变量只是保存真实数据的地址,而不是数据本身。例如要用 String 类型表示"Java 语言程序设计",在内存中要分配 2 个空间,第 1 个空间保存"Java 语言程序设计"字符串本身,第 2 个空间存储的是第 1 个空间的地址。这种机制类似于 C 语言的指针。对于第 1 个存储空间的访问是通过第 2 个空间中存储的值来访问的,不能直接访问。

在使用指针的时候,用户可以修改指针的值,把指针指向任何地方,会造成安全问题。但是引用却不同,引用只能指向一个系统创建的对象,不存在安全问题。

引用类型的存储和基本数据类型是不同的,基本数据类型变量中直接存储值。图 2.1 展示了基本数据类型和引用数据类型的区别。

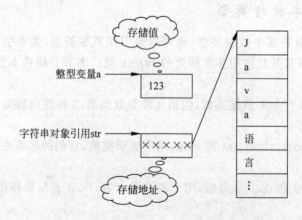

图 2.1 基本数据类型和引用类型的区别

2.1.3 变量声明

变量是用来表示信息的,一个变量对应内存中的一个存储空间,通过变量名能够把要表示的信息存储到内存中,通过变量名也可以取出在内存中存储的信息。

变量声明需要指出变量的类型和名字。变量的类型决定了为变量分配多大的存储空间,各种基本数据类型变量占用的存储空间如表 2.1 所示。变量的名字用于区分不同的变量,可以根据变量名字访问变量表示的信息。

【语法格式 2.1】 变量声明的基本格式:

变量类型 变量名;

变量类型可以是基本数据类型,也可以是引用类型,变量名是自定义的标识符,必须满足标识符的命名规则,标识符的命名规则参见 1.6.6 节,后面的分号不能省略。也可以同时声明相同类型的多个变量,多个变量之间使用逗号隔开。

【语法格式 2.2】 同时声明多个变量的格式:

变量类型 变量名字 1,变量名字 2,…,变量名 n;

下面分别声明了 8 种基本数据类型和 String 类型的变量。

【例 2.1】 声明变量。

```
byte sex;                //表示性别
short age,height;        //表示年龄和身高
int speed;               //表示速度
long distance;           //表示距离
float length,width;      //表示长和宽
double salary;           //表示工资收入
char c;                  //表示一个字符
boolean find;            //表示是否查找到信息
String bookName;         //表示书名
```

【注意】 变量名除了要满足标识符的命名规范之外,还有满足一些编程习惯:变量首字母小写;如果变量名由多个单词组成,除首字母之外,其他单词的首字母大写;变量名应该尽量有意义,能从名字看出它的作用。

2.1.4 使用变量表示信息(为变量赋值)

变量声明是为变量申请空间,为表示信息做准备。变量声明之后,就可以使用变量来表示信息了,也就是为变量赋值,相当于把值存储到为变量申请的空间里。

对于基本数据类型和引用类型来说,变量赋值的含义是不同的。

为基本数据类型的变量赋值,就是把值存储到为基本数据类型申请的内存中。例如 age=30,就是把 30 存入 age 表示的内存空间中。

为引用类型的变量赋值,是把某个对象的地址赋值给引用类型的变量,例如 bookName="Java 语言程序设计",就是把"Java 语言程序设计"这个字符串的地址存储到 bookName 这个引用中,通常说把 bookName 这个引用指向字符串对象(关于对象的概念将在第 3 章介绍)。

【语法格式 2.3】 为基本数据类型赋值常量：

变量名 = 常量;

为变量直接赋值，例如：

sex = 1;

常量的类型应该与变量的类型一致，为整型变量赋值只能使用整型常量，另外常量不能大于相应类型的变量表示的范围，为浮点型变量赋值可以使用浮点型常量，也可以使用整型常量，为字符类型的变量赋值只能使用字符常量，为布尔类型变量赋值只能使用 true 和 false。

【例 2.2】 为变量赋值。

```
sex = 1;                //正确，为 byte 类型变量赋值
age = 15;               //正确，为 short 类型变量赋值
height = 177;           //正确，为 short 类型变量赋值
speed = 200;            //正确，为 int 类型变量赋值
distance = 2500;        //正确，为 long 类型变量赋值
length = 10;            //正确，为 float 类型变量赋值
width = 15.7f;          //正确，为 float 类型变量赋值
salary = 5323.23;       //正确，为 double 类型变量赋值
c = 'A';                //正确，为 char 类型变量赋值
c = 20;                 //正确，表示编码为 20 的字符
find = true;            //正确，为 boolean 类型变量赋值
sex = 555;              //错误，555 超过了 byte 类型变量表示的范围
age = 15.5;             //错误，类型不匹配，不能把浮点型常量赋值给 short 整型变量
find = 1;               //错误，类型不匹配
width = 15.7;           //错误，类型不匹配，15.7 默认为 double 类型
```

这种赋值方式也可以在定义变量的时候直接赋值，例如：

boolean find = true;

【语法格式 2.4】 为基本数据类型赋值一个变量：

变量名 1 = 变量名 2;

通常变量名 1 和变量名 2 的类型应该一致，例如：

int age1 = 10;
int age2 = age1;

如果变量名 2 的类型表示的数据范围的比变量名 1 的类型表示的范围小，也可以赋值，例如：

short age1 = 20;
int age2 = age1;

各基本数据类型表示数据范围的大小关系：byte＜short＜int＜long＜float＜double。char 类型的变量可以赋值给 int、long、float 和 double 类型的变量。

【例 2.3】 为变量赋值。

```
byte b = 1;              //正确
short s = b;             //正确
b = s;                   //错误
int i = s;               //正确
long l = i;              //正确
float f = l;             //正确
double d = f;            //正确
l = f;                   //错误,float 类型表示的范围比 long 类型表示的范围大

char c = 'A';
i = c;                   //正确
```

上面的代码运行之后,s 的值为 1,但是不能使用 b=s,因为 b 能够表示的范围比 s 表示的范围小。实际上 s 的值为 1,使用 b 来存储也是没有问题的,这时候可以使用 Java 提供的强制类型转换。

【语法格式 2.5】 赋值的时候进行强制类型转换:

变量名 1 = (变量名 1 的类型)变量名 2;

通常变量名 2 表示的范围比变量名 1 表示的范围大。

【例 2.4】 强制类型转换。

```
short s = 10;
byte b = (byte)s;
int i = 97;
char c = (char)i;        //这个用得比较多
```

可以为变量多次赋值,例如:

```
int age = 15;
age = 16;
```

表示刚开始在 age 变量中存储值是 15,然后存储值为 16,覆盖了 15。

【语法格式 2.6】 为引用类型变量赋值:

变量名 = new 变量类型();

关于 new 的用法在面向对象部分将进行详细介绍。

【例 2.5】 为引用类型变量赋值。

```
String str = new String();
Date d = new Date();
```

因为字符串的特殊性,在使用的时候可以直接为字符串变量赋值字符串常量,例如:

```
String bookName = "Java 语言程序设计";
```

就像普通变量之间可以赋值一样,引用类型变量之间也可以赋值,例如:

```
String bookName1 = "Java 语言程序设计";
String bookName2 = bookName1;
```

相当于把 bookName2 指向了 bookName1 指向的对象,也就是把 bookName1 中存储的地址存储到了 bookName2 中。

2.1.5 实例:使用变量表示信息并输出

实例完成的功能:分别使用变量表示自己的班级、学号、姓名、年龄、身高、是否住校。

【例 2.6】 使用变量表示信息并输出。

```
package example2_6;

public class StudentInfo {

    public static void main(String[ ] args) {
        //班级
        String className = "11 级软件";
        //学号
        String studentId = "11110240301";
        //姓名
        String name = "张三";
        //身高
        int height = 177;
        //是否本地
        boolean local = true;
        System.out.println(className);
        System.out.println(studentId);
        System.out.println(name);
        System.out.println(height);
        System.out.println(local);
    }
}
```

运行结果:

```
11 级软件
11110240301
张三
177
true
```

这个结果看起来不是很清晰,尤其是 true 的含义不明确,在后面的章节中我们会学习如何解决这个问题。

【记住】 变量声明赋值的基本形式:int a=10;。

2.2 输入各种类型的数据

之前在程序中使用的数据都是在程序中写死的,而在实际应用中数据多数是由用户输入的。本节介绍如何让用户输入各种数据。

输入数据可以采用很多种方式,这里只介绍使用非常方便的一种,使用 Scanner 提供的方法进行输入,其他方法在后续章节中介绍。

2.2.1 通过 Scanner 输入 int 类型的数据

通过 Scanner 输入数据基本过程如下:
(1) 使用 import 引入 Scanner 类,Scanner 类是系统提供的类;
(2) 创建 Scanner 对象;
(3) 通过 Scanner 对象的相应方法输入数据。

1. 引入 Scanner 类

Scanner 是系统提供的工具类,位于 java.util 包。在 Java 程序中要使用不属于当前文件的类,也不属于当前包中的类的时候,需要使用 import 引入类。用法如下:

```
import java.util.Scanner;
```

或者

```
import java.util.*;
```

第一个 import 是引入这个类本身,第二个 import 是引入这个类所在的包,建议使用第一种方式。import 语句通常写在 package 定义之后,在类定义之前。

2. 创建 Scanner 对象

Java 提供的用于从键盘接收数据的方法是 System.in 的方法,System.in 是系统提供的标准输入流对象,但是 System.in 在读取数据的时候不方便。Scanner 提供了更为方便的操作方法,但是 Scanner 对象的创建是基于 System.in 输入流。下面是创建 Scanner 对象的方法:

```
Scanner in = new Scanner(System.in);
```

in 是对象的名字,new 是创建对象的操作符,只要创建对象都会使用 new。先记住这个代码,关于对象创建将在第 3 章详细介绍。

3. 使用 Scanner 对象提供的方法读取数据

要接收 int 类型的数据,使用 nextInt 方法。通常会创建一个 int 类型的变量来接收 nextInt 方法的返回值。例如:

```
int a = in.nextInt();
```

in.nextInt()是方法调用,会得到用户输入的值,然后把这个值存储在变量 a 中。先记住这个格式,关于方法调用在本章的后面会详细介绍。

【例 2.7】 提示用户输入年龄信息,然后输出到界面上。

```java
package example2_7;

import java.util.Scanner;

public class InputNumber {

    public static void main(String[] args) {
        Scanner in = new Scanner(System.in);
        System.out.println("请输入你的年龄：");
        int age = in.nextInt();
        System.out.println("你输入的年龄是：");
        System.out.println(age);
    }

}
```

运行结果：

```
请输入你的年龄：
22
你输入的年龄是：
22
```

【记住】 输入信息：Scanner in = new Scanner(System.in); int age = in.nextInt();

2.2.2 通过 Scanner 输入其他类型的数据

2.2.1 节中使用 nextInt 来接收 int 类型的数据,在输入的时候采用的是十进制,也可以采用其他进制,例如八进制、二进制等。要采用其他进制输入整数使用下面的方法：

```
nextInt(int radix)
```

这个方法也用来接收 int 类型的数据,但是多了一个参数,参数表示输入数字采用的进制,例如参数是 2 表示二进制,参数是 5 表示五进制。

【例 2.8】 采用其他进制输入数字。

```java
package example2_8;

import java.util.Scanner;

public class InputNumber2 {

    public static void main(String[] args) {
        Scanner in = new Scanner(System.in);
        System.out.println("请输入二进制的整数：");
        int i = in.nextInt(2);
```

```
            System.out.println(i);
            
            System.out.println("请输入五进制的整数: ");
            i = in.nextInt(5);
            System.out.println(i);
            
            System.out.println("请输入八进制的整数: ");
            i = in.nextInt(8);
            System.out.println(i);
    }

}
```

运行结果:

```
请输入二进制的整数:
101
5
请输入五进制的整数:
23
13
请输入八进制的整数:
67
55
```

二进制的 101 转换成十进制是 5,五进制的 23 转换成十进制是 13,八进制的 67 转换为十进制是 55。在输入的时候,输入的数字必须满足进制的要求,例如二进制只能输入 01 序列,不能出现 01 之外的数字,五进制只能出现 0~4 的数字,不能出现其他数字。

在使用 Scanner 输入 byte、short、long 类型的数据的时候,用法与输入 int 类型数据相同,可以输入十进制,也可以使用其他进制,使用的方法分别是 nextByte、nextShort 和 nextLong。在输入 float 类型和 double 类型的时候,只提供了十进制输入的 nextFloat 和 nextDouble 方法,没有提供其他进制的输入。

除了可以输入数字之外,Scanner 还可以输入 boolean 类型的数据和 String 类型的数据。

- nextBoolean(): 输入布尔类型的值。
- next(): 输入字符串,以空格、换行符等空白结束。
- nextLine(): 输入字符串,以换行符结束。

【例 2.9】 输入 String 类型的数据。

```
package example2_9;

import java.util.Scanner;

public class InputString {

    public static void main(String[] args) {
```

```
            Scanner in = new Scanner(System.in);

            System.out.println("请输入两个字符串,使用空格隔开: ");
            String str = in.nextLine();
            System.out.println("接收信息: " + str);

            System.out.println("请输入两个字符串,使用空格隔开: ");
            str = in.next();
            System.out.println("接收信息: " + str);
        }

    }
```

运行结果:

```
请输入两个字符串,使用空格隔开:
中国 大连
接收信息: 中国 大连
请输入两个字符串,使用空格隔开:
中国 大连
接收信息: 中国
```

结果分析:使用 nextLine 可以接收包含空格的字符串,使用 next 不能接收包含空格的字符串。

【注意】 如果前面使用其他 next 方法(包括 nextInt、nextLong 等)接收数据了,在使用 nextLine 的时候,会接收到一个空字符串。

2.3 进行各种运算

前面介绍了如何定义变量来表示信息,以及如何接收用户的输入信息,接下来介绍如何对信息进行各种处理。处理是通过各种运算符来实现的。

2.3.1 赋值运算符

赋值运算符就是把值赋给一个变量。前面的很多例子都用到了赋值运算符。

【语法格式 2.7】 赋值运算符

变量名 = 表达式;

作用是把右边的表达式的值赋给左边的变量。左边是变量,右边是表达式。可以把一个常量赋值给变量,可以把一个变量赋值给变量,可以把一个方法的执行结果赋值给变量,还可以把一个计算结果赋值给变量。

【例 2.10】 赋值运算符。

```
package example2_10;
```

```java
import java.util.Scanner;

public class SetValue {

    public static void main(String[] args) {
        Scanner in = new Scanner(System.in);
        int a = 10;
        int b = a;
        int c = a + b;
        int d = in.nextInt();
    }

}
```

2.3.2 算术运算符

1. 基本用法

标准的算术运算符有＋、－、＊、/和％。分别表示加、减、乘、除和求余。另外，"＋"和"－"也可以作为单目运算符，就像现实世界中的"正"和"负"。

【例 2.11】 算术运算符的基本用法。

```java
package example2_11;

public class MathematicsOperatorTest {

    public static void main(String[] args) {
        //定义整型变量 a,b,分别赋值 20 和 7
        int a = 20;
        int b = 7;

        //进行加、减、乘、除和求余运算
        int sum = a + b;
        int sub = a - b;
        int mul = a * b;
        int div = a/b;
        int res = a % b;

        //输出运算的结果
        System.out.println("a = " + a + "  b = " + b);
        System.out.println("a + b = " + sum);
        System.out.println("a - b = " + sub);
        System.out.println("a * b = " + mul);
        System.out.println("a/b = " + div);
        System.out.println("a % b = " + res);
    }

}
```

运行结果：

```
a = 20    b = 7
a + b = 27
a - b = 13
a * b = 140
a / b = 2
a % b = 6
```

【注意】 整数运算的结果仍然是整数，例如 12/8＝1，而不是 1.5。

2. 类型转换

不同类型的数字进行运算的时候，系统会强制改变数据类型，看下面的代码。

【例 2.12】 类型转换。

```
package example2_12;

public class TypeConvert {

    public static void main(String[] args) {
        byte b1 = 3;
        byte b2 = 4;
        byte b3 = b1 + b2;
    }
}
```

程序在编译的时候会报下面的错误：

```
Type mismatch: cannot convert from int to byte
```

出错的原因在于执行 b1＋b2 的时候，系统会把 b1 和 b2 的类型都转换成 int 类型然后计算，计算的结果也是 int 类型，所以把 int 类型赋值给 byte 类型，这时候就产生错误了。

类型转换的基本规则如下：

（1）操作数中如果有 double 类型，则都会转换成 double 类型。

（2）如果有 float 类型，则会转换成 float 类型。

（3）如果有 long 类型，则会转换成 long 类型。

（4）其他的都会转换成 int 类型。

如何解决上面的错误呢？可以参考下面的代码。

【例 2.13】 类型转换。

```
package example2_13;

public class TypeConvert {

    public static void main(String[] args) {
```

```
        byte b1 = 3;
        byte b2 = 4;
        byte b3 = (byte)(b1 + b2);
    }
}
```

2.3.3 自增、自减运算符

1. 自增运算符

自增运算符的基本功能就是把自身增加1,假设操作数是 x。

【**语法格式 2.8**】 自增运算符可以有两种格式:

格式1: x++
格式2: ++x

两种格式的效果是相同的,都是把 x 的值增加了1,相当于:

x = x + 1;

但是,当自增运算符和赋值运算符一起使用的时候,两种格式的效果是不一样的,例如:
y＝x++;和 y＝++x;是有区别的。前者相当于:

y = x;
x = x + 1;

后者相当于:

x = x + 1;
y = x;

【**例 2.14**】 自增运算符。

```
package example2_14;

public class AddOne {

    public static void main(String[] args) {
        int x1 = 3;
        int x2 = 3;
        //++在后面
        int y1 = x1++;
        //++在前面
        int y2 = ++x2;
        System.out.println("y1 = " + y1 + " y2 = " + y2);
    }

}
```

运行结果:

```
y1 = 3  y2 = 4
```

【记住】 操作数在前面先赋值；操作数在后面后赋值。

2. 自减运算符

自减运算符的用法与自增运算符完全相同，进行自减操作。下面的实例是把例 2.14 中的"++"改为"--"而形成的。

【例 2.15】 自减运算符。

```java
package example2_15;

public class SubOne {

    public static void main(String[] args) {
        int x1 = 3;
        int x2 = 3;
        // -- 在后面
        int y1 = x1 -- ;
        // -- 在前面
        int y2 = -- x2;
        System.out.println("y1 = " + y1 + " y2 = " + y2);
    }
}
```

运行结果：

```
y1 = 3  y2 = 2
```

【记住】 操作数在前面先赋值；操作数在后面后赋值。

2.3.4 比较(关系)运算符

比较(关系)运算符用于对两个值进行比较，其返回值为布尔类型。

关系运算符有：＞、＞＝、＜、＜＝、＝＝、！＝，分别表示大于、大于等于、小于、小于等于、等于、不等于。

【语法格式 2.9】 关系运算符

exp1 X ex2

其中，exp1 和 exp2 是两个操作数，可以是表达式，X 表示其中的一种关系运算符，如果 exp1 和 exp2 具有"X"关系，结果为 true，否则结果为 false。例如 5＞3，结果为 true，4！＝6 结果为 true。

【例 2.16】 关系运算符的用法。

```java
package example2_16;

public class CompareOperator {

    public static void main(String[] args) {
```

```
            int a = 3;
            int b = 4;
            boolean bigger = a > b;
            boolean less = a < b;
            boolean biggerEqual = a > = b;
            boolean lessEqual = a < = b;
            boolean equal = a == b;
            boolean notEqual = a!= b;
            System.out.println("a = " + a + " b = " + b);
            System.out.println("a > b:" + bigger);
            System.out.println("a < b:" + less);
            System.out.println("a > = b:" + biggerEqual);
            System.out.println("a < = b:" + lessEqual);
            System.out.println("a == b:" + equal);
            System.out.println("a!= b:" + notEqual);
        }
    }
```

运行结果：

```
a = 3 b = 4
a > b:false
a < b:true
a > = b:false
a < = b:true
a == b:false
a!= b:true
```

【注意】

(1) 这些符号都是英文的，不能使用中文。

(2) "=="与"="容易混淆，比较两个数是否相等不能写成"="。

2.3.5 逻辑运算符

在 Java 中，逻辑运算符只能对布尔类型的数据进行操作，其返回值同样为布尔类型的值。逻辑运算符有：&&、||、!、|、&、^。运算规则如下：

(1) "&&"和"&"是逻辑与，只有当两个操作数都为 true 的时候，结果才为 true。

(2) "||"和"|"是逻辑或，只有当两个操作数都为 false 的时候，结果才为 false。

(3) "!"是逻辑非，如果操作数为 false，结果为 true；如果操作数为 true，结果为 false。

(4) "^"是逻辑异或，如果两个操作数不同，结果为 true；如果两个操作数相同，结果为 false。

【例 2.17】 逻辑运算符的使用。

```
package example2_17;

public class LogicOperator {

    public static void main(String[] args) {
```

```
            //定义布尔类型的变量 b1 和 b2,并分别赋值
            boolean b1 = true;
            boolean b2 = false;

            //进行各种布尔运算,并输出结果
            System.out.println("b1 = " + b1 + " b2 = " + b2);
            System.out.println("b1&&b2 = " + (b1&&b2));
            System.out.println("b1&b2 = " + (b1&b2));
            System.out.println("b1 || b2 = " + (b1 || b2));
            System.out.println("b1|b2 = " + (b1|b2));
            System.out.println("!b1 = " + (!b1));
            System.out.println("b1^b2 = " + (b1^b2));
        }
    }
```

运行结果:

```
b1 = true b2 = false
b1&&b2 = false
b1&b2 = false
b1 || b2 = true
b1|b2 = true
!b1 = false
b1^b2 = true
```

"&&"和"&"从运行结果来看是相同的,但是运行的过程不一样。看下面的例子。

【例 2.18】 快速逻辑运算。

```
package example2_18;

public class FastLogicOperator {

    public static void main(String[] args) {
        int a = 5 ;
        int b = 6;
        int c = 6;

        //&& 进行逻辑运算
        System.out.println((a > b) && (a>(b--)));
        //使用 & 进行逻辑运算
        System.out.println((a > c) & (a>(c--)));

        System.out.println("b = " + b);
        System.out.println("c = " + c);
    }
}
```

运行结果：

```
false
false
b = 6
c = 5
```

从结果可以看出，"&&"和"&"的运算结果相同，但是 b 和 c 的值不同。使用"&&"的时候，后面的表达式没有计算，所以 b 的值没有发生变化；使用"&"的时候，后面的表达式进行计算了，所以 c 的值发生了变化。而实际上，进行与运算只要前面的表达式是 false，结果就是 false，所以后面就不用计算了，"&&"运算符正是使用了这个特性。

"||"和"|"的区别也是这样。

【记住】 "&&"和"||"是快速运算符，但是不能保证后面的表达式会被执行。

2.3.6 位运算符

计算机中数字都是以二进制的形式存储的，位运算符用来对二进制数位进行逻辑运算，操作数只能为整型或字符型数据，结果也是整型数。

位运算符有：&、|、~、^，分别表示按位与、按位或、按位非和按位异或。

对两个操作数的每位进行单独的运算，把运算后的每一位重新组合成数字。下面描述了按位与求 15&3 的执行过程：

15 表示成二进制为：

0000 0000 0000 1111

3 表示成二进制为：

0000 0000 0000 0011

进行按位与，得到：

0000 0000 0000 0011

结果就是 3。

【例 2.19】 位运算符的使用。

```java
package example2_19;

public class BitOperator {

    public static void main(String[] args) {
        int a = 15;
        int b = 3;
        //按位与，并输出结果
        System.out.println("a&b = " + (a&b));
        //按位或，并输出结果
        System.out.println("a|b = " + (a|b));
```

```
        //按位进行异或,并输出结果
        System.out.println("a^b = " + (a^b));
        //按位取反,并输出结果
        System.out.println("!a = " + (~a));
    }

}
```

运行结果:

```
a&b = 3
a|b = 15
a^b = 12
!a = -16
```

2.3.7 移位运算符

移位运算符同样是对二进制位进行操作。移位运算符有三个:
- <<,表示向左移;
- >>,表示向右移;
- >>>,表示无符号右移。

1. 左移

【语法格式 2.10】 左移运算符

x << y

其中 x 是要移位的数,y 是要移动的位数。结果相当于 x 乘于 2 的 y 次方,例如 5<<2 相当于 $5*2^2$,结果为 20。左移就相当于在原来的数字后面加 0,按照十进制,就相当于乘以 10。

2. 右移

【语法格式 2.11】 右移运算符

x >> y

其中 x 是要移位的数,y 是要移动的位数。移位之后,如果是正数,高位补 0,如果是负数,高位补 1。结果相当于 x 除于 2 的 y 次方,例如 5>>2 相当于 $5/2^2$,结果为 1。

3. 无符号右移

【语法格式 2.12】 无符号右移运算符

x >>> y

其中 x 是要移位的数,y 是要移动的位数。移位之后,高位补 0。所以,如果是正数,结果与有符号右移的结果相同。如果是负数,移位之后会变成正数,因为高位补 0,高位 0 就表示是正数。

4. 实例

【例 2.20】 移位运算。

```java
package example2_20;

public class BitMoveOperator {

    public static void main(String[] args) {
        int a,b,c;
        a = 15;
        b = -15;
        c = 2;
        System.out.println("---------- 左移运算符 -----------");
        System.out.println("a = " + a + " b = " + b + " c = " + c);
        System.out.println("a << c = " + (a << c));
        System.out.println("b << c = " + (b << c));

        a = 15;
        b = -15;
        System.out.println("---------- 右移运算符 -----------");
        System.out.println("a = " + a + " b = " + b + " c = " + c);
        System.out.println("a >> c = " + (a >> c));
        System.out.println("b >> c = " + (b >> c));

        a = 15;
        b = -15;
        System.out.println("---------- 无符号右移运算符 -----------");
        System.out.println("a = " + a + " b = " + b + " c = " + c);
        System.out.println("a >>> c = " + (a >>> c));
        System.out.println("b >>> c = " + (b >>> c));
    }

}
```

运行结果：

```
---------- 左移运算符 -----------
a = 15 b = -15 c = 2
a << c = 60
b << c = -60
---------- 右移运算符 -----------
a = 15 b = -15 c = 2
a >> c = 3
b >> c = -4
---------- 无符号右移运算符 -----------
a = 15 b = -15 c = 2
a >>> c = 3
b >>> c = 1073741820
```

【注意】

(1) 无符号右移的结果都是正数,不管操作数是正数还是负数。

(2) 左移和右移,对于正数和负数移位的结果可能是不相同的,符号不变。示例中 15 右移 2 位得到的结果是 3,−15 右移 2 位得到的结果为 −4,这样的结果与正数和负数在计算机中表示的方式相关。

2.3.8 条件运算符

根据表达式的逻辑结果,可以得到不同的值。

【语法格式 2.13】 条件运算符

op1?op2:op3;

op1 的结果应该为布尔类型,如果 op1 的值为 true,则表达式最终的结果为 op2;如果 op1 的值为 false,则表达式最后的结果是 op3。

【例 2.21】 求输入的两个数的最大值。

```java
package example2_21;

import java.util.Scanner;

public class Max {

    public static void main(String[] args) {
        Scanner in = new Scanner(System.in);
        System.out.println("请输入两个整数: ");
        int a = in.nextInt();
        int b = in.nextInt();
        int c;

        //如果 a>b,把 a 赋值给 c,否则,把 b 赋值给 c
        c = a > b?a:b;
        System.out.println("最大值为: " + c);
    }

}
```

运行结果:

```
请输入两个整数:
23 34
最大值为: 34
```

2.3.9 字符串连接运算符

"+"用于连接字符串,实际上在前面的例子中已经使用过了。

【语法格式 2.14】 字符串连接

op1 + op2

要求 op1 和 op2 中至少要有一个是字符串，另外一个可以是各种类型，包括前面介绍的 8 种基本数据类型以及各种类的对象，这些类型会转换为字符串，然后把两个字符串连接起来。

【例 2.22】 字符串与各种类型的连接。

```java
package example2_22;

public class StringJoin {

    public static void main(String[] args) {
        byte b = 3;
        short s = 4;
        int i = 10;
        long l = 11;
        float f = 3f;
        double d2 = 23.5;
        char c = 's';
        boolean bool = false;
        java.util.Date d = new java.util.Date();

        //使用字符串与各种类型的数据进行连接
        System.out.println("byte 类型:" + b);
        System.out.println("short 类型:" + s);
        System.out.println("int 类型:" + i);
        System.out.println("long 类型:" + l);
        System.out.println("float 类型:" + f);
        System.out.println("double 类型:" + d2);
        System.out.println("char 类型:" + c);
        System.out.println("boolean 类型:" + bool);
        System.out.println("其他类的对象：" + d);
    }

}
```

运行结果：

```
byte 类型:3
short 类型:4
int 类型:10
long 类型:11
float 类型:3.0
double 类型:23.5
char 类型:s
boolean 类型:false
其他类的对象：Wed Oct 03 13:42:10 CST 2012
```

2.3.10 复合赋值运算符

赋值运算符与其他运算符结合来完成计算的同时并赋值的功能。

【语法格式 2.15】 复合赋值运算

a X = b;

"X"表示其他的运算符,可以是各种运算符。使用左值与右值进行基本的"X"运算,然后把运算的结果赋值给左值,相当于下面的代码:

a = a X b;

【例 2.23】 复合赋值运算。

```
package example2_23;

public class CompoundOperator {

    public static void main(String[] args) {
        //使用复合赋值表达式计算 a + 3,并把结果赋值给 a
        int a = 3;
        a += 3;

        //不使用复合赋值表达式计算 b + 3,并把结果赋值给 b
        int b = 3;
        b = b + 3;

        //分别输出 a 和 b 的值
        System.out.println("a = " + a);
        System.out.println("b = " + b);
    }

}
```

运行结果:

```
a = 6
b = 6
```

大部分的运算符都可以和赋值运算符结合使用构成复合赋值运算符。

2.4 顺序结构

Java 处理代码通常会包含很多代码,根据代码行之间的关系,可以把代码分为三种结构:
- 顺序结构,按照先后顺序,从上向下逐行执行。
- 选择结构,根据程序运行过程中的状态,选择性地执行一些代码。
- 循环结构,某些代码会重复执行很多次。

本节介绍顺序结构,接下来的两节分别对选择结构和循环结构进行介绍。

顺序结构,代码从上到下逐行执行,按照代码出现的先后顺序执行,经过的代码都会执行。我们之前看到的例子都是采用顺序结构。

2.5 选择结构

选择结构主要使用 if 语句和 switch 语句,下面分别介绍。

2.5.1 基本选择 if…else

if…else 的含义与字面意思相同,如果…否则,如果条件成立则执行 if 和 else 之间的内容,否则执行 else 之后的内容。

【语法格式 2.16】 if…else 结构:

```
if(条件表达式){
    语句块 1
}else{
    语句块 2
}
```

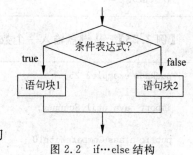

如果条件表达式满足,执行语句块 1,否则执行语句块 2,如图 2.2 所示。

图 2.2 if…else 结构

条件表达式可以是 boolean 变量、关系运算表达式、逻辑运算表达式等,很少会是常量。
- 使用布尔类型的值:if(true)
- 使用布尔类型的变量:boolean b=true; if(b)
- 使用关系表达式:if(a>b)
- 使用逻辑表达式:if(a>b && a>c)

如果语句块 1 只有一句话,可以省略语句块 1 两端的大括号。同样,如果语句块 2 只有一句话,可以省略语句块 2 两端的大括号。但是建议不要省略。

【例 2.24】 求键盘输入的两个数的较大值。

```java
package example2_24;

import java.util.Scanner;

public class Max {

    public static void main(String[] args) {
        Scanner in = new Scanner(System.in);
        System.out.println("请输入两个整数: ");
        int a = in.nextInt();
        int b = in.nextInt();
        int c;

        if(a>b)
```

```
            c = a;
        else
            c = b;
        System.out.println("较大值为: " + c);
    }
}
```

运行结果:

```
请输入两个整数:
23 21
较大值为: 23
```

【例 2.25】 从键盘输入一个数字,如果大于 10,输出"大于 10",否则输出"小于等于 10"。

```
package example2_25;

import java.util.Scanner;

public class CompareWith10 {

    public static void main(String[] args) {
        Scanner in = new Scanner(System.in);
        System.out.println("请输入一个整数");
        int value = in.nextInt();
        if(value > 10){
            System.out.println("大于 10");
        }else{
            System.out.println("小于等于 10");
        }
    }
}
```

运行结果 1:

```
请输入一个整数
3
小于等于 10
```

运行结果 2:

```
请输入一个整数
33
大于 10
```

2.5.2 变形1：if

有时候只考虑条件成功时候的情况,而不考虑条件不成功时候的情况,这时候只需要 if 语句,而不需要 else 语句。

【语法格式 2.17】 if 结构：

```
if(条件表达式){
    语句块
}
```

如果条件满足,执行语句块,如图 2.3 所示。

【例 2.26】 从键盘输入一个数字,如果能被 7 整除或者以 7 结尾,输出"是 7 的倍数或者以 7 结尾"。

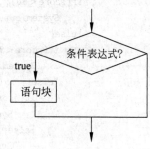

图 2.3 if 语句结构

```
package example2_26;

import java.util.Scanner;

public class IfTest {

    public static void main(String[] args) {
        Scanner in = new Scanner(System.in);
        System.out.println("请输入一个整数");
        int value = in.nextInt();
        if(value % 7 == 0 || value % 10 == 7){
            System.out.println("是 7 的倍数或者以 7 结尾");
        }
    }

}
```

2.5.3 变形2：if-else if-else

有时候要执行的代码是在多种情况中选择一个,这时候就需要多个判断,一个 if 和 else 是不能满足要求的,这时候需要嵌套使用 if else。例如根据输入的成绩,给出成绩的等级,60 以下不及格,60~74 是及格,75~84 是良好,85~100 是优秀。这时候就需要先判断成绩是否小于 60,如果小于 60,输出不及格;如果不是小于 60,需要继续判断是否小于 75。写出的代码可能是下面的形式。

【例 2.27】 根据成绩输出成绩的等级。

```
package example2_27;

import java.util.Scanner;

public class ScoreTest {

    public static void main(String[] args) {
```

```java
        Scanner in = new Scanner(System.in);
        System.out.println("请输入一个整数");
        int score = in.nextInt();
        if(score<60){
            System.out.println("不及格!");
        }else{
            if(score<75){
                System.out.println("及格!");
            }else{
                if(score<85){
                    System.out.println("良好!");
                }else{
                    System.out.println("优秀!");
                }
            }
        }
    }
}
```

这种结构写起来比较啰嗦,可以简写为 if-else if-else 结构。

【语法格式 2.18】 if-else if-else 结构:

```
if(条件表达式 1){
    语句块 1;
}else if(条件表达式 2){
    语句块 2;
}
...
else if(条件表达式 n){
    语句块 n;
}else{
    语句块 n+1;
}
```

条件 1 成立,执行语句块 1,条件 2 成立,执行语句块 2,…,条件 n 成立,执行语句块 n,否则执行语句块 n+1。如图 2.4 所示。下面使用这种结构改造例 2.27 的代码。

【例 2.28】 根据成绩输出成绩的等级,使用 if-else if-else 结构。

```java
package example2_28;

import java.util.Scanner;

public class ScoreTest {

    public static void main(String[] args) {
        Scanner in = new Scanner(System.in);
```

```
            System.out.println("请输入一个整数");
            int score = in.nextInt();
            if(score < 60){
                System.out.println("不及格!");
            }else if(score < 75){
                System.out.println("及格!");
            }else if(score < 85){
                System.out.println("良好!");
            }else{
                System.out.println("优秀!");
            }
        }
    }
```

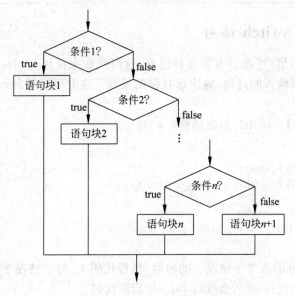

图 2.4　if-else if-else 结构

【例 2.29】　根据用户输入的时间,输出"早上好"、"上午好"、"中午好"、"下午好"等。

```
package example2_29;

import java.util.Scanner;

public class HelloTime {

    public static void main(String[] args) {
        Scanner in = new Scanner(System.in);
        System.out.println("请输入一个表示时间的整数(0~24): ");
        int hour = in.nextInt();
        if(hour > 21 || hour < 6){
```

```
            System.out.println("夜里好!");
        }else if(hour<8){
            System.out.println("早上好!");
        }else if(hour<11){
            System.out.println("上午好!");
        }else if(hour<13){
            System.out.println("中午好!");
        }else if(hour<17){
            System.out.println("下午好!");
        }else{
            System.out.println("晚上好!");
        }
    }
}
```

2.5.4 多选择 switch 语句

假设根据变量的值,可能会有很多种选择,这时候如果使用 if-else if-else 结构,就要写很多代码。例如根据输入的月份,输出该月份的天数。这时候使用 Java 中提供的 switch 语句就非常方便。

【语法格式 2.19】 switch 语法结构:

```
switch(变量){
  case 情况1:代码1;break;
  case 情况2:代码2;break;
  …
  case 情况n:代码n;break;
  default:其他代码;
}
```

当 switch 中变量的值等于情况 1 的时候,执行代码 1;等于情况 2 的时候,执行代码 2。如果没有匹配任何情况(case),会执行 default 后的代码。

【例 2.30】 根据输入的数字输出相应的星期,例如输入 1,输出星期一。

```
package example2_30;

import java.util.Scanner;

public class WeekDay {

    public static void main(String[] args) {
        Scanner in = new Scanner(System.in);
        System.out.println("请输入一个数表示星期(1~7): ");
        int week = in.nextInt();
        switch(week){
        case 1:System.out.println("星期一");break;
        case 2:System.out.println("星期二");break;
```

```
            case 3:System.out.println("星期三");break;
            case 4:System.out.println("星期四");break;
            case 5:System.out.println("星期五");break;
            case 6:System.out.println("星期六");break;
            case 7:System.out.println("星期日");break;
            default:System.out.println("输入错误");
        }
    }
}
```

switch 中变量的类型可以有：byte、short、int、char、枚举类型，不能使用 long 类型。在 Java 7 之后也可以使用 String 类型。

【例 2.31】 简单计算器，输入两个数字，再输入一个运算符（＋、－、＊、/），输出运算结果。

```
package example2_31;

import java.util.Scanner;

public class Calculator {

    public static void main(String[] args) {
        Scanner in = new Scanner(System.in);
        System.out.println("请输入两个数字：");
        int value1 = in.nextInt();
        int value2 = in.nextInt();
        System.out.println("请输入要进行的运算(＋、－、＊、/)：");
        String operator = in.next();
        int result = 0;
        switch(operator){
            case "＋":result = value1 + value2;break;
            case "－":result = value1 - value2;break;
            case "＊":result = value1 * value2;break;
            case "/":result = value1 / value2;break;
        }
        System.out.println(value1 + operator + value2 + " = " + result);
    }
}
```

运行结果：

```
请输入两个数字：
14 34
请输入要进行的运算(＋、－、＊、/)：
＋
14 + 34 = 48
```

通常在每个 case 中,要执行的代码的最后需要加上 break,如果不加会执行其他 case 中的语句。case 仅仅决定了程序的入口,由 break 决定程序的出口。case 后面可以没有任何代码。

【例 2.32】 根据月份输出每个月的天数(不考虑闰年)。

```java
package example2_32;

import java.util.Scanner;

public class MonthDays {

    public static void main(String[] args) {
        Scanner in = new Scanner(System.in);
        System.out.println("请输入月份: ");
        int month = in.nextInt();
        switch(month){
            case 1:
            case 3:
            case 5:
            case 7:
            case 8:
            case 10:
            case 12:
              System.out.println(31);break;
            case 2:
              System.out.println(28);break;
            default:
              System.out.println(30);
        }
    }
}
```

2.5.5 实例:计算个人所得税

个人所得税是根据应税工资和起征点计算的。具体算法如下:

首先使用应税工资减去起征点,称为应纳税所得额,然后根据该值计算,计算方法参见表 2.2。例如工资 10000 元,起征点 3500,则应纳税所得额为 6500,适应的税率是 20%,速算扣除数是 555,计算方法是 6500×20%-555。

表 2.2 个人所得税计算表

级数	全月应纳税所得额	税率/(%)	速算扣除数
1	不超过 1500 元	3	0
2	超过 1500 元至 4500 元的部分	10	105
3	超过 4500 元至 9000 元的部分	20	555
4	超过 9000 元至 35000 元的部分	25	1005
5	超过 35000 元至 55000 元的部分	30	2755
6	超过 55000 元至 80000 元的部分	35	5505
7	超过 80000 元的部分	45	13505

【例 2.33】 计算个人所得税。

```java
package example2_33;

import java.util.Scanner;

public class Tax {

    public static void main(String[] args) {
        Scanner in = new Scanner(System.in);
        System.out.println("请输入工资: ");
        int salary = in.nextInt();          //输入工资
        int taxSalary = salary - 3500;      //计算应纳税工资
        double tax;
        if(taxSalary < 0){
            tax = 0;
        }else if(taxSalary < 1500){
            tax = taxSalary * 0.03;
        }else if(taxSalary < 4500){
            tax = taxSalary * 0.1 - 105;
        }else if(taxSalary < 9000){
            tax = taxSalary * 0.20 - 555;
        }else if(taxSalary < 35000){
            tax = taxSalary * 0.25 - 1005;
        }else if(taxSalary < 55000){
            tax = taxSalary * 0.30 - 2755;
        }else if(taxSalary < 80000){
            tax = taxSalary * 0.35 - 5505;
        }else{
            tax = taxSalary * 0.45 - 13505;
        }
        System.out.println("需要交税: " + tax);
    }

}
```

2.6 循环结构

循环就是要重复地执行某一段代码,例如要输入 10 个数字,实际上就是把输入数字的过程执行 10 遍,要计算 10 个人的个人所得税,就是运行 10 遍求个人所得税的代码。循环可以使用 for 循环、while 循环和 do-while 循环。

2.6.1 for 循环

【语法格式 2.20】 for 的基本语法:

```
for(初始化代码;循环条件;变量调整){
    循环体;
}
```

执行过程如下：

第一步：先执行初始化代码。

第二步：然后判断循环执行的条件，如果条件满足执行第三步，否则结束。

第三步：执行循环体。

第四步：执行变量调整，转向第二步。

图 2.5 展示了这个过程。

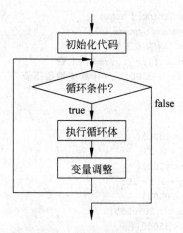

图 2.5　for 循环执行过程

【例 2.34】　输出三遍"Java 语言程序设计"。

```
package example2_34;

public class ForNTimes {

    public static void main(String[] args) {
        for(int i = 0; i < 3; i++){
            System.out.println("Java 语言程序设计");
        }
    }

}
```

运行过程分析：

执行 int i=0;。

判断 i<3,结果 true,执行 System.out.println("Java 语言程序设计");,执行 i++,i 变成 1。

判断 i<3,结果 true,执行 System.out.println("Java 语言程序设计");,执行 i++,i 变成 2。

判断 i<3,结果 true,执行 System.out.println("Java 语言程序设计");,执行 i++,i 变成 3。

判断 i<3,结果 false,结束循环。

如果要执行 10 遍,怎么办呢?只需要把 i<3 改为 i<10 即可。如果要执行 100 遍呢?把 i<3 改成 i<100 即可。

【例 2.35】 从键盘输入 10 个数字,求最大值。

思路分析:先输入一个数字,把这个数记为最大值。然后循环 9 次,每次输入一个数字,和最大值比较,如果输入的数字比最大值大,把输入的数字记为最大值。

```java
package example2_35;

import java.util.Scanner;

public class Max {

    public static void main(String[] args) {
        Scanner in = new Scanner(System.in);
        System.out.println("请输入 10 个数字: ");
        int max = in.nextInt();          //把第 1 个数字作为最大值
        //循环 9 遍
        for(int i = 0; i < 9; i++){
            int temp = in.nextInt();     //读取 1 个数字
            if(max < temp){              //如果新读入的数字大,把它赋值给 max
                max = temp;
            }
        }
        System.out.println("最大值为: " + max);
    }

}
```

运行结果:

```
请输入 10 个数字:
12 23 22 2 1 9 89 67 99 2
最大值为: 99
```

【记住】 对于循环 n 遍的代码:

```
for(int i = 0; i < n; i++){
   循环体
}
```

当然 i 可以不是从 0 开始,例如:

```
for(int i = 5; i < n + 5; i++){
   循环体
}
```

i 也可以写成其他的名字。这里的 i 可以称为循环控制变量,上面的两个例子中,循环体都没有使用循环控制变量。有时候,在循环体中需要使用循环控制变量。

【例 2.36】 循环输出 1 到 10。

思路分析：输出 1 到 10，需要输出 10 个数字，需要循环 10 次，循环 10 次，循环控制变量从 0 变到 9，循环控制变量和输出值之间刚好差 1，所以可以让循环变量从 1 变到 10，然后直接输出循环变量即可。

```java
package example2_36;

public class OutputNumber {

    public static void main(String[] args) {
        for(int i = 1; i < 11; i++){
            System.out.println(i);
        }
    }

}
```

如果要输出 100 到 1000 的数字，该怎么做呢？只要把 for(int i＝1;i<11;i++) 改为 for(int i＝100;i<＝1000;i++) 即可。

【例 2.37】 计算 1 到 100 之间能被 2 整除或者能被 3 整除的这些数字的和。

思路分析：定义 1 个变量表示和，然后循环处理 1 到 100 这些数字，在循环中判断是否能被 2 整除或者能被 3 整除，如果能就加到 sum 中。

```java
package example2_37;

public class Sum {

    public static void main(String[] args) {
        int sum = 0;
        for(int i = 2; i <= 100; i++){
            if(i % 2 == 0 || i % 3 == 0){
                sum += i;
            }
        }
        System.out.println("和是：" + sum);
    }

}
```

在循环中还可以使用循环，例如输出乘法表的时候，要输出 9 行，所以要循环 9 次，每行又包含了多个数字，还需要使用循环。

【例 2.38】 输出乘法表。

思路分析：要输出 9 行，所以要循环 9 次，这是外循环。在循环体内，第 n 行要输出 n 个数字，要循环 n 次，这是内循环，内循环执行的次数受外循环的循环控制变量影响，内循环的循环次数与外循环的循环控制变量相关，如果外循环的循环控制变量从 1 到 9 变化，则内循环的循环次数就是外循环变量的值。

```java
package example2_38;

public class MultiplicationTable {

    public static void main(String[] args) {
        for(int i = 1;i <= 9;i++){
            for(int j = 1;j <= i;j++){
                System.out.print(i + "×" + j + "=" + i*j + " ");
            }
            System.out.println();
        }
    }
}
```

运行结果：

```
1×1=1
2×1=2 2×2=4
3×1=3 3×2=6 3×3=9
4×1=4 4×2=8 4×3=12 4×4=16
5×1=5 5×2=10 5×3=15 5×4=20 5×5=25
6×1=6 6×2=12 6×3=18 6×4=24 6×5=30 6×6=36
7×1=7 7×2=14 7×3=21 7×4=28 7×5=35 7×6=42 7×7=49
8×1=8 8×2=16 8×3=24 8×4=32 8×5=40 8×6=48 8×7=56 8×8=64
9×1=9 9×2=18 9×3=27 9×4=36 9×5=45 9×6=54 9×7=63 9×8=72 9×9=81
```

for 循环中的每一项都可以省略，所以存在以下几种变形：

- for(;;){…}
- for(初始化代码;;){…}
- for(;循环条件;){…}
- for(;;调整参数){…}
- for(初始化代码;循环条件;){…}
- for(初始化代码;;调整参数){…}
- for(;循环条件;调整参数){…}

2.6.2 while 循环和 do while 循环

while 循环称为当型循环，当满足条件的时候循环，通常用于循环次数不确定的循环。例如要输出能够被 2 或者被 3 整除的前 20 个整数。这时候如果使用 for 循环并不知道要循环多少次，而且此时我们只关心输出的数字个数小于 20 就循环，这时候就可以使用 while 循环。

【语法格式 2.21】 while 的基本语法：

```
while(循环条件){
    循环体;
}
```

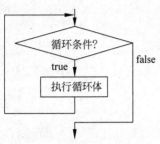

图 2.6 while 循环执行过程

当循环条件满足就执行循环体，通常会在循环体中修改循环条件中涉及的变量，当循环条件不满足的时候跳出循环。执行过程如图 2.6 所示。

while 循环与 for 循环的区别：for 循环通常用于已知循环次数的循环，while 循环用于循环次数不确定的循环。

【例 2.39】 输出从 2 开始的连续 20 个 2 或者 3 的倍数。

思路分析：循环条件是输出的数字个数小于 20，定义一个变量来表示这个数字（称为计数器），初始化为 0 个，如果找到 1 个，计数器就加 1。循环的时候从 2 开始处理，然后自增，循环的时候判断是否能被 2 或者被 3 整除。

```java
package example2_39;

public class TwoOrThree {

    public static void main(String[] args) {
        int count = 0;
        int i = 2;
        while(count < 20){
            if(i % 2 == 0 || i % 3 == 0){
                System.out.println(i);
                count++;
            }
            i++;
        }
    }
}
```

do-while 循环与 while 循环的区别：do-while 循环不管是否满足条件都要先执行一次循环，然后再判断，如果条件满足，执行循环体。

【语法格式 2.22】 do-while 循环：

```
do{
    循环体
}while(循环的条件);
```

先执行循环体，然后判断条件，如果条件成立，继续执行循环体，执行之后再判断，如果条件不成立，则退出循环。注意在 while 后面的分号不能省略。执行过程如图 2.7 所示。

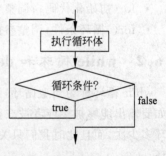

图 2.7 do-while 循环执行过程

【例 2.40】 输出 20 个 2 或者 3 的倍数(使用 do-while 循环)。

```java
package example2_40;

public class TwoOrThree {

    public static void main(String[] args) {
        int count = 0;
        int i = 2;
        do{
            if(i%2==0 || i%3==0){
                System.out.println(i);
                count++;
            }
            i++;
        }while(count<20);
    }
}
```

【注意】 如果能够确定循环至少执行一次,使用 while 循环和 do-while 循环都可以。do-while 循环不常用。

2.6.3 cotinue 和 break

在解决某些问题的时候并不一定要把循环执行完,例如判断一个数字是否为质数,当找到了能够被某个整数整除,则说明这个数字不是质数,就不用继续循环了。如果想跳出循环,可以使用 break 退出循环。

【例 2.41】 判断输入的数字是不是质数。

思路分析:需要设计一个变量来表示输入的数字是否为质数,如果在循环中找到约数,则不是质数。从 2 开始循环判断每个数字能不能整除输入的数字,正常需要循环到 $n-1$,实际上不需要。例如要判断 37 是不是质数,只要循环到 6 即可,如果 7 之后有数字是 37 的约数,则一定有 x×7 等于 37,而 x 小于 7,而实际上小于 7 的数都已经判断过了。

```java
package example2_41;

import java.util.Scanner;

public class Prime {

    public static void main(String[] args) {
        boolean isPrime = true;
        Scanner in = new Scanner(System.in);
        System.out.println("请输入1个数字: ");
        int value = in.nextInt();
        for(int i = 2;i * i <= value;i++){
            if(value % i == 0){
```

```
                    isPrime = false;
                    break;
                }
            }
            if(isPrime){
                System.out.println("输入的数字是质数");
            }else{
                System.out.println("输入的数字不是质数");
            }
        }
    }
```

break 用于结束循环，continue 用于结束本次循环，进入下次循环。

【例 2.42】 计算 1~100 中不能被 2 整除也不能被 3 整除的数的和。

```
package example2_42;

public class Sum {

    public static void main(String[] args) {
        int sum = 0;
        for(int i = 1; i <= 100; i++){
            if(i % 2 == 0 || i % 3 == 0)
                continue;
            sum = sum + i;
        }
        System.out.println(sum);
    }

}
```

2.6.4 死循环

死循环也就是不会结束的循环，如果循环不会结束程序也就不会结束了。死循环并不是真的死循环，而是在开始的时候并不知道什么时候结束循环，需要在运行过程中动态判断结束条件，当满足特定条件的时候会退出循环。

死循环使用的场合还是比较多的，例如电话银行系统，系统启动之后就会一直运行，等待用户的电话，如果有用户打电话，系统接听进行处理，然后继续等待用户的电话，这就是一个死循环。还有我们经常使用的 QQ 服务器就一直处于监听状态，有请求就处理，也是一个死循环。

死循环的基本结构如下：

```
while(true){
    …  //循环体
    if(结束循环的条件)
```

```
        break;
    }
```

while(true)意味着这个循环会一直执行下去,但是在循环体中通过 if 判断循环结束的条件是否满足,如果满足则结束循环。

死循环也可以使用 for 循环写,写成下面的形式:

```
for(;true;){
    …  //循环体
    if(结束循环的条件)
        break;
}
```

其中的 true,可以省略不写。

2.6.5 死循环实例:学生信息管理系统的菜单设计

程序运行之后,给用户显示菜单,菜单包括添加学生、删除学生、修改学生、查询学生、显示所有学生和退出,系统根据用户的选择进行处理,如果用户输入 1~5 会显示相应的功能,之后再给出菜单供用户选择,如果输入 6 则结束循环。

【例 2.43】 学生信息管理系统的菜单。

```
package example2_43;

import java.util.Scanner;
import static java.lang.System.out;

public class StudentManagement {

    public static void main(String[] args) {
        Scanner  in = new Scanner(System.in);
        int temp;
        while(true){
            out.println("********请选择功能********");
            out.println("*      1 添加学生信息      *");
            out.println("*      2 删除学生信息      *");
            out.println("*      3 修改学生信息      *");
            out.println("*      4 查询学生信息      *");
            out.println("*      5 显示所有学生      *");
            out.println("*      6 退   出          *");
            out.println("**************************");

            temp = in.nextInt();
            switch(temp){
              case 1:out.println("添加学生");break;
              case 2:out.println("删除学生");break;
              case 3:out.println("修改学生");break;
              case 4:out.println("查询学生");break;
```

```
            case 5:out.println("显示所有学生信息");break;
        }
        if(temp == 6){
            out.println("再见");
            break;
        }
    }
}
```

【注意】 代码中直接使用 out 输出,而不是使用 System.out 进行输出,因为代码中使用了 import static java.lang.System.out;。

2.6.6 实例:求多个数字的最大值、最小值和平均值

通过控制台输入 n 个整数,求这些数字的最大值、最小值和平均值。具体输入多少个数字是不确定的,当输入的值是 -1 的时候,输入结束。

【例 2.44】 求最大值、最小值和平均值。

思路分析:先输入第一个数字,如果这个数字不是 -1,把这个数字作为最大值、最小值。然后再输入其他值,输入一个判断一个,首先看是否为 -1,如果是 -1 退出,否则判断和最大值、最小值的关系。关于平均值,需要计算所有输入值的和以及元素个数,所以在处理过程中需要求和并统计元素个数,最后根据和与元素个数求平均值。

```
package example2_44;

import static java.lang.System.out;

import java.util.Scanner;

public class MaxMinAvg {

    public static void main(String[] args) {
        Scanner in = new Scanner(System.in);
        int temp,max,min,sum,count;
        out.println("请输入数字(-1表示结束): ");
        temp = in.nextInt();
        if (temp != -1) {
            max = temp;
            min = temp;
            sum = temp;
            count = 1;
        }else{
            return;
        }
        while(true) {
```

```
            out.println("请输入数字(-1表示结束): ");
            temp = in.nextInt();
            if (temp != -1) {
                if(temp > max)
                    max = temp;
                if(temp < min)
                    min = temp;
                sum += temp;
                count++;
            }else{
                break;
            }
        }
        out.println("最大值: " + max);
        out.println("最小值: " + min);
        out.println("平均值: " + sum/count);
    }
}
```

2.7 数 组 1

数组可以用来表示类型相同的一组元素,这样就可以使用一个变量名表示多个变量。数组的元素可以是基本数据类型,也可以是引用类型,这里先介绍元素类型为基本数据类型的数组,元素类型为引用类型的数组将在第3章介绍。

2.7.1 一维数组的定义

【语法格式 2.23】 数组定义格式:
- 类型[] 数组名
- 类型 数组名[]

类型是数组中元素的类型,可以是基本数据类型,也可以是用户定义的类型,两种格式没有太大的区别。数组名是标识符,应该满足标识符的命名规则,标识符命名规则参见1.6.6节。

【例 2.45】 数组定义。

```
package example2_45;

public class ArrayTest {

    public static void main(String[] args) {
        int monthDays[];
        float[] datas;
        long numbers[];
    }
}
```

【注意】 定义数组的时候,不需要指出数组元素的个数,也不能写。下面的代码是错误的:

    int a[5];

2.7.2 为数组申请空间

为数组申请空间,也就是确定数组中包含多少个元素,数组中的元素个数一旦确定,将不能改变。

【语法格式 2.24】 为数组申请空间:

    变量名 = new 类型[元素个数]

new 后面的类型应该与变量声明时候使用的类型保持一致,元素个数决定了数组可以有多少个元素,设定之后不能修改。在申请空间的时候必须指出元素的个数。

【例 2.46】 为数组申请空间。

```
package example2_46;

public class ArrayTest {
    public static void main(String[] args) {
        int monthDays[];
        float[] datas;
        long numbers[];
        monthDays = new int[10];
        datas = new float[5];
        numbers = new long[30];
    }
}
```

为数组申请空间,也可以在定义的时候直接申请,例如 float[] datas = new float[5]。

数组在内存中存储的情况如图 2.8 所示。数组名占用一个存储单元,数组元素占用了一个连续的存储空间。float[] datas 为数组名分配空间,new float[5]为数组元素分配空间,datas = new float[5],把数组元素空间的首地址存入数组名对应的空间中,数组名中存储的是数组元素所占用的空间的首地址。

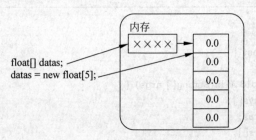

图 2.8 数组占用内存情况

2.7.3 一维数组元素的访问

对数组元素进行访问通过数组名和下标：

数组名[下标]

下标值从 0 开始，到数组元素个数减 1，如果数组元素是 5 个，下标从 0 到 4。如果下标大于等于数组元素个数，会产生运行时错误：

java.lang.ArrayIndexOutOfBoundsException

下面的方式用于访问上面定义的数组 datas 的元素 datas[0]、datas[1]、datas[2]、datas[3]和 datas[4]。

2.7.4 为数组元素赋值和遍历数组

数组对象申请空间之后，对象的值为 null，或者为默认值，如果是对象，需要进行元素的实例化。

为元素赋值，可以在定义数组的时候赋值，也可以在定义之后赋值。

在定义的时候赋值：

```
int monthDays[] = {31,28,31,30,31,30,31,31,30,31,30,31};
```

也可以写成：

```
int monthDays[] = new int[]{31,28,31,30,31,30,31,31,30,31,30,31};
```

通常写第一种形式。

在定义数组之后赋值，每次只能对数组的一个元素赋值，例如：

```
monthDays[2] = 31;
```

如果为数组申请空间之后，没有为数组元素赋值，则系统会指定默认值。如果元素类型不是基本数据类型，元素的值都是 null，如果元素是基本数据类型，系统会给出默认值。基本数据类型元素的默认值如表 2.3 所示。

表 2.3 基本数据类型的默认值

元素类型	默认值
char	0(存储值，不是字符"0")
byte	0
short	0
int	0
long	0
float	0.0
double	0.0
boolean	false

在使用数组的时候经常需要对数组中的所有元素都处理一遍，这个过程称为对数组的遍历。要对数组进行遍历，可以使用循环，每次取出一个元素进行处理。在遍历的时候可以

使用数组的 length 属性得到数组元素的个数。通常可以写成下面的结构：

```
for(int i = 0;i < values.length;i++){
    values[i] = 22;
}
```

另外，Java 中还提供了另外一种 for 循环能够简化数组的访问：

```
for(元素类型:迭代变量 数组名){
        //通过迭代变量操作
}
```

这种循环称为增强型循环，也称为 for-each 循环。元素类型与数组的元素类型一致，迭代变量表示数组中的元素，第 1 遍循环表示第 1 个元素，第 2 遍循环表示第 2 个元素，以此类推，在循环体中对迭代变量操作，主要是访问变量的值。下面的代码通过 for-each 循环对 monthDays 数组进行遍历：

```
for(int temp:monthDays){
    System.out.println(temp);
}
```

【例 2.47】 为数组元素赋值和遍历。

```
package example2_47;

public class ArrayTest {

    public static void main(String[] args) {
        //定义的时候赋值
        int monthDays[] = {31,28,31,30,31,30,31,31,30,31,30,31};
        //先定义,再通过循环赋值
        int values[] = new int[10];
        for(int i = 0;i < 10;i++){
            values[i] = 10 * i + 1;
        }
        //使用 for 循环根据下标访问,values 的 length 属性表示数组元素的个数
        for(int i = 0;i < values.length;i++){
            System.out.println(values[i]);
        }
        //使用 for - each 循环
        for(int temp:monthDays){
            System.out.println(temp);
        }
    }
}
```

代码中的 int monthDays[]={31,28,31,30,31,30,31,31,30,31,30,31};在声明数组的同时为数组元素赋值,数组元素个数由值的数量来决定。

2.7.5 实例:查找、反转、排序

实例完成的功能:从键盘接收 10 个数字,然后查找最大的数,输出最大数的位置。然后反转数组,把第 1 个元素和最后一个元素交换,第 2 个元素和第 9 个元素交换,…。最后使用选择排序方法对数组进行排序。选择排序的思想如图 2.9 所示。

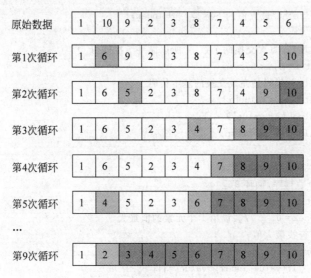

图 2.9 选择排序的执行过程

10 个数排序需要执行 9 遍,第 1 遍找出 10 个数中的最大数,然后与第 10 个单元交换。第 2 遍循环从前 9 个数中找出最大的,与第 9 个数交换。第 3 遍循环从前 8 个数中找出最大的,与第 8 个数交换,……。

【例 2.48】 数组排序。

```java
package example2_48;

import java.util.Scanner;
import static java.lang.System.out;
public class ArraySort {

    public static void main(String[] args) {
        Scanner in = new Scanner(System.in);
        //定义包含 10 个元素的数组
        int value[] = new int[10];
        out.println("请输入 10 个整数");
        //循环输入 10 个整数
        for(int i = 0;i < 10;i++){
            value[i] = in.nextInt();
        }

        //求最大值
        int index = 0;    //假设第一个数为最大值
```

```java
        for(int i = 1;i < 10;i++){
            //如果某个数比 index 位置的数大,把这个数的下标赋值给 index
            if(value[index]< value[i]){
                index = i;
            }
        }
        out.println("最大值的下标是: " + index);

        //数组反转,每次交换两个数字,所以循环 5 次即可
        for(int i = 0;i < 5;i++){
            //以下代码是完成交换的基本代码
            int temp = value[i];
            value[i] = value[9 - i];
            value[9 - i] = temp;
        }

        //10 个数排序,循环 9 遍
        for(int i = 0;i < 9;i++){
            index = 0;      //假设第 1 个元素的值最大
            //查找最大值
            for(int j = 1;j <= 9 - i;j++){
                if(value[index]< value[j]){
                    index = j;
                }
            }
            //交换,把最大值放到最后的单元(不包含已经排序的元素)
            int temp = value[index];
            value[index] = value[9 - i];
            value[9 - i] = temp;
        }

        //输出排序后的结果
        for(int i = 0;i < 10;i++){
            out.print(value[i] + " ");
        }
    }
}
```

运行结果:

```
请输入 10 个整数
66 45 23 33 77 1 89 20 100 4
最大值的下标是: 8
1 4 20 23 33 45 66 77 89 100
```

2.7.6 使用 Arrays 管理数组：排序、复制、查找和填充

Arrays 是一个对数组进行管理的工具类，可以对数组进行排序、复制数组元素、初始化数组、查找数组中的元素。下面以整型数组操作为例，这些方法对其他基本类型数组也适合（没有提供对布尔类型数组的排序和查找）。

1. 排序

使用 sort 方法对数组进行排序，可以对数组的部分元素进行排序，例如：

```
int a[] = {1,3,4,11,7,6};
Arrays.sort(a);
```

对部分元素排序：

```
Arrays.sort(b,3,6);
```

排序元素包含下标为 3 的元素，不包含下标为 6 的元素。

【例 2.49】 使用 Arrays 对数组排序。

```
package example2_49;

import static java.lang.System.out;

import java.util.Arrays;

public class ArraysSort {

    public static void main(String[] args) {
        int a[] = {1,3,5,7,6,4,2};
        out.print("排序前: ");
        for(int i = 0;i < a.length;i++)
            out.print(a[i] + " ");
        out.println();

        Arrays.sort(a,2,5);
        out.print("Arrays.sort(a,2,5)排序后: ");
        for(int i = 0;i < a.length;i++)
            out.print(a[i] + " ");
        out.println();

        Arrays.sort(a);
        out.print("Arrays.sort(a)排序后: ");
        for(int i = 0;i < a.length;i++)
            out.print(a[i] + " ");
        out.println();
    }
}
```

运行结果：

```
排序前：1 3 5 7 6 4 2
Arrays.sort(a,2,5)排序后：1 3 5 6 7 4 2
Arrays.sort(a)排序后：1 2 3 4 5 6 7
```

2. 复制

JDK 6 中为 Arrays 提供了数组复制的功能，提供了以下两个方法：

- copyOf(int a[],int newLength)，第 1 个参数是原数组，第 2 个参数是新数组的长度，如果新数组长度小于原数组长度，只复制原数组的前 newLength 个元素，如果新数组长度大于原数组长度，全部复制，并且后面的元素都赋值为 0，方法返回新数组。
- copyOfRange(int a[],int from,int to)，复制数组的一部分，第 1 个参数表示要复制的数组，第 2 个参数表示开始位置，第 3 个参数表示结束位置。

这两个方法的实现调用了 System 类的 arraycopy 方法，该方法定义如下：
arraycopy(Object src,int srcPos,Object dest,int destPos,int length)，第 1 个参数表示原数组，第 2 个参数表示从原数组的第几个元素开始复制，第 3 个参数表示要复制的目标数组，第 4 个参数表示从目标数组的第几个元素开始，第 5 个参数表示要复制的元素的个数。

【例 2.50】 使用 Arrays 复制数组元素。

```java
package example2_50;

import static java.lang.System.out;
import java.util.Arrays;

public class ArraysCopy {

    public static void main(String[] args) {
        int a[] = {1,3,5,7,6,4,2};
        out.print("原数组：");
        for(int i = 0;i < a.length;i++)
            out.print(a[i] + " ");
        out.println();
        int b[] = Arrays.copyOf(a,10);
        int c[] = Arrays.copyOf(a,5);
        int d[] = Arrays.copyOfRange(a,2,5);
        int e[] = new int[3];
        System.arraycopy(a,2,e,0,3);

        out.print("Arrays.copyOf(a,10)得到的 b: ");
        for(int i = 0;i < b.length;i++)
            out.print(b[i] + " ");
        out.println();

        out.print("Arrays.copyOf(a,5)得到的 c: ");
        for(int i = 0;i < c.length;i++)
            out.print(c[i] + " ");
```

```
        out.println();

        out.print("Arrays.copyOfRange(a,2,5)得到的 d: ");
        for(int i = 0;i < d.length;i++)
            out.print(d[i] + " ");
        out.println();

        out.print("System.arraycopy(a,2,e,0,3)得到的 e: ");
        for(int i = 0;i < e.length;i++)
            out.print(e[i] + " ");
        out.println();
    }
}
```

运行结果：

```
原数组：1 3 5 7 6 4 2
Arrays.copyOf(a,10)得到的 b: 1 3 5 7 6 4 2 0 0 0
Arrays.copyOf(a,5)得到的 c: 1 3 5 7 6
Arrays.copyOfRange(a,2,5)得到的 d: 5 7 6
System.arraycopy(a,2,e,0,3)得到的 e: 5 7 6
```

3. 查找

Arrays 提供了两个查找方法，采用二分查找法，所以在查找之前要保证数据是排好序的，如果数据无序，则查找结果未知。两个方法的定义如下：

binarySearch(int a[],int key)，第 1 个参数是数组，第 2 个参数是要查找的数据。

binarySearch(int a[],int from,int to,int key)，第 1 个参数是数组，第 2 个参数表示从什么地方开始查找，第 3 个参数表示在什么地方结束，第 4 个参数是要查找的数据。

用两个方法如果查找到数据，返回该数据所在的位置，如果没有查找到数据，返回值与要插入的位置有关，例如在 1,3,5 中查找 4,没有找到，如果存在应该在 3 和 5 之间，这个位置的下标是 2,则返回 -(2+1)，即 -3。

【例 2.51】 使用 Arrays 查找数组元素。

```
package example2_51;

import java.util.Arrays;

public class ArraysFind {
    public static void main(String[] args) {
        int a[] = {1,3,2,4,5,6,7,9,8,10};
        Arrays.sort(a);
        int index = Arrays.binarySearch(a,5);
```

```
                System.out.println("5 所在的位置是: " + index);

                index = Arrays.binarySearch(a,20);
                System.out.println("20 所在的位置是: " + index);

                index = Arrays.binarySearch(a,6,8,5);
                System.out.println("在 6~8 位中,查找 5 所在的位置是: " + index);
            }
        }
```

运行结果:

```
5 所在的位置是: 4
20 所在的位置是: -11
在 6~8 位中,查找 5 所在的位置是: -7
```

4. 初始化数组

如果要把数组的所有元素赋值为 10,则需要对数组进行遍历。Arrays 提供了一个方便的方法,可以把数组的所有元素初始化为某个值,或者把数组的某些元素初始化为某个值。方法的定义如下:

fill(int a[],int key),第 1 个参数是数组,第 2 个参数是初始化值,作用是把 key 赋值给 a 的每个元素。

fill(int a[],int from,int to,int key),第 2 个参数和第 3 个参数指定了初始化的范围。

【例 2.52】 使用 Arrays 初始化数组。

```
package example2_52;

import static java.lang.System.out;

import java.util.Arrays;

public class ArraysFill {
    public static void main(String[] args) {
        int a[] = new int[5];
        Arrays.fill(a,10);
        out.print("初始化为 10: ");
        for(int i = 0;i < a.length;i++)
            out.print(a[i] + " ");
        out.println();

        Arrays.fill(a,3,4,20);
        out.print("部分初始化为 20: ");
        for(int i = 0;i < a.length;i++)
            out.print(a[i] + " ");
```

```
            out.println();
        }
    }
```

运行结果：

```
初始化为 10: 10 10 10 10 10
部分初始化为 20: 10 10 10 20 10
```

Arrays 还提供了一些其他有用的方法：
- public static <T> List<T> asList(T… a)，把数组转换为 List 对象，关于 List 将在第 5 章详细介绍。
- public static String toString(int[] a)，把数组转换为字符串，把数组元素使用逗号连接，两端加上中括号。

2.7.7 二维数组

二维数组可以理解为元素类型为一维数组的数组，数组的每个元素是一个一维数组。

【语法格式 2.25】 二维数组的定义格式：

数组元素类型[][]　数组名；
数组元素类型　数组名[][]；
数组元素类型[]　数组名[]；

下面分别使用三种方式定义了一个二维数组：
- int[][] a;
- int b[][];
- int[] c[];

二维数组定义之后需要为数组申请空间，空间申请有两种形式：

数组名 = new 数组元素类型[行数][列数];

或者

数组名 = new 数组元素类型[行数][];

在申请空间的时候必须指出行数，列数可以不指定。例如：

a = new int[2][5];

或者

a = new int[3][];

这两种方式的区别在于：第一种方式为数组的元素数组申请了 10 个存储单元，第二种方式并没有真正地申请空间，只是为作为数组元素的一维数组分配了存储单元，也就是为 a[0]、a[1] 和 a[2] 申请了空间，但是没有为 a[0]、a[1] 和 a[2] 的元素申请空间。对于第二种

情况,接下来可以像对一维数组申请空间一样分别为 a[0]、a[1]和 a[2]的元素申请空间,例如:

```
a[0] = new int[5];
a[1] = new int[5];
a[2] = new int[5];
```

注意 a[0]、a[1]和 a[2]可以有不同的元素个数,例如:

```
a[0] = new int[5];
a[1] = new int[4];
a[2] = new int[3];
```

在为二维数组申请空间的时候不能只指出列数,不指出行数,例如下面的方式就是错误的:

```
a = new int[][6];
```

二维数组也可以像一维数组一样在声明的时候进行初始化。例如:

```
int a[][] = new int[][]{{1,2,3},{4,5}};
int b[][] = {{1,2,3},{4,5}};
```

二维数组的访问可以通过数组名加上数组的一维坐标和二维坐标,格式如下:

数组名[下标1][下标2]

例如:

```
a[1][2] = 20;
```

【注意】 下标不能越界,如果越界,将报错 ArrayIndexOutofboundException 异常。

在使用的时候也可以把二维数组的元素(相当于一维数组)直接赋值给一维数组来使用。例如:

```
int b[][] = {{1,2,3},{4,5}};
int c[] = b[0];
```

可以使用双层循环对二维数组进行遍历,遍历的时候 a.length 表示数组的行数,a[0].length 表示第一行元素的个数。下面的代码完成对数组的遍历:

```
int a[][] = new int[4][5];
for(int i = 0;i < a.length;i++){
    for(int j = 0;j < a[i].length;j++){
        a[i][j] = i * j;
    }
}
```

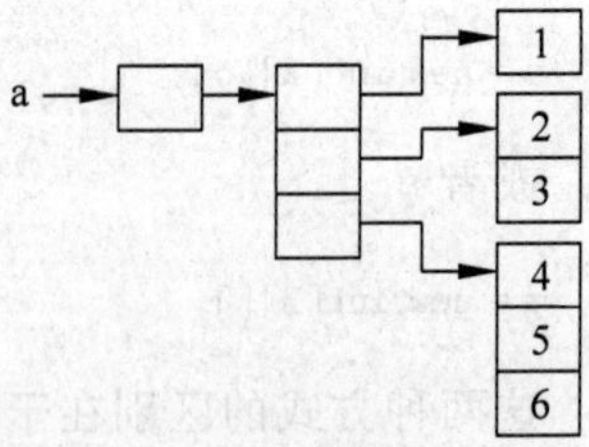

二维数组在内存中的存储如图 2.10 所示(int a[][] = {{1},{2,3},{4,5,6}})。

图 2.10 二维数组的存储情况

【例 2.53】 使用一个二维数组表示一个教室的座位,教室有 10 排,每排有 12 个座位,座位的编号是排号和行号,例如第 10 排第 8 个座位是 1008。输出所有的座位编号,每排一行。

```java
package example2_53;

public class TwoDArray {

    public static void main(String[] args) {
        //创建 1 个有 10 行的二维数组
        int seats[][] = new int[10][12];

        //为座位赋值
        for(int i = 0;i < seats.length;i++){
            for(int j = 0;j < seats[i].length;j++){
                seats[i][j] = 100 * (i + 1) + (j + 1);
            }
        }

        //输出座位的值
        for(int i = 0;i < seats.length;i++){
            for(int j = 0;j < seats[i].length;j++){
                System.out.print(seats[i][j] + " ");
            }
            System.out.println();
        }
    }
}
```

【**例 2.54**】 使用二维数组表示乘法表的结果,并输出乘法表的值。

```java
package example2_54;

public class MulplicationTable {

    public static void main(String[] args) {
        //创建有 9 行的二维数组
        int a[][] = new int[9][];
        //为每行申请元素,第 1 行 1 个元素,第 2 行 2 个元素,…,第 n 行 n 个元素
        for(int i = 0;i < a.length;i++){
            a[i] = new int[i + 1];
        }
        //为元素赋值
        for(int i = 0;i < 9;i++){
            for(int j = 0;j <= i;j++){
                a[i][j] = (i + 1) * (j + 1);
            }
        }
```

```
//输出乘法表
for(int i = 0;i<9;i++){
    for(int j = 0;j<=i;j++){
        System.out.print(a[i][j]+" ");
    }
    System.out.println();
}
```

2.8 方　　法

之前的例子中，我们都使用了 public static void main(String[] args) {…}，每个能够运行的程序都包含这样的代码，称为 main 方法。另外，我们使用 System.out.println()进行输出，println 也是方法，Arrays 的 sort、fill、copyOf 都是方法。本节详细介绍如何编写方法以及如何访问方法。

2.8.1 方法的定义

每个方法都会完成一个特定的功能，例如 Arrays 的 sort 方法完成排序，System.out 的 println 方法用于在控制台上输出信息。在完成方法定义之前，应该清楚方法要完成什么功能、方法在执行过程中需要外部传入什么信息、执行之后如何给用户反馈。

【语法格式 2.26】 方法定义格式：

修饰符 返回值类型 方法名(参数列表)异常列表{
　　方法体
}

方法名：方法名是方法的标识，方法名应该满足标识符的命名规则。另外，编程规范要求方法名首字母小写，如果方法名由多个单词组成，其他单词首字母大写。方法名应该尽量能够体现方法的作用。

方法的参数：根据方法处理过程需要的信息来确定参数，可以有多个参数，多个参数之间使用逗号隔开，每个参数包括参数的类型和名字，类型可以是基本数据类型，也可以是引用类型，参数的名字可以随便定义，但是要符合标识符的命名规则和编程规范。这些参数称为形式参数。

方法的返回值类型：根据方法要返回的值确定返回值类型，该类型可以是基本数据类型，也可以是引用类型，如果没有返回值，使用 void。

方法的异常列表和方法的修饰符将在第 5 章和第 3 章详细介绍。

方法体：是方法的具体实现，通常会定义一些变量，根据参数信息进行处理，最后通过 return 把计算后的结果返回给用户。

可以把方法理解为一个处理单元，参数传入要处理的数据，方法体进行处理，处理之后通过返回值返回,方法名是方法的标识。

方法应该位于类中。

【例 2.55】 定义一个方法能够计算 m 到 n 这些数字的和,m 和 n 通过参数传入,通过返回值返回计算结果。

思路分析:方法的实现需要知道 m 和 n,所以为方法提供两个参数来接收这两个值,需要返回结果并且返回值为 int 类型,所以方法的返回值类型为 int,方法用于求和,所以方法名定义为 sum。

```java
public int sum(int m, int n){
    int result = (m - n + 1) * (m + n)/2;
    return result;
}
```

【例 2.56】 定义一个方法,按照[1,2,3]的格式输出数组中的内容。

思路分析:要输出数组的内容,所以方法的参数是数组,不需要返回值,所以返回值类型为 void。方法的名字为 print。

```java
void print(int a[]){
    //先输出第 1 个元素
    System.out.println("[" + a[0]);
    //循环输出后面的元素
    for(int i = 1;i < a.length;i++){
        System.out.println("," + a[i]);
    }
    //输出最后一个括号
    System.out.println("]");
}
```

编写一个方法就是要完成一个功能,与之前在 main 方法中写代码基本相同,但是有两点区别:

- 在方法体中可以使用方法的参数,这个参数就像自己定义的变量一样,并且有值。
- 如果方法有返回值类型,必须使用 return 语句返回值。在 return 语句之后的代码不会执行,如果在 return 之后写了代码则编译会报错。方法中出现了 return 意味着方法执行结束。下面的代码是错误的:

```java
int max(int a, int b){
    if(a < b)
        return b;
    if(a >= b)
        return a;
}
```

从表面看,如果 b 大于 a,返回 b,如果 a 大于等于 b,返回 a,没有错误。但是编译的时候报错,系统认为两个 if 语句可能都不会执行,这种情况下方法就没有返回值了。

2.8.2 方法的调用

在编写程序的时候,经常会去调用已经实现的功能,就像我们之前调用的输出信息的方法、输入信息的方法、排序的方法等。方法的调用过程如下:
(1) 创建方法所属的类的对象;
(2) 为方法准备参数,参数称为实参;
(3) 通过"对象名.方法名(参数)"调用方法;
(4) 可以定义变量接收方法的执行结果。

如果方法是 static,可以通过类名调用方法,如果方法是非 static,需要对象名调用。不管采用什么方式调用,都需要提供方法所需要的参数,该参数称为实参,调用的时候会替换形式参数的值。

要调用 2.8.1 节中定义的输出数组内容的 print 方法,就需要创建 print 方法所属的类的对象,然后提供一个数组,再把数组作为参数调用 print 方法。

```
MethodTest test = new MethodTest();
int a[] = {1,3,5,7};
test.print(a);
```

调用 sum 方法的时候,可以定义一个变量来接收返回值,例如:

```
int result = test.sum(10,20);
```

【例 2.57】 从键盘输入一个整数,判断这个数是不是质数,把判断是否为质数的代码写成一个方法。

```java
package example2_57;

import java.util.Scanner;

public class PrimeTest {
    public static void main(String[] args) {
        Scanner in = new Scanner(System.in);
        System.out.println("请输入一个大于 2 的整数:");
        //准备参数
        int value = in.nextInt();
        //创建对象
        PrimeTest test = new PrimeTest();
        //调用方法
        boolean result = test.isPrime(value);
        if(result)
            System.out.println("是质数");
        else
            System.out.println("不是质数");
    }

    boolean isPrime(int value){
```

```
        for(int i = 2;i * i <= value;i++){
            if(value % i == 0){
                return false;
            }
        }
        return true;
    }
```

2.8.3 传值和传引用

在调用方法的时候,需要根据方法的参数为方法提供值,传基本数据类型和传引用类型是有区别的。看下面的例子。

【例 2.58】 传值和传引用的区别。

```
package example2_58;

public class ParameterTest {

    public static void main(String[] args) {
        ParameterTest test = new ParameterTest();
        int a = 10;
        int b = 20;
        test.exchange(a,b);
        int c[] = {1,2,3,4};
        test.reverse(c);
        System.out.println(a + " " + b);
        for(int i = 0;i < c.length;i++){
            System.out.print(c[i] + " ");
        }
    }
    //数据交换
    void exchange(int a,int b){
        int temp = a;
        a = b;
        b = temp;
    }
    //数组反转
    void reverse(int a[]){
        for(int i = 0;i < a.length/2;i++){
            int temp = a[i];
            a[i] = a[a.length - 1 - i];
            a[a.length - 1 - i] = temp;
        }
    }
}
```

运行结果：

```
10 20
4 3 2 1
```

从运行结果来看，基本类型的变量 a 和 b 的值，在调用 exchange 方法前后是没有变化的，而数组 c 的值在调用 reverse 方法之后发生了变化。

如果方法的参数是基本数据类型，在调用方法的时候，把实参的值传给了形参，方法中对形参的操作不会对原来的数据产生影响，因为使用的是数值。如果方法的参数是引用类型，在调用方法的时候，传入的是对象的地址，方法中根据地址去访问对象的属性，实参和形参指向的是同一个对象，所以如果在方法中通过形参对对象进行了操作，实际上也就是对实参指向的对象的修改。图 2.11 给出了传值与传引用的过程。

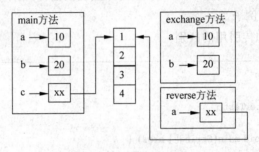

图 2.11 传值与传引用

2.8.4 方法的递归调用

有一个经典的故事，故事是这样的：从前有座山，山上有座庙，庙里有个老和尚。老和尚给小和尚讲故事，老和尚说：从前有座山，山上有座庙，庙里……。这个故事可以永远地讲下去。

【例 2.59】 山上老和尚给小和尚讲故事。

```
public void sayStory(){
    System.out.println("从前有座山,山上有座庙,庙里有个老和尚。");
    System.out.println("老和尚给小和尚讲故事,老和尚说：");
    sayStory();
}
```

就像故事里面套故事一样，方法里面套方法，并且在方法中调用的是方法自己，这就是方法的递归调用。

有时候使用递归可以简化代码，例如要求 10 的阶乘，可以使用 for 循环来做：

```
int result = 1;
for(int i = 2;i <= 10;i++)
  result = result * i;
```

也可以这样理解，要求 10 的阶乘，先求出 9 的阶乘然后乘以 10，要求 9 的阶乘，可以先计算 8 的阶乘然后乘以 9,……,这时候使用递归就非常合适。

【例 2.60】 使用递归求阶乘。

```
public long getFactorial(int n){
    if(n == 1)
        return 1;
    return n * getFactorial(n - 1);
}
```

使用递归的时候通常都是把高阶问题转换为低阶问题,最低阶的答案通常是已知的,就像例 2.60 中 1 的阶乘是 1,实际上这也是递归结束的条件。

【例 2.61】 斐波那契数列为 1,1,2,3,5,8,13,…。斐波那契数列递推公式:$F(n+2)=F(n+1)+F(n)$,$F(1)=F(2)=1$。

```
package example2_61;

public class FBNX {
    
    public static void main(String args[]){
        FBNX fb = new FBNX();
        System.out.println(fb.f(5));
    }
    
    public int f(int n){
        if(n == 1 || n == 2)
            return 1;
        return f(n - 1) + f(n - 2);
    }
    
}
```

2.8.5 变长参数方法

在 Java 5 中提供了变长参数,也就是在方法定义中可以使用个数不确定的参数,对于同一方法可以使用不同个数的参数调用,例如"print("hello");print("hello","lisi");print("hello","张三","lisi");",下面介绍如何定义可变长参数以及如何使用可变长参数。

1. 可变长参数方法的定义

【语法格式 2.27】 可变长参数的声明格式:

参数类型… 参数名

参数类型可以是各种类型,参数名符合标识符的命名规则即可。

```
void print(String… args){
    …
}
```

在具有可变长参数的方法中可以把参数当成数组使用,例如可以循环输出所有的参数值。

```
void print(String… args){
  for(int i = 0;i < args.length;i++)
      System.out.println(args[i]);
}
```

2. 可变长参数的方法的调用

调用的时候可以给出任意多个参数,但是参数的类型要符合定义时候的类型,对于上面的方法就可以使用下面的代码调用：

```
print("hello");
print("hello","lisi");
print("hello","张三","lisi");
```

【例 2.62】 变长参数方法：编写一个方法能够计算任意多个整数的和。

```
package example2_62;

public class Sum {

    public static void main(String[] args) {
        Sum s = new Sum();
        int r1 = s.sum(1,2,3,5,8);
        int r2 = s.sum(2,4,5,8,20,30);
        System.out.println(r1);
        System.out.println(r2);
    }

    public int sum(int…args){
        int result = 0;
        for(int i = 0;i < args.length;i++){
            result += args[i];
        }
        return result;
    }
}
```

3. 注意事项

在调用方法的时候,如果能够和固定参数的方法匹配,也能够与可变长参数的方法匹配,则选择固定参数的方法。看下面的代码。

【例 2.63】 变长参数方法：多匹配的情况。

```
package example2_63;

public class VarArgsTest {

    public static void main(String[] args) {
```

```
        VarArgsTest test = new VarArgsTest();
        test.print("hello");
        test.print("hello","zhangsan");
    }

    public void print(String… args) {
        for (int i = 0; i < args.length; i++) {
            System.out.println(args[i]);
        }
    }

    public void print(String test) {
        System.out.println(" ---------- ");
    }

}
```

运行结果:

```
 ----------
hello
zhangsan
```

结果分析:两次调用了 print 方法,但是第一次没有调用可变参方法,尽管也能匹配上。第二次调用了可变参的方法。

如果要调用的方法可以和两个可变参数匹配,则出现错误,看下面的代码。

【例 2.64】 变长参数方法:多匹配的情况。

```
package example2_64;

public class VarArgsTest {

    public static void main(String[] args) {
        VarArgsTest test = new VarArgsTest();
        test.print("hello");
        test.print("hello","zhangsan");
    }

    public void print(String… args) {
        for (int i = 0; i < args.length; i++) {
            System.out.println(args[i]);
        }
    }

    public void print(String test,String… args) {
        System.out.println(" ---------- ");
    }

}
```

因为两个方法调用与两个可变参方法都能匹配上,所以两个方法调用编译都是失败的。

一个方法只能有一个可变长参数,并且这个可变长参数必须是该方法的最后一个参数。以下两种方法定义都是错误的:

```java
public void test(String… strings,ArrayList list){

}

public void test(String… strings,ArrayList… list){

}
```

2.8.6 实例:使用数组表示学生信息实现学生信息管理

【例 2.65】 数组、方法、循环、选择综合实例:学生信息管理。

```java
package example2_65;

import static java.lang.System.out;
import java.util.Scanner;

public class Test {
    private String sids[] = new String[30];
    private String snames[] = new String[30];
    private float scores[] = new float[30];
    private int number = 0;//学生个数

    public static void main(String args[]) {
        Scanner in = new Scanner(System.in);
        Test t = new Test();
        String sid,sname;
        float score;
        int temp;
        while (true) {
            menu();
            temp = in.nextInt();
            switch (temp) {
            case 1:
                sid = in.next();
                sname = in.next();
                score = in.nextFloat();
                t.addStudent(sid,sname,score);
                out.println("添加学生成功!");
                break;
            case 2:
                sid = in.next();
                t.delete(sid);
                out.println("删除学生 ch");
                break;
```

```java
            case 3:
                out.println("修改学生");
                break;
            case 4:
                out.println("查询学生");
                break;
            case 5:
                t.print();
                break;
            }
            if (temp == 6) {
                out.println("再见");
                break;
            }
        }
    }

    public static void menu() {
        out.println("********请选择功能********");
        out.println("*     1 添加学生信息      *");
        out.println("*     2 删除学生信息      *");
        out.println("*     3 修改学生信息      *");
        out.println("*     4 查询学生信息      *");
        out.println("*     5 显示所有学生      *");
        out.println("*     6 退    出         *");
        out.println("************************");
    }

    public void addStudent(String sid, String sname, float score) {
        sids[number] = sid;
        snames[number] = sname;
        scores[number] = score;
        number++;
    }

    public void print() {
        for (int i = 0; i < number; i++) {
            out.println(sids[i] + " - " + snames[i] + " - " + scores[i]);
        }
    }

    public void delete(String sid) {
        int index = 30;    //表示第几个学生
        for (int i = 0; i < number; i++) {
            if (sid.equals(sids[i])) {
                index = i;
                break;
            }
        }
```

```
            if (index == 30)
                return;
            for (; index < number - 1; index++) {
                sids[index] = sids[index + 1];
                snames[index] = snames[index + 1];
                scores[index] = scores[index + 1];
            }
            number -- ;
    }

}
```

第 3 章　面向对象基础

第 2 章是对 Java 基本语法的介绍,从本章开始介绍 Java 的面向对象特性,本章只介绍最基本的特性和常用的基本类,面向对象的高级特性将在第 4 章介绍。本章的主要内容包括:

- 面向对象的基本概念
- 编写类和创建对象
- 基本数据类型和封装类型
- 对象数组
- 字符串相关类
- 常用的工具类

3.1　面向对象的基本概念

Java 是面向对象的编程语言,在介绍 Java 的面向对象实现之前,先介绍一下面向对象的基本概念。包括对象、类、消息传递和抽象。

3.1.1　对象观

在面向对象技术中,对象是一个非常核心的概念。

1. 对象无处不在

在现实世界中对象无处不在。不管处于什么样的环境,不可否认的是,您会面对诸多的对象。如果您在学习,书本、电脑、您的同学和您的老师都是对象。如果您在踢足球,足球、场地和球门都是对象。如果您正在吃饭,饭碗、筷子和餐桌都是对象。

2. 对象包含属性和行为

对象的属性用于描述对象的状态、特征以及组成部分。下面这些属性用于描述车的特征:车牌号、高度、长度、宽度、颜色、最高时速等。下面的这些属性用于描述车的状态:里程数、是否加速、是否减速、是否上客、是否下客、是否在运行、运行的方向、运行的速度等。下面的属性用于描述车的组成部分:车的座位,车的发动机和车的投币箱等。

对象的行为也就是对象能够完成的功能,每个对象都会有自己的行为,行为用于改变对象自身的状态,或者向其他对象发送消息,有时候一个行为会同时包含这两者。

3. 对象具有标识

系统中的每个对象都有自己的编号,这个编号对于系统中的每个对象来说是唯一的,用于标识这个对象。

标识也是一个属性。通常标识也是用于描述对象的,这和前面的属性是相同的。

标识本身可能有意义,例如车站的站名。标识本身也可能没有意义,仅仅作为标识,例如身份证号用于标识一个人,但是本身没有意义。

4. 把对象作为整体来看

在关注对象的时候,通常不仅仅关注它的属性而且也会关注它的行为。对象的属性用来描述对象的状态或者特征,对象的行为用来描述对象的功能。

对象是属性和行为的统一体。如果一个对象只有属性没有行为,那么这个对象就没有实际的意义,在软件系统中也不会把这样的对象作为对象来处理的。如果只有行为,没有属性,就不知道这些行为是干什么用的。所以如构造软件系统,如果系统只有属性或者只有行为,这样的对象肯定有问题,不应该作为对象。

对象是对属性和行为的封装。

对象是一个整体。使用面向对象的思想,不管什么时候都应该把对象作为一个整体。分析任何一个属性或者行为都不应该脱离对象而存在,对属性和行为的访问都应该通过对象来完成。

5. 软件系统中的对象

现实世界中的对象并不一定是软件系统中的对象。

公交系统中有大量的对象:汽车、乘客、司机、站牌、候车厅、道路、红绿灯、调度室、刷卡机、投币机、方向盘、车门、座位、车上的扶手、油箱、离合器、穿的衣服等。列出的这些对象仅仅是一部分。

如果仔细看某个对象,还会有很多相关的对象。例如您仔细想十字路口,可能会想到红绿灯、每个路口、摄像设备、红绿灯所依赖的电线杆等。想到电线杆,可能还会想到上面的固定设备,如螺丝钉等。如果继续下去,可以想到系统中的更多对象。

这么多的对象在软件系统中都需要吗?肯定不是都需要。如果要在软件系统中实现,一方面工作量太大,基本上没有办法实现。另一方面,也是最重要的一方面,是很多对象不需要。如果这个对象是必需的,那么不管多么困难也要实现。

既然有这么多的对象,有的对象需要在软件系统中实现,有的对象不需要在软件系统中实现,那么如何来选择呢?

每个系统都会有相应的目的,用于解决特定的问题。在考虑某个对象是否为软件系统中的对象的时候,只需关心该对象是否与要解决的问题相关。如何确定哪些对象与系统相关呢?

通常的做法就是仔细分析用户提供的需求文档,这里假设所获得的需求文档是完整的。因为对象都是名词,所以可以从需求文档中来查找这些名词,在获取这些名词的过程中最好不要加入自己的想法,不能因为感觉某个对象好就添加到系统中。

通过对需求文档的分析可以得到很多名词,但是并不是所有这些名词都应该设计成对象。例如需求中可能有这样一句话"乘客上车后,如果有座位就坐下",这里的名词有"乘客"、"车"和"座位"。因为乘客有相关的属性和行为,并且在系统中也非常重要,所以应该作为系统的对象。同样,车也有相关的属性和行为,并且也是系统的非常重要的组成部分,所以也应该作为系统的对象。但是,座位没有自己的行为和属性,因为在模拟系统中,不会考虑座位的高度、长度、宽度、形状等,本身也没有什么行为,所以座位就不应该作为系统的对象。

【注意】 这里说"座位"不是对象,只是强调在当前的系统中不是对象。如果在另外一个软件系统中,它可能就是对象了。比如汽车生产商,肯定会考虑座位的形状、颜色、材料等。

6. 对象之间的关系

对象之间的关系包括:
- 整体与部分的关系,例如轮胎和汽车的关系;
- 关联关系,例如张三乘坐某一辆公交车。

1) 整体与部分的关系

具有这种关系的两个对象之间有比较强的依赖关系,就像上面说的某一辆公交车和轮胎的关系,如果没有轮胎,这个汽车就不能正常运行,也就是说只要有一辆公交车,它就有轮胎。这种关系在软件系统中如何表现呢?

在软件系统中,所有的对象都需要创建,就像现实中对象的产生一样。现实世界中,需要先制造轮胎,然后才能有汽车。在软件系统中也是这样,应该先构建轮胎对象,然后再把轮胎作为组成部分去构建汽车对象,它们之间有一定的顺序。

这种关系的对象一旦创建完之后,都是作为一个整体来使用的,通常情况下不会单独考虑组成部分,如果要考虑组成部分也是先考虑整体。例如,要修理某个轮胎,通常都会说修车,然后会说车的轮胎,即使直接说轮胎,也会有一个前提,就是某辆车的轮胎。

这种关系一旦建立,通常不再改变。或者说生命周期基本相同。

2) 关联关系

这种关系的两个对象之间通常没有依赖关系。就像汽车在整个运行过程中,会不停地上客、下客,这样它所搭载的乘客也就在不停地变化。乘客上车了,建立汽车和乘客之间的关联关系。关联关系建立之后,汽车运动,车上的乘客就会跟着运动。乘客下车了,这种关联关系就解除了,汽车的运动不再会对下车的乘客产生影响。

在软件系统中,这种关联关系的对象的创建也不需要按照一定的顺序,它们的创建是独立的,互不影响。只是在系统运行到某个时间,乘客需要乘坐某辆车了,它们之间就创建了这种关系。如果不乘车了,这种关系就没有了。

另外,不像整体与部分的关系,一旦创建基本不再变化,关联关系可以根据需要随时创建,随时解除。

3) 关系中的量

一辆汽车有 4 个轮胎,一辆汽车上有 33 个乘客,这里的数字就是关系中的量,汽车和轮胎是 1 对 4 的关系,汽车和乘客是 1 对 33 的关系。不管是整体与部分的关系,还是关联关系都存在着量。

根据关系中的量可以把关系分为 4 种:
- 一对一;
- 一对多;
- 多对一;
- 多对多。

一对一的关系,关系中的双方都是一个。例如,汽车和司机的关系,一辆汽车在某个时刻只能是有一名司机,一名司机在某个时刻只能开一辆车。

一对多的关系,例如汽车和轮胎的关系,一辆汽车有四个轮胎,每个轮胎只能属于一辆汽车。

多对一的关系,与一对多的关系正好相反。例如汽车和轮胎是一对多的关系,反过来,轮胎和汽车的关系就是多对一的关系。

多对多的关系,例如,公交车的运营线路和站点之间的关系,某一路公交车的运营线路会包含很多站点,某个站点可以同时是多条公交线路的站点。公交线路和站点之间就是多对多的关系。

3.1.2 类型观

1. 类型

人们总是喜欢分类,通过分类可以更好地理解对象。每个对象都属于特定的类型。例如,提到乘客不是指某个特定乘客,车站也不是某个特定车站。乘客是所有乘坐公交车的人组成的集合,车站也是集合。乘客和车站是不同的类型,而具体的人是乘客这个集合中的一个元素,某个车站是车站集合中的一个元素。

从上面的描述可以得出这样一个结论,类型就是一个集合,但是集合不一定是类型。那么什么样的集合才是类型呢?类型应该是由多个具有相同特征的对象组成的集合。提到这个类型就会知道属于这个类型的对象的特征。根据前面的介绍,对象的要素包括对象的属性、行为和标识,同一种类型的对象都应该具有相同的属性、行为,使用相同的标识(例如车牌号和身份证号),但是对于具体的某个对象来说,这些属性和标识的值不同,行为可能会有不同的实现。例如,都使用车牌号作为公交车的标识,但是不同的车具有不同的车牌号。都具有加速功能,但是不同的车加速过程不同。

另外类型也可以看作是对对象的抽象,后面将会介绍。

2. 类型的层次

类型是由多个对象组成的集合,公交车是由很多公交车组成的集合,同样汽车也是一个类型,是由所有的汽车组成的集合,这个集合也包括了公交车集合。一辆具体的公交车既属于公交车这个集合,又属于汽车这个集合,所以它的类型可以是公交车,也可以是汽车。那么这两个类型之间有什么关系呢?

所有的公交车都是汽车,公交车集合属于汽车集合的子集。这两个类型之间的关系称为子类和父类的关系。公交车是子类,汽车是父类。

父类所具有的特征子类都有,另外子类具有一些特殊的特征,是父类不具有的。汽车具有的特征公交车都应该有,但是公交车具有自己的比较特殊的一些特征,例如它有具体的线路、始末车时间和发车间隔等。

在由对象组成的现实世界中,这种类的分层到处可见。在 Java 中使用继承来实现类型的层次关系。

3. 对象和类型之间的关系

(1) 对象是具体的,类型是抽象的。

类型是对一组对象的抽象,提取了这一组对象的共同特征。对象本身是客观存在的,是具体的,而类型则是抽象的,不是一个客观存在。如果说到某个类型,我们会去想一个具体的对象是什么样子。类型是抽象的,可以说人类具有姓名、身高和体重等属性,但是不能说人类的身高是多少,只能说某个人(具体的对象)的身高是多少。

如果为某个类型的所有属性赋值,将会得到一个具体的对象,对象是类型的实例。

在具体应用中,先根据这些具有相同特征的对象抽象出一个类型,在需要的时候,根据类型的特征去描述这个对象。

例如,学校里的每个学生都有学号、姓名、生日、课程和班级等属性,所以可以根据这些学生对象抽象出来一个类型——学生类,如果要描述一个学生的时候,从这些方面进行描述,这个学生的学号是多少,名字是什么,是哪个班级的,上哪些课程等。

(2)创建的是类型,使用的是对象。

在构建软件系统的时候,不能为现实世界中的每个对象创建一个模型,创建的是表示具有相同特征的对象类型。

在系统运行过程中,使用的是具体的对象,也就是说需要根据类型生成对象,这个过程实际上就是根据对象的特征为类型的每个属性赋值,然后就形成了具体的对象。

3.1.3 对象之间的消息传递

系统中的对象的状态在不断地变化,这些变化可能是由其他对象的操作引起的,也可能是自身的操作引起的,对象之间的这种关系是通过发送消息来实现的。下面我们详细分析这个过程。

1. 对象的状态在不停地变化

一个系统由大量的对象组成,系统的运行过程是对象的状态在不断发生变化的过程。例如公交系统中,汽车从始发站出发,经过一段时间会到达终点站,在这个过程中,汽车的位置在不停地变化。汽车到达某一站的时候,会有很多人下车,又会有很多人上车,这样汽车从始发站到终点站的过程中,车上的人数在不停地变化。这些都是汽车的状态在发生变化。

2. 对象状态的变化与消息之间的关系

先看一下公交系统中汽车状态的变化和司机操作之间的关系。汽车从始发站到终点站这个过程,汽车的位置信息在发生着不断的变化。司机踩刹车,车就可以停下,司机踩油门,车就走了。这些都是司机给汽车的消息,汽车接收到消息之后进行响应。

同样乘客的动作也可以改变顾客的状态。当乘客看到汽车到站的时候,乘客向车门方向移动,乘客的位置就发生变化。乘客上车之后,汽车的移动也会改变乘客的位置。

在这两个例子中,司机的操作可以改变汽车的状态,乘客的动作(可以认为是操作)可以改变乘客的状态,前者是改变了其他对象的状态,而后者则是改变了自身的状态。

3. 状态的变化会受到约束

考虑这样一种情况,汽车到站了,车门开了,有人上车,有人下车,实际上就是通过乘客的上下车这样的动作改变了汽车的状态(车上人数的变化)。但是车上乘客的数量要受到约束,受车的载客数量的约束,如果车能容纳50人,当第51个人要上车的时候就不能上了。

4. 消息的组成

对象之间的作用是通过发送消息来实现的,要发送一个消息,需要知道以下几个方面:

- 消息的接收者,必须指定消息的接收者;
- 消息的名称,必须指定消息的名称;

- 消息的内容,可选的,根据需要来确定。

在发送消息的时候,必须指定消息的接收者,也就是把消息发送给谁。在汽车到站的时候,有人要下车,这时候司机会向汽车发送一个消息,而不是向乘客发送消息。

因为同一个对象可以接收很多消息,可以对很多消息进行处理,所以给对象发送消息的时候必须指定消息的名称。就像上面的例子,发送的消息的名称是"开后门",不能是"开前门"或者"关后门"。

有时候向对象发送一个特定的消息,消息的接收者就知道要怎么处理消息,例如向汽车发送关闭前门的消息。但是有时候仅仅有消息的名称还是不够的,想象一下让汽车拐弯的消息,在不同的路口拐弯的角度是不同的。如果是十字路口,拐弯的角度应该是 90°。如果两个路口的夹角不是 90°,拐弯的角度肯定也不是 90°。所以在向汽车发送拐弯的消息时需要告诉汽车拐弯的角度,另外还需要告诉汽车一个信息,就是左拐还是右拐。这些就是消息包含的内容。

在 Java 中,消息的发送是通过方法调用来实现的,当然在异步的消息处理机制中,可以通过消息服务器来转发消息。消息的发送是方法调用的过程,消息的接收者是对象本身,消息的名称是对象的方法的名字,而消息的内容可以看作是方法的参数列表。

3.1.4 抽象过程

在面向对象技术中,存在着多个抽象过程,这些抽象过程包括:
- 根据现实世界的对象抽象出软件系统中的对象。
- 根据对象抽象出类型。
- 由多个类型抽象出新的类型。
- 抽象多个类型的共同行为。

下面分别对这 4 种抽象过程进行介绍。

1. 根据现实世界的对象抽象出软件系统中的对象

软件系统,是对现实世界的模拟,是对现实世界中的某些工作模拟,由电脑来完成一些原来需要人工完成的任务。

如果要构造一个系统模拟某一路公交系统的运行情况,这时候需要在系统中构造汽车对象模拟现实世界中的汽车。而现实世界中对象有很多属性,例如汽车有长宽高、重量、颜色、车牌号、投币机、车门、广播、车轮和发动机等。在软件系统中是否需要把这些属性全部模拟?

因为汽车有这么多属性,要想在软件系统中把所有属性都模拟出来是不现实的。既然要模拟现实世界中的汽车,又不能把所有的属性全部模拟出来,那么应该描述哪些属性呢?这就是一个抽象的过程,从现实世界中的具体对象抽象出软件系统中的抽象对象。

抽象的过程实际上就是选择属性和行为的过程,要哪些属性,不要哪些属性,取决于这些属性是否对要构建的系统有用。例如车牌号、车的位置信息、车的运行方向是需要考虑的,而汽车的长度则不需要考虑。

同样一个对象在不同的软件系统中的抽象结构是不一样的。如果是公交公司的资产管理系统,可能需要考虑汽车的出厂日期、汽车价格、上次维修时间、出车次数、责任人等。

2. 根据对象抽象出类型

现实世界中存在着大量的系统,例如模拟公交系统中存在大量的公交车,我们不能在系统中去模拟每一辆公交车。

通常的做法是构造一个类型,用这个类型来表示这些对象,当需要使用某个对象的时候,可以使用这个类型创建一个对象。构造类型的过程就是对对象的抽象过程,例如表 3.1 列出了 4 辆汽车的相关属性。

表 3.1 汽车示例

汽车\属性	编号	方向	位置
汽车 1	辽 B-31111	百合山庄—沙河口火车站	黄河路 500 米
汽车 2	辽 B-32222	百合山庄—沙河口火车站	软件园路 150 米
汽车 3	辽 B-33333	沙河口火车站—百合山庄	西南路 300 米
汽车 4	辽 B-34444	沙河口火车站—百合山庄	西安路 200 米

根据这些对象创建类型的过程,就是删除对象的具体的值,删除对象的属性之后,就不是具体的对象,而变成了抽象的类型。

表中的汽车的属性删除之后,就都变成了:

某个汽车　有一个编号　　有方向　　有位置

这样就可以在软件系统中创建一个类型:

汽车: 编号 方向 位置

这个抽象的过程就是删除对象的具体的属性。

抽象出类型之后,如果需要描述汽车 1,可以创建汽车类型的对象,然后把它的车牌号赋值为"辽 B-31111",方向赋值为"百合山庄—沙河口火车站",位置赋值为"黄河路 500 米"。这样就形成了软件系统中的对象,它又表示了现实世界中的一辆汽车。

在使用 Java 语言编写程序的时候,创建的是一个个的类,而在程序运行过程,则是不断创建对象的过程。

3. 由多个类型抽象出新的类型

在一个系统中会有多个类型存在,并且有些类型之间有一些共同的特征,例如在一个公交线路模拟系统中有司机和乘客这两个类型。

模拟系统中司机应该具有的属性:编号、姓名、驾龄和生日等。

模拟系统中乘客应该具有的属性:编号(为了区分不同的乘客)、名字、生日、工作单位、乘坐的车的编号、出发地、目的地、上车时间和下车时间等。

如果这样来构造软件系统表面上看没有问题,但是仔细研究会发现司机和乘客两个类型有一些共同的属性:编号、姓名和生日。除了这些共同属性之外,他们还会有共同的行为。这时候可以把这些相同的属性和行为编写成一个单独的类型,这个类型是提取司机和乘客的共同特征和行为形成的。相对于司机类型和乘客类型,这个新的类型更抽象,但是具有的属性也更少。称这个新抽象的类为"人员"类。该过程与从多个对象抽象出类型的过程基本相同。

如果要从"人员"类型创建"司机"类型的时候只需要添加几个司机所具有的特殊属性即

可,需要创建"乘客"类型的时候只需要添加乘客所特有的几个属性和行为即可。这个过程与前面使用类型创建对象的过程类似。

这样产生的新的类型和原来的类型之间是继承的关系,"人员"是父类,"司机"和"乘客"是子类。"人员"所具有的属性,"司机"和"乘客"都有。而"司机"和"乘客"具有"人员"所没有的特殊属性。从这几个类型的名字上也比较容易理解这个关系,司机和乘客都属于人员。司机和乘客都属于人员的子集。

在 Java 中使用继承来表示上面描述的多个类之间的关系,人员是父类,司机和乘客是子类。

这样经过抽象形成的类型也可以有自己的对象。但是有时候经过这样抽象之后的类型不能有自己的对象,看下面的例子。

例子:交通工具,常见的交通工具有公交车、长途客车、出租车、火车、飞机和轮船等。这些交通工具具有相同的特征,最显著的特征就是有出发点和终点站,能够把乘客从一个地方带到另一个地方,这就是交通工具的基本功能。可以从这些共同特征抽象成"交通工具"这样一个类。

"交通工具"和前面的"人员"这两个类型不太一样。因为"人员"这个类存在属于它的对象,但是"交通工具"这个类则不存在自己的对象。称"交通工具"这样的类为抽象类。

Java 中专门提供了抽象类的实现机制。

4. 抽象多个类型的共同行为

有很多不同类型的对象,它们却具有一些共同的行为。例如,前面例子中的乘客能够变换位置信息,而汽车也可以变换位置信息。但是乘客和汽车属于两种完全不同的类型。

在软件分析和设计的时候,经常需要把不同类型的对象的共同行为进行抽象,形成一个新的类型。这个类型与前面介绍的父类不同,这里介绍的类型主要用于描述多个不同类型的对象之间的共同行为。

在 Java 中有接口的概念,描述的就是对不同类型对象的共同行为进行抽象得到的类型。

3.2 编写类和创建对象

本节介绍如何编写类以及如何使用类来创建对象。

3.2.1 使用 class 定义类

类包含成员变量和成员方法。

【语法格式3.1】 定义类的最简单的形式:

```
class 类名{
    … //成员变量
    … //成员方法
}
```

class 是声名类的关键字,声名类必须使用该关键字。

类名必须满足 Java 标识符的命名规则,另外类名应该满足如下编写习惯:

- 类名首字母大写；
- 如果类名由多个单词组成，每个首字母大写；
- 类名尽可能使用名词；
- 类名尽可能有意义。

下面这些类名是好的用法：User、Order、OrderItem、Student 等。

下面这些类名则是不好的用法：A、user、order。

成员变量的定义与普通变量的定义相同，例如可以为用户类定义成员变量：用户名和口令，分别使用 username 和 userpass 表示：

```
String username;
String userpass;
```

Java 是面向对象的语言，在文件中不能单独定义方法，方法都是在类中定义的，所以之前介绍的方法的定义也就是成员方法的定义，例如可以定义方法把用户的信息转换成字符串。

```
public String toString(){
    return "用户名：" + username + ",口令：" + userpass;
}
```

在刚开始编写类中的方法的时候，容易写成下面的样子：

```
public String toString(String username,String userpass){
    return "用户名：" + username + ",口令：" + userpass;
}
```

这里把用户名和口令传入方法，然后返回字符串。这是错误的，类中的成员变量是共享的，是类的方法共享的变量，成员变量表示对象的状态和属性，而成员方法来访问这些成员变量，所以在编写成员方法的时候，如果要处理的信息是成员变量则不需要作为参数传入。

【例 3.1】 类定义：编写用户类，包含用户名、口令和年龄属性，并为类编写方法输出用户的基本信息。

```
package example3_1;

public class User {
    String username;
    String userpass;
    int age;

    void print() {
        System.out.println(username + " - " + userpass + " - " + age);
    }
}
```

【例 3.2】 类定义：定义一个类表示圆，圆的属性包括横坐标、纵坐标和圆的半径，圆包含三个方法：得到坐标的方法（格式：[33,55]）、计算面积的方法和计算周长的方法。

```
package example3_2;

public class Circle {
    double x;
    double y;
    double r;

    public String getPosition() {
        return "[" + x + "," + y + "]";
    }

    public double area() {
        return Math.PI * r * r;
    }

    public double circumference() {
        return Math.PI * r * 2;
    }
}
```

【注意】 在编写这三个方法的时候，都不需要参数，获取位置和计算周长、坐标都不需要额外传入信息，只需要自己的横坐标、纵坐标和半径即可。

【记住】 使用 class 声明类。

3.2.2 使用 new 实例化对象

前面介绍过，类是对象的抽象，使用类来描述对象具有什么属性和方法，而对象才具有具体的属性值和方法。在程序运行的时候需要创建对象，对象的创建和普通变量的创建类似，创建普通变量要为变量分配内存空间，而创建对象也要为对象分配内存空间，这些内存空间用于存储特定对象的属性。

对象的创建是通过关键字 new 调用类的构造方法完成的，也称为对象的实例化。

【语法格式 3.2】 实例化对象的格式：

new 类名()

例如要创建 User 类的对象，可以使用下面的代码：

new User();

上面的代码就会为对象分配空间，Java 虚拟机把内存分成了多个部分来保存程序运行中的各种信息，其中对象是存储在堆中的。因为同一个类的方法是相同的，所以在为对象分配空间的时候，只为成员变量分配内存。

在堆中创建的对象是不能直接访问的，也就是说只使用了 new User() 代码，尽管在内存中创建了对象，但是这个对象是没有办法访问的。

【记住】 使用 new 创建对象实例。

3.2.3 通过对象引用访问对象

上面提到使用 new 创建的对象不能直接访问,要想访问创建的对象,需要创建对象引用,要访问什么样的对象就创建什么类型的引用,要访问 User 对象就创建 User 类型的引用,要访问 Circle 对象就创建 Circle 类型的引用。

对象引用的创建方式与普通变量的创建方式相同。

【语法格式 3.3】 创建对象引用的格式:

类型名 引用名;

类型名必须是已经存在的类型,引用名与普通变量类似。要创建 User 类型的引用,使用:

User user;

User 是引用类型,user 是引用的名字,创建对象引用之后,就可以把引用指向具体的对象,例如下面的代码:

User user = new User();

该代码使用 new User() 创建了一个 User 对象,使用 User user 创建了一个 User 类型的引用 user,然后把 user 指向创建的 User 对象。对象存储在堆中,而对象引用存储在栈中,引用的值是对象的地址。接下来我们通过下面的 4 行代码来分析对象和引用之间的关系。

User user1 = new User();
user1 = new User();
User user2 = new User();
user2 = user1;

第 1 行代码使用 new User() 创建了一个 User 对象,然后创建对象引用 user1,并把 user1 指向新创建的实例。新创建的实例位于堆中,而引用 user1 则位于栈中。第 2 行代码使用 new User() 创建了一个新的实例,然后把 user1 指向了新创建的实例。第 3 行代码使用 new User() 创建了一个新的实例,然后创建对象引用 user2,并把 user2 指向新创建的实例。第 4 行代码把 user2 指向了 user1 指向的对象,也就是 user1 和 user2 指向了同一个实例,但是第 1 个对象和第 3 个对象都不能访问了,因为没有引用指向它们,Java 提供的垃圾回收机制会释放这两个对象占用的内存。图 3.1 说明了 4 行代码执行过程中对象在内存中的情况。

有了对象引用就可以通过引用访问对象的属性以及对象的方法。

【语法格式 3.4】 访问对象的属性:

对象引用.属性名

"."是访问对象属性和方法的操作符,例如要访问 user1 所指向的对象的 username 属性,可以使用:

user1.username

要输出这个属性的值,可以使用:

System.out.println(user1.username);

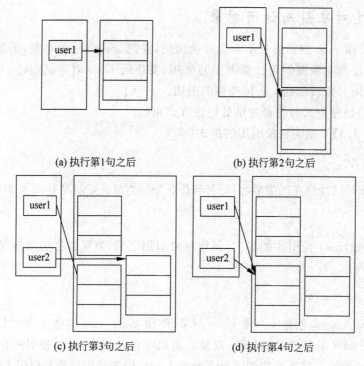

(a) 执行第1句之后　　(b) 执行第2句之后

(c) 执行第3句之后　　(d) 执行第4句之后

图 3.1　对象和引用与内存分配

要对这个属性赋值,可以使用：

user1.username = "张三";

【语法格式 3.5】　访问对象的方法：

对象引用.方法名

例如要访问 user1 的 print 方法,可以使用：

user1.print();

【注意】　在访问属性和方法的时候是通过对象引用进行的,如果在对象引用没有指向某个具体实例的时候我们去访问对象的属性和方法,这时候会产生异常,这个异常是 NullPointerException。所以在通过引用访问对象的属性和方法的时候必须保证这个引用指向了某个实例。

【例 3.3】　创建一个名字为"张三",口令为"123",年龄为"20"的 User 对象,并输出这个对象的基本信息。

```
package example3_3;

public class TestUser {
    public static void main(String arg[]) {
        User user = new User();
        user.username = "张三";
```

```java
            user.userpass = "123";
            user.age = 20;
            user.print();
        }
    }

    class User {
        String username;
        String userpass;
        int age;

        void print() {
            System.out.println(username + " - " + userpass + " - " + age);
        }
    }
```

【例 3.4】 创建两个圆,第一个圆的圆心的位置为[0,0],第二个圆的圆心的位置为[100,100],第一个圆的半径是15,第二个圆的半径是20,分别输出两个圆的坐标位置、周长和面积。

```java
package example3_4;

public class TestCircle {
    public static void main(String arg[]) {
        Circle circle1 = new Circle();
        circle1.x = 0;
        circle1.y = 0;
        circle1.r = 15;
        Circle circle2 = new Circle();
        circle2.x = 100;
        circle2.y = 100;
        circle2.r = 20;
        System.out.println("第一个圆的坐标为: " + circle1.getPosition());
        System.out.println("第一个圆的周长为: " + circle1.circumference());
        System.out.println("第一个圆的面积为: " + circle1.area());
        System.out.println("第二个圆的坐标为: " + circle2.getPosition());
        System.out.println("第二个圆的周长为: " + circle2.circumference());
        System.out.println("第二个圆的面积为: " + circle2.area());
    }

}

class Circle {
    double x;
    double y;
    double r;

    public String getPosition() {
```

```
        return "[" + x + "," + y + "]";
    }

    public double area() {
        return Math.PI * r * r;
    }

    public double circumference() {
        return Math.PI * r * 2;
    }
}
```

【记住】 通过"对象名.属性名"和"对象名.方法名"访问对象的属性和方法。

3.2.4 为类定义包

就像把相同的文件放在同一个文件夹中一样,可以把相关的类组织在同一个包中,Java 中的包就类似于文件夹。在之前的例子中,我们基本上就是把包当成文件夹来用了。

【语法格式 3.6】 定义包:

package 包名;

package 是定义包的关键字。例如:

package ch12;

包也可以有多层,就像文件夹有多级一样。例如:

package study.ch12;

【注意】 包的声明应该是 Java 源文件中的第一句有效代码。

在类的实现过程中如果要用到其他的类,可以通过 import 引入这个类,有两种方式。例如要引入 java.util.Scanner,可以使用下面的代码:

import java.util.Scanner;

或者

import java.util.*;

【记住】 包只能出现在第 1 行。

3.2.5 类的访问控制符

类的访问控制符是控制在什么地方可以访问类,什么地方不可以访问类。类的访问控制符有两种: public 和默认的。

public class A{ }
class B{ }

上面定义的类 A 就是 public 类型的,类 B 是缺省类型的。下面通过例子来说明它们的区别。

【例 3.5】 A 类的访问控制符是 public，所在的包是 example3_5.a，B 类的访问控制符是缺省的，所在的包是 example3_5.a，C 类位于包 example3_5.a 中，D 类位于包 example3_5.b 中。在 C 类和 D 类中分别访问 A 类和 B 类。

```
A类：
package example3_5.a;

public class A {
}
B类：
package example3_5.a;

class B {
}
C类：
package example3_5.a;

public class C {
    public static void main(String arg[]) {
        A a = new A();      //(1)可以访问
        B b = new B();      //(2)可以访问
    }
}
D类：
package example3_5.b;

import example3_5.a.A;

public class D {
    public static void main(String arg[]) {
        A a = new A();      //(3)可以访问
        B b = new B();      //(4)不能访问
    }
}
```

在上面的代码中因为 A 的访问控制符是 public，所以在 C 类和 D 类中都可以访问，而 B 的访问控制符是缺省类型，只有 C 类可以访问，因为 C 类和 B 类在同一个包中，而 D 类和 B 类不在同一个包中。

【记住】 访问控制符是 public 的类在任何地方都可以访问，访问控制符是缺省的类只能供同一个包中的类访问。

3.2.6 成员的访问控制符

成员的访问控制符有 4 种：public、缺省的、protected 和 private。private 类型的成员，只有类自己可以访问。缺省类型的成员，类自己可以访问，同一个包的其他类也可以访问。public 类型的成员，类自己、同一个包、不同包都可以访问。protected 类型的成员，类自己、同一个包和类的子类可以访问,关于 protected 在继承之后再介绍。

下面通过例子来说明它们的区别。

【例 3.6】 成员变量访问控制符。

```
被访问的类 A:
package example3_6.a;

public class A {
    private int pri;
    public int pub;
    int def;

    public void print() {
        System.out.println(pri);
        System.out.println(pub);
        System.out.println(def);
    }
}
同一个包中的类 B:
package example3_6.a;

public class B {
    public static void main(String[] args) {
        A a = new A();
        a.def = 10;
        a.pub = 20;
        a.pri = 30; //不能访问
    }
}
不同包中的类 B:
package example3_6.b;

import example3_6.a.A;

public class B {
    public static void main(String[] args) {
        A a = new A();
        a.def = 10; //不能访问
        a.pub = 20;
        a.pri = 30; //不能访问
    }
}
```

【记住】 类自己的方法可以访问类自己的各种类型的成员变量。同一个包中的类能够访问 public 类型和缺省类型的成员变量,不同包中的类只能访问 public 类型的成员变量。

3.2.7 构造方法

在创建实例的时候会调用构造方法,通过 new 操作符创建,前面的例子我们已经通过构造方法创建对象:

```
User user = new User();
```

new 后面的 User()就是构造方法,只要创建对象就要调用构造方法。

构造方法的特点如下:

- 方法名和类名一致;
- 构造方法不需要返回值;
- 不能通过对象名来访问,只能通过 new 来访问。

构造方法中的主要代码是对成员变量初始化。

在前面的例子中我们没有为类提供构造方法,但是我们使用了构造方法。事实上,这个构造方法是系统提供的。每个类都有构造方法,如果用户没有定义,系统会提供一个无参数的构造方法。如果用户自己定义了构造方法,系统将不再提供无参数的构造方法。

一个类可以有多个构造方法,多个构造方法的参数不同,相当于为用户提供了多种不同的创建对象的方法。

【例 3.7】 构造方法:Book 类。

```java
package example3_7;

public class Book {
    private String isbn;
    private String name;
    private double price;

    public Book() {
    }

    public Book(String isbn1) {
        isbn = isbn1;
    }

    public Book(String isbn1,String name1,double price1) {
        isbn = isbn1;
        name = name1;
        price = price1;
    }

    public static void main(String ar[]) {
        Book b1 = new Book();
        b1.isbn = "0001";
        b1.name = "Java";

        Book b2 = new Book("00002");
        b2.name = "C++";

        Book b3 = new Book("0003","UML",33);
    }
}
```

在 Book 类中提供了 3 个构造方法：无参数的构造方法，有 1 个参数的构造方法和有 3 个参数的构造方法。这里的无参数构造方法没有提供任何代码实现，但是写出来是有必要的，如果不写，将不能使用 New Book() 来创建对象。在 main 方法中分别采用了这 3 种构造方法来创建 Book 的实例。

【记住】 构造方法与类同名、无返回值，通过 new 调用。

3.2.8　成员变量的初始化

构造方法用于对成员变量进行初始化，如果在构造方法中没有对某个成员变量进行初始化，则系统会给定默认值。如果是基本类型的成员变量，给定的默认值如下。

- char 类型：编码为 0 的字符。
- 数字(byte short int long)：0。
- float 类型和 double 类型：0.0。
- 布尔类型：false。
- 如果是引用类型的成员变量(非基本类型)，则给定默认值为 null。

在方法中定义的局部变量是没有初始值的，如果局部变量没有初始化就使用，系统会产生编译错误。

【记住】 成员变量具有默认值。

3.2.9　使用 this 访问成员变量和方法

正常情况下，访问某个对象的方法和属性，通过"对象名.属性名"或者"对象名.方法名"访问成员变量和成员方法。例如：

```
String name;
System.out.println(name.length());
```

下面的代码是我们介绍如何创建类的时候编写的：

```
class User{
    String username;
    String userpass;
    int age;
    void print(){
      System.out.println(username + " - " + userpass + " - " + age);
    }
}
```

在这个类的 print 方法中，使用了 username、userpass 和 age 变量，这里为什么没有给出对象名呢？因为在编写类的时候不知道对象的名字，对象在运行之后才会产生。

每个 User 对象都有自己的 username 属性、userpass 属性和 age 属性，同样也有自己的 print 方法，那么代码中的 username 属性、userpass 属性和 age 属性应该属于哪个对象呢？应该是当前方法(print 方法)所属的对象，为了表示当前方法所在的这个对象，Java 中提供了 this 关键字用来表示当前对象。可以通过 this 访问该对象的所有的成员变量和成员方法。

上面的代码中没有使用 this 访问 username 属性、userpass 属性和 age 属性，是把 this 省略了，上面的 print 方法也可以写成下面的形式。

```
void print(){
    System.out.println(this.username + " - " + this.userpass + " - " + this.age);
}
```

那么什么时候必须用 this 呢？当局部变量与成员变量重名的时候必须使用 this。例如，类中有成员变量 username，而方法的形参的名字也是 username。看下面的代码：

```
public User(String username){
    this.username = username;
}
```

如果直接写成 username＝username，赋值过程无效。Book 中的另一个构造方法也可以改成下面的形式：

```
public Book(String isbn,String name,double price){
    this.isbn = isbn;
    this.name = name;
    this.price = price;
}
```

【记住】 this 表示当前对象。

3.2.10 使用 this 访问自身的构造方法

如果在两个构造方法中有一些重复的代码，并且希望能够共享这些代码该怎么办呢？例如：

```
public Book(String isbn){
    this.isbn = isbn;
}
public Book(String isbn,String name,double price){
    this.isbn = isbn;
    this.name = name;
    this.price = price;
}
```

两个构造方法中都有 this.isbn＝isbn，如何重用呢？可以通过 this 访问类自己的其他构造方法。用法与调用其他方法不同。上面的代码可以改写成：

```
public Book(String isbn){
    this.isbn = isbn;
}
public Book(String isbn,String name,double price){
    this(isbn);
    this.name = name;
    this.price = price;
}
```

【记住】 只能在构造方法中通过 this 调用自己的构造方法，并且这个调用必须只能出现在第一行。

什么情况下要调用自己的构造方法呢？当两个构造方法中有很多重复代码的时候,例如下面的代码：

```
public A(int a,int b,int c,int d){
  this.a = a;
  this.b = b;
  this.c = c;
  this.d = d;
}
public A(int a,int b,int c,int d,int e){
  this.a = a;
  this.b = b;
  this.c = c;
  this.d = d;
  this.e = e;
}
```

这时候,第二个构造方法就可以调用第一个构造方法,写成：

```
public A(int a,int b,int c,int d,int e){
  this(a,b,c,d);
  this.e = e;
}
```

调用自身的构造方法主要目的在于共享代码。

3.2.11 访问器方法

访问器方法用于对属性进行访问,包括 set 方法和 get 方法。

set 方法：方法名通常为 set＋属性名,但是把属性名首字母改成大写,例如,属性 userName 对应的方法名为 setUserName,方法的参数类型与属性的类型相同,方法的返回值为 void,访问控制符为 public(通常情况下)。

get 方法：方法名 get＋属性名,但是把属性名首字母改成大写,例如属性 userName 对应的方法名是 getUserName,不需要参数,返回值类型与属性类型相同,访问控制符 public。

通常成员变量都是私有的,为了供外界访问,必须提供公有的方法,包括获取属性值的方法 get 方法和对属性赋值的方法 set 方法。

【例 3.8】 对属性 username 进行访问的 set 方法和 get 方法。

```
public String getUsername() {
    return username;
}
public void setUsername(String username) {
    this.username = username;
}
```

对于布尔类型的属性值,获取属性值的方法有时候可以写成 is＋属性名的方法,例如某个属性表示是否打开,方法名可以写成 isOpen,方法的定义可以写成：

```
public boolean isOpen(){
    retrun open;
}
```

对于数组类型的属性,可以获取整个数组的值,也可以获取数组中某个元素的值,可以设置整个数组的值,也可以设置数组中某个元素的值,所以应该提供 4 个方法,例如属性 int[] a,应该提供如下方法。

【例 3.9】 对数组属性操作的方法。

```
public int[] getA() {
    return a;
}

public void setA(int[] a) {
    this.a = a;
}

public void setA(int value, int index) {
    a[index] = value;
}

public int getA(int index) {
    return a[index];
}
```

前两个方法对整个数组进行操作,而后两个方法对数组中的某个单元进行操作。

【记住】 定义 private 类型的成员变量,为其提供 public 类型的访问器方法。

3.2.12 static 成员变量及 static 初始化块

static 表示静态,可以修饰成员变量,也可以修饰成员方法,本节介绍 static 修饰成员变量,3.2.13 节介绍 static 修饰成员方法。

【语法格式 3.7】 static 修饰成员变量的语法格式:

private static int count;

如果 static 修饰成员变量,表示这个变量不再是对象的属性,而变成了类的属性,是类的所有对象共享的成员变量。静态成员变量和非静态成员变量有什么区别呢?在创建对象的时候会为对象的每个非静态成员变量都分配空间,但是对于静态成员变量只会分配一次空间,在创建对象的时候不再为静态成员变量分配空间。因为静态成员变量与对象无关,属于类的属性,所以对静态成员变量的访问可以通过类名访问,当然也可以通过对象引用访问,建议通过类名访问,例如:

```
User.count = 10;
User user = new User();
user.count = 20;
```

第 1 行代码通过类名访问静态成员变量 count,第 3 行代码通过对象引用 user 访问静态成员变量。

【例 3.10】 静态成员变量的使用。

```java
package example3_10;

public class StaticTest {
    public static void main(String[] args) {
        User.count = 10;
        User user = new User();
        user.count = 20;

        System.out.println(User.count);
        System.out.println(user.count);
    }
}

class User {
    public static int count;
}
```

运行结果：

```
20
20
```

原因：count 是 User 的静态成员，User 类和类的所有成员共享了一个存储空间，并不是每个对象都有自己的 count 变量，所以不管是通过 User 访问还是通过对象引用 user 访问，访问的都是同一个空间。

通常把静态成员称为类成员变量，非静态成员称为实例成员变量。

构造方法用于对非静态成员变量进行初始化，静态成员如何初始化呢？静态成员变量可以通过静态初始化器进行初始化，静态初始化器是由 static 引导的一对大括号，例如要对 User 中的 count 初始化，可以使用下面的代码：

```java
static{
   count = 0;
}
```

静态初始化器在类加载的时候执行一次。当然也可以在类定义的时候直接赋值，例如：

```java
class User{
    public static int count = 0;
}
```

如果没有对静态成员进行初始化，系统会给默认值，默认值的规则与非静态成员的默认值相同。

【记住】 static 静态成员可以通过类名调用。

3.2.13 static 成员方法

static 修饰的方法为静态方法,例如下面的方法:

```
public static setCounter(int count){
    User.count = count;
}
```

该方法用于对静态成员赋值,我们之前一直使用的 main 方法就是静态方法。

静态方法只能访问静态成员,不能访问非静态成员。

【注意】 这里的 User.count=count;不能写成 this.count=count;,在静态方法中不能使用 this。

下面的代码是错误的,main 方法要访问非静态方法。

【例 3.11】 static 静态方法的使用。

```
package example3_11;

public class User {
    String username;
    String age;

    public void print() {
        System.out.println("姓名为: " + username + ",年龄为: " + age);
    }

    public static void main(String args[]) {
        print();   //试图访问非静态方法,不能访问
    }
}
```

对于非静态成员的访问必须创建对象,然后通过对象访问,上面的 main 方法可以写成:

```
public static void main(String args[]){
    new User().print(); //先创建对象然后调用非静态方法
}
```

什么时候应该使用 static 呢？如果某个成员变量和类的具体对象没有关系,应该使用 static。例如,Math.PI,圆周率和具体的对象没有关系。如果类的某个方法不需要访问对象的任何属性,也就是说和对象属性没有关系,可以使用 static。例如,Math 类的 max 方法,要计算两个数字最大值和 Math 对象属性无关。再例如 Arrays 的 sort 方法,对参数传入的数组进行排序,排序过程与 Arrays 类成员变量无关。静态方法经常出现在工具类中。

对于静态方法的访问,可以通过类名也可以通过对象名,建议通过类名访问静态方法。

【记住】 static 静态方法只能访问 static 静态成员。

3.3 基本数据类型和封装类型

Java 是面向对象的语言,而基本数据类型则不具有面向对象的特性,为了让基本数据类型的这些数据也具有面向对象的特性,Java 中提供了封装类型,基本数据类型和封装类型之间能够相互转换。

3.3.1 基本数据类型对应的封装类型

在有些地方只能使用引用类型不能使用基本数据类型,为了适应这种要求,Java 中为每个基本数据类型提供了封装类型,封装类型和基本数据类型的名字基本相同,首字母变成了大写,但是 int 和 char 的封装类型为 Integer 和 Character。

基本类型及其封装类型如表 3.2 所示。

表 3.2 基本数据类型及其封装类型

基本数据类型	封装类型	基本数据类型	封装类型
byte	Byte	float	Float
short	Short	double	Double
int	Integer	boolean	Boolean
long	Long	char	Character

【注意】 基本数据类型的变量有默认值,而封装类型的变量的默认值是 null。

下面以 int 和 Integer 的使用为例介绍封装类型的使用,其他几种类型的使用方法基本相同。

3.3.2 从基本数据类型到封装类型的转换

把 int 类型的变量转换为 Integer 对象,可以通过下面的两种方式:

(1) 使用 Integer 提供的构造方法把 int 类型的变量转换成 Integer 类型的对象。例如下面的代码:

```
int a = 10;
Integer aa = new Integer(a);
```

(2) 使用 Integer 提供的 valueOf(int i)方法。例如下面的代码:

```
int a = 10;
Integer bb = Integer.valueOf(a);
```

另外,在 Java 5 之后,从 int 类型到 Integer 类型的转换可以由系统自动完成,例如:

```
Integer bb = a;
```

在实际应用中,应该使用 valueOf 方法进行转换,这个方法在实现的时候会检查是否存在等值的对象,如果存在就不创建新的对象了,如果不存在使用 Integer 的构造方法新建对象。下面的代码展示了这种区别。

【例 3.12】 基本数据类型向封装类型转换。

```java
package example3_12;

public class WrapperTest {
    public static void main(String[] args) {
        int a = 10;
        Integer b = new Integer(a);
        Integer c = new Integer(a);
        Integer d = Integer.valueOf(a);
        Integer e = Integer.valueOf(a);
        System.out.println(b == c);
        System.out.println(d == e);
        System.out.println(b.equals(c));
    }
}
```

运行结果：

```
false
true
true
```

从运行结果可以看出，使用 Integer.valueOf 方法生成的两个对象引用指向了同一个存储空间。另外，如果要比较两个整数是否相等，应该使用 equals 方法。Java 5 提供的自动转换采用的就是 Integer.valueOf 方法的策略。

3.3.3 从封装类型到基本数据类型的转换

通过 Integer 提供的方法 intValue 把 Integer 中的数据转换为 int 类型，例如：

```
Integer integer = Integer.valueOf(100);
int i = integer.intValue();
```

Integer 还提供了把 Integer 转换为其他基本数据类型的方法：
- byteValue()，转换为 byte 类型。
- shortValue()，转换为 short 类型。
- longValue()，转换为 long 类型。
- floatValue()，转换为 float 类型。
- doubleValue()，转换为 double 类型。

3.3.4 Integer 提供的其他常用方法

可以通过 compareTo 方法比较两个数的大小，如果小于另一个数，则返回 -1，如果大于另一个数，返回 1，相等返回 0。

可以通过 MAX_VALUE 查看 Integer 能够表示的最大值；可以通过 MIN_VALUE 查看 Integer 能够表示的最小值。

【例 3.13】 Integer 的用法。

```java
package example3_13;

public class IntegerTest {

    public static void main(String[] args) {
        Integer a = 10;
        Integer b = 200000;
        System.out.println(a + "和" + b + "的关系： " + a.compareTo(b));
        System.out.println(b + "和" + a + "的关系： " + b.compareTo(a));
        System.out.println("Integer 表示的最大值： " + Integer.MAX_VALUE);
        System.out.println("Integer 表示的最小值： " + Integer.MIN_VALUE);
    }

}
```

运行结果：

```
10 和 200000 的关系： -1
200000 和 10 的关系： 1
Integer 表示的最大值： 2147483647
Integer 表示的最小值： -2147483648
```

3.4 数 组 2

在 2.7 节对基本数据类型的数组进行了介绍，本节主要介绍元素类型为引用类型的数组，下面称为对象数组。对象数组和基本数据类型的数组的使用方法类似，但有不同的地方。

3.4.1 对象数组与基本数据类型数组的比较

为了对比，使用 int 类型作为基本数据类型的代表，使用 User 类作为引用类型的代表，下面分别对创建、分配空间、赋值和遍历过程进行比较。

① 创建数组对象

int 类型数组：int days[];
User 类型数组：User users[];

② 为数组分配空间

days = new int[5];
users = new User[5];

分配空间之后,days 中 5 个元素的默认值均为 0,Users 中 5 个元素的值均为 null。

③ 为数组元素赋值

days 的 5 个单元中存储整数本身,users 的 5 个单元中存储对象引用。为 int 数组 days 的元素赋值直接使用整数,为 User 数组 users 的元素赋值需要把它指向对象实例。

```
days[0] = 20;
days[2] = 30;
users[0] = new User();
User user = new User();
users[3] = user;
```

都可以在定义的时候赋值:

```
int days[] = {20,30,50,10,8};
User users[] = {new User(),user,new User(),new User(),new User()};
```

④ 对数组进行遍历

对 days 进行遍历:

```
for(int i = 0;i < days.length;i++){
    System.out.println(days[i]);
}
```

对 users 进行遍历:

```
for(int i = 0;i < users.length;i++){
    System.out.println(users[i].username);
}
```

⑤ 在内存中存储的对比

基本数据类型的数组和引用类型的数组在内存中的存储的对比如图 3.2 所示。

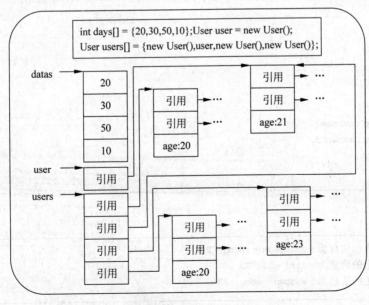

图 3.2　基本数据类型和引用类型的对比

【例3.14】 对象数组：创建用户数组，为数组中的用户赋值信息，然后输出所有用户信息。

```java
package example3_14;

public class UserArrayTest {

    public static void main(String[] args) {
        //创建对象数组
        User users[] = new User[3];
        //创建数组的第 1 个元素
        users[0] = new User();
        users[0].username = "zhangsan";
        users[0].password = "zhang";
        users[0].age = 20;

        //创建数组的第 2 个元素
        users[1] = new User();
        users[1].username = "lisi";
        users[1].password = "li";
        users[1].age = 25;

        //创建数组的第 3 个元素
        users[2] = new User();
        users[2].username = "wangwu";
        users[2].password = "wang";
        users[2].age = 23;

        //输出所有用户信息
        for (int i = 0; i < users.length; i++) {
            System.out.println("第" + (i + 1) + "个学生的信息为：" + users[i].username
                + " - " + users[i].password + " - " + users[i].age);
        }

    }

}

class User {
    String username;
    String password;
    int age;
}
```

运行结果：

```
第 1 个学生的信息为：zhangsan - zhang - 20
第 2 个学生的信息为：lisi - li - 25
第 3 个学生的信息为：wangwu - wang - 23
```

二维对象数组的用法没有特殊的地方,与二维基本数据类型的数组基本相同,有区别的地方是对数组元素的处理上面,对二维对象数组元素的处理与一维对象数组中元素的处理方式相同。

3.4.2　实例：使用 Student 数组实现学生信息管理系统

包括 3 个类：学生类 Student 表示学生信息,学生管理类 StudentManager 完成学生的增删改查具体操作,Client 完成各种操作的输入输出并调用 StudentManager 的方法完成具体功能。

【例 3.15】　使用数组实现学生信息管理系统。

```java
学生类 Student:
package example3_15;

public class Student {
    private String sid;
    private String sname;
    private int age;

    … //set 方法和 get 方法

    public Student() {
    }

    public Student(String sid, String sname, int age) {
        this.sid = sid;
        this.sname = sname;
        this.age = age;
    }

    /*
     * 把对象转换为字符串
     */
    public String toString() {
        //return sid + " - " + sname + " - " + String.valueOf(age);
        StringBuffer sb = new StringBuffer();
        sb.append(sid);
        sb.append(" - ");
        sb.append(sname);
        sb.append(" - ");
        sb.append(age);
        return sb.toString();
    }
}
学生管理类 StudentManager:
package example3_15;

public class StudentManager {
```

```java
//使用数组来表示学生信息
private Student[] students;
//表示学生数量
private int count = 0;

public Student[] getStudents() {
    Student[] s = new Student[count];
    System.arraycopy(students, 0, s, 0, count);
    return s;
}

public StudentManager() {
    students = new Student[100];
}

public Student findById(String sid) {
    for (int i = 0; i < count; i++) {
        if (students[i].getSid().equals(sid)) {
            return students[i];
        }
    }
    return null;
}

public boolean deleteStudent(String sid) {
    Student temp = findById(sid);
    if (temp == null) {
        return false;
    } else {
        int index = find(temp);
        for (int i = index; i < count - 1; i++) {
            students[i] = students[i + 1];
        }
        students[count - 1] = null;  //释放掉最后 1 个引用
        count--;
        return true;
    }
}

public boolean addStudent(Student student) {
    if (find(student) > -1) {
        return false;
    } else {
        students[count] = student;
        count++;
        return true;
    }
}
```

```java
    public boolean updateStudent(Student student) {
        int index = find(student);
        if (index == -1) {
            return false;
        } else {
            students[index] = student;
            return true;
        }
    }

    /*
     * 判断一个学生对象是否存在,如果存在,返回下标;如果不存在,返回-1
     */
    private int find(Student student) {
        for (int i = 0; i < count; i++) {
            if (students[i].getSid().equals(student.getSid())) {
                return i;
            }
        }
        return -1;
    }
}
```
客户端类 Client:
```java
package example3_15;

import java.util.Scanner;
import static java.lang.System.out;

public class Client {
    private StudentManager manager = new StudentManager();
    Scanner in = new Scanner(System.in);

    public static void main(String[] args) {
        Client client = new Client();
        while (true) {
            client.printMenu();
            String select = client.in.next();
            int temp = Integer.parseInt(select);
            switch (temp) {
            case 0:
                out.println("Bye");
                return;
            case 1:
                client.addStudent();
                break;
            case 2:
                client.editStudent();
                break;
            case 3:
                client.deleteStudent();
```

```java
                    break;
                case 4:
                    client.findStudent();
                    break;
                case 5:
                    client.showAll();
                    break;
            }
        }
    }

    public void showAll() {
        Student[] s = manager.getStudents();
        if(s.length == 0)
            out.println("没有学生!");
        else
            for (int i = 0; i < s.length; i++) {
                out.println(s[i].toString());
            }
    }

    public void printMenu() {
        out.println("1 添加学生; ");
        out.println("2 修改学生; ");
        out.println("3 删除学生; ");
        out.println("4 查找学生; ");
        out.println("5 显示所有学生; ");
        out.println("0 退出");
    }

    public void addStudent() {
        out.println("请输入学生信息: ");
        out.println("请输入学号: ");
        String sid = in.nextLine();
        if(sid == null || sid.length() == 0)
            sid = in.nextLine();
        out.println("请输入姓名: ");
        String sname = in.nextLine();
        out.println("请输入年龄: ");
        String sage = in.nextLine();
        int age = Integer.parseInt(sage);
        //把字符串转换为数字
        Student student = new Student(sid,sname,age);
        if (manager.addStudent(student)) {
            out.println("添加成功!");
        } else {
            out.println("学生已经存在!");
        }
    }
```

```java
    public void deleteStudent() {
        out.println("输入要删除的学生的学号：");
        String sid = in.next();
        if (manager.deleteStudent(sid)) {
            out.println("删除成功!");
        } else {
            out.println("学生不存在!");
        }
    }
    public void findStudent(){
        out.println("输入要查找的学生的学号：");
        String sid = in.next();
        Student student = manager.findById(sid);
        if (student == null) {
            out.println("学生不存在!");
        } else {
            out.println(student.toString());
        }
    }
    public void editStudent(){
        out.println("输入要修改的学生的学号：");
        String sid = in.next();
        Student student = manager.findById(sid);
        if (student == null) {
            out.println("学生不存在!");
        } else {
            out.println("学生信息为：" + student.toString());
            out.println("请输入修改后的名字：");
            String sname = in.nextLine();
            if(sname == null || sname.length() == 0)
                sname = in.nextLine();
            out.println("请输入修改后的年龄：");
            String sage = in.nextLine();
            int age = Integer.parseInt(sage);
            student.setSname(sname);
            student.setAge(age);
            manager.updateStudent(student);
            out.println("学生信息修改成功!");
        }
    }
}
```

代码中的 toString 方法的作用是把对象以字符串的形式描述出来，注释掉的那一行使用字符串连接操作把各个属性连接起来形成字符串，采用这种方式的效率比较低，因为每次连接都会生成一个新的字符串对象。使用 StringBuffer 效率更高一些，参见 3.5.2 节。

代码中需要注意的几个地方如下：

- 方法 find 查找学生对象是否存在，访问控制符是 private，因为这个方法是供内部使用的。

- 添加学生和修改学生的方法使用参数类型是 Student，也可以使用 3 个参数分别表示学号、姓名和年龄，但是使用对象作为参数更符合面向对象的编程。而删除学生的方法使用参数是学号，这时候使用 Student 也可以，按照面向对象的方式应该使用 Student 作为参数，但是删除的时候只需要学号，这样写起来更简单，习惯上使用学号作为参数。
- 在删除方法中的代码 students[count－1]＝null 非常有用，students[count－1]是一个引用，指向了一个实例，如果赋值为 null，将不再指向那个实例，如果再没有其他对象引用指向这个实例，系统的垃圾回收机制会释放这个对象占用的空间。
- getStudents 方法中使用了 System.arrayCopy 方法把学生数组中的有效部分返回，而不是整个数组。

3.5　String、StringBuffer 和 StringBuilder

在任何编程语言中，字符串都是最常用的对象，信息输入多是采用字符串的形式，信息输出也都是采用字符串的形式。Java 中提供了 String、StringBuffer 和 StringBuilder 来表示字符串，在这些类中提供了很多对字符串进行操作的方法。

3.5.1　String 类

String 是比较特殊的数据类型，它不属于基本数据类型，但是可以和使用基本数据类型一样直接赋值，不使用 new 关键字进行实例化。也可以像其他类型一样使用关键字 new 进行实例化。下面的代码都是合法的：

```
String s1 = "this is a string!";
String s2 = new String("this is another string!");
```

建议采用第一种方式。如果使用第二种方式，"this is another string!"本身是一个字符串常量，会占用空间，new String(…)又创建了一个字符串实例。

【例 3.16】　String 的用法。

```
Package example3_16;

public class StringTest {

    public static void main(String[] args) {
        String s1 = "test";
        String s2 = "test";
        String s3 = new String("test");
        String s4 = new String("test");

        System.out.println(s1 == s2);
        System.out.println(s3 == s4);
    }

}
```

运行结果：

```
true
false
```

运行结果表明 s1 和 s2 指向了相同的对象，而 s3 和 s4 指向了两个完全不同的对象。

另外在使用 String 的时候不需要用 import 语句导入，还可以使用"＋"这样的运算符。如果想把字符串连接起来，可以使用"＋"完成。例如：s1＋s2。

String 的一些常用方法如下。为了说明方法，方法中使用的示例字符串为 str＝"this is a test！"；。

1. 求长度

方法定义：public int length()。

方法描述：获取字符串中字符的个数。

例如：

str.length()

返回：

15

2. 获取字符串中的字符

方法定义：public char charAt(int index)。

方法描述：获取字符串中的第 index 个字符，从 0 开始。

例如：

str.charAt(3)

返回：

s

【注意】 从 0 开始，3 表示第 4 个字符。

【例 3.17】 String 用法：统计数字出现的次数。

```java
package example3_17;

import java.util.Scanner;

public class StringCount {

    public static void main(String[] args) {
        Scanner in = new Scanner(System.in);
        String str = in.next();
        int count = 0;
        for(int i = 0;i < str.length();i++){
            char temp = str.charAt(i);
            if(temp >= '0' && temp <= '9'){
```

```
                count++;
            }
        }
        System.out.println(str + "中出现的数字个数为：" + count);
    }
}
```

3. 取子串

取子串有两种形式。

• 形式1

方法定义：public String substring(int beginIndex,int endIndex)。

方法描述：获取从 beginIndex 开始到 endIndex 结束的子串，包括 beginIndex，不包括 endIndex。

例如：

str.substring(1,4)

返回：

his

• 形式2

方法定义：public String substring(int beginIndex)

方法描述：获取从 beginIndex 开始到结束的子串。

例如：

str.substring(5)

返回：

is a test!

4. 定位字符或者字符串

有 4 种形式。

• 形式1

方法定义：public int indexOf(int ch)

方法描述：定位参数所指定的字符在字符串中第一次出现的位置。

例如：

str.indexOf('i')

结果：

2

• 形式2

方法定义：public int indexOf(int ch,int index)

方法描述：从 index 开始定位参数所指定的字符。

例如：

str.indexOf('i',4)

结果：

5

- 形式 3

方法定义：public int indexOf(String str)

方法描述：定位参数所指定的字符串。

例如：

str.indexOf("is")

结果：

2

- 形式 4

方法定义：public int indexOf(String str,int index)

方法描述：从 index 开始定位 str 所指定的字符串。

例如：

str.indexOf("is",6)

结果：

-1 表示没有找到

另外在 String 中还提供了 4 个从后向前查找的方法，方法名为 lastIndexOf，4 种参数和 indexOf 的 4 种参数相同。

【例 3.18】 String 的用法：从日期字符串中提取年、月、日。

```
package example3_18;

public class StringDate {

    public static void main(String[] args) {
        StringDate test = new StringDate();
        String str = "2012 - 10 - 4";
        test.print(str);
    }

    public void print(String date){
        int index1 = date.indexOf('-');
        int index2 = date.lastIndexOf('-');
        String year = date.substring(0,index1);
        String month = date.substring(index1 + 1,index2);
```

```
            String day = date.substring(index2 + 1);
            System.out.println(year);
            System.out.println(month);
            System.out.println(day);
        }
    }
```

5. 替换字符和字符串

有 3 种形式。

- 形式 1

方法定义：public String replace(char c1,char c2)

方法描述：把字符串中的字符 c1 替换成字符 c2。

例如：

str.replace('i','I')

结果：

thIs Is a test!

- 形式 2

方法定义：public String replaceAll(String s1,String s2)

方法描述：把字符串中出现的所有的 s1 替换成 s2。

例如：

replaceAll("is","IS")

结果：

thIS IS a test!

- 形式 3

方法定义：public String replaceFirst(String s1,String s2)

方法描述：把字符串中的第一个 s1 替换成 s2。

例如：

replaceFirst("is","IS")

结果：

thIS is a test!

【例 3.19】 String 用法：替换字符串中的非法字符。

```
package example3_19;

public class StringReplace {

    public static void main(String[] args) {
```

```
            StringReplace test = new StringReplace();
            String str = "他是一个大坏蛋,总是做一些大坏蛋才做的事情";
            str = test.replace(str);
            System.out.println(str);
        }
        /*
         * 把字符串中出现的"坏蛋"替换为"*"
         */
        public String replace(String str){
            return str.replaceAll("坏蛋","*");
        }
    }
```

6. 比较字符串内容

两种形式。

- 形式 1

方法定义:public boolean equals(Object o)

方法描述:比较是否与参数相同,区分大小写。

例如:

str.equals("this")

结果:

false

- 形式 2

方法定义:public boolean equalsIgnoreCase(Object o)

方法描述:比较是否与参数相同,不区分大小写。

例如:

str.equalsIgnoreCase("this")

结果:

false

【例 3.20】 String 用法:模拟登录功能:当用户名为"zhangsan",口令为"wangwu"的时候表示登录成功。

```
package example3_20;

import java.util.Scanner;

public class StringLogin {
    public static void main(String[] args) {
        Scanner in = new Scanner(System.in);
```

```java
            System.out.println("请输入用户名和口令: ");
            String username = in.next();
            String password = in.next();
            if(username.equals("zhangsan") && password.equals("wangwu")){
                System.out.println("登录成功!");
            }else{
                System.out.println("登录失败!");
            }
        }
    }
```

equals 方法用于判断两个字符串的内容是否相同,在比较两个 int 类型的变量是否相等的时候可以使用==,比较两个字符串内容是否相同能否使用==呢?通过下面的例子来看看两者的区别。

【例 3.21】 String 用法:equals 和==的比较。

```java
package example3_21;

public class StringEquals {

    public static void main(String[] args) {
        String s1 = "test";
        String s2 = "test";
        String s3 = new String("test");
        String s4 = new String("test");

        System.out.println("s1 == s2: " + (s1 == s2));
        System.out.println("s1.equals(s2): " + s1.equals(s2));
        System.out.println("s3 == s4: " + (s3 == s4));
        System.out.println("s3.equals(s4): " + s3.equals(s4));

    }

}
```

运行结果:

```
s1 == s2: true
s1.equals(s2): true
s3 == s4: false
s3.equals(s4): true
```

s1 和 s2 指向了同一个字符串实例,所以不管内容还是地址都相同。s3 和 s4 指向了不同的实例,但是它们的内容相同,所以使用"=="结果为 false,使用 equals 结果为 true。"=="比较两个对象引用是否指向了同一个对象,equals 比较两个对象的内容是否相同。

7. 大小写转换

把字符串中的小写转换成大写或者把字符串中的大写转换成小写。

- 转换成大写

方法定义：public String toUpperCase()

方法描述：把字符串中的所有字符都转换成大写。

例如：

```
str.toUpperCase()
```

结果：

```
THIS IS A TEST!
```

- 转换成小写

方法定义：public String toLowerCase()

方法描述：把字符串中的所有字符都转换成小写。

例如：

```
str.toLowerCase()
```

结果：

```
this is a test!
```

8. 前缀和后缀

判断字符串是否以指定的参数开始或者结尾。

- 判断前缀

方法定义：public boolean startsWith(String prefix)

方法描述：字符串是否以参数指定的子串为前缀。

例如：

```
str.startsWith("this")
```

结果：

```
true
```

- 判断后缀

方法定义：public boolean endsWith(String suffix)

方法描述：字符串是否以参数指定的子串为后缀。

例如：

```
str.endsWith("this")
```

结果：

false

【例3.22】 String用法：字符串数组中的每个元素是人名，统计有多少个姓张的人。

```
package example3_22;

public class StringStartsWith {

    public static void main(String[] args) {
        String names[] = {"张三","里斯","张晓","刘帅","张小虎"};
        int count = 0;
        for(int i = 0;i < names.length;i++){
            if(names[i].startsWith("张")){
                count++;
            }
        }
        System.out.println("姓张的人数是：" + count);
    }

}
```

9. trim

去掉字符串前后的空白。例如，用户在注册的时候不小心在后面输入了空格，如果把这个空格按照正常内容存储，用户在登录的时候会因为不知道这个空格而没有办法登录。这时候就应该把字符串后面的空白去掉。

10. split

按照特定的分隔符把字符串转换为字符串数组，例如字符串中包含了用户 ID、用户名、口令和年龄等信息，这些信息中间使用特定分隔符分隔，使用 split 方法可以非常方便地得到各个部分。

方法定义：public String[] split(String reg)

方法描述：参数是1个字符串，返回值是1个字符串数组，是从参数中解析出来的。

【例3.23】 String 的用法：从字符串中提取信息。字符串的格式：0001-zhangsan-1班-20。

```
package example3_23;

public class StringSplit {

    public static void main(String[] args) {
        String str = "0001 - zhangsan - 1 班 - 20";
        new StringSplit().print(str);
    }

    public void print(String str){
        String strs[] = str.split(" - ");
```

```
            System.out.println("学号: " + strs[0]);
            System.out.println("姓名: " + strs[1]);
            System.out.println("班级: " + strs[2]);
            System.out.println("年龄: " + strs[3]);
        }
    }
```

运行结果：

```
学号：0001
姓名：zhangsan
班级：1班
年龄：20
```

11. 转换为字节数组

能够把字符串转换为字节数组，有 3 种形式。

- 形式 1

方法定义：public byte[] getBytes()

方法描述：以默认编码把字符串转换为字节数组。

- 形式 2

方法定义：public byte[] getBytes(Charset charset)

方法描述：按照指定的字符集把字符串转换为字节数组。

- 形式 3

方法定义：public byte[] getBytes(String charsetName)

方法描述：按照指定的字符集把字符串转换为字节数组。

【例 3.24】 String 用法：统计字符串占用字节数，一个中文字符占用两个字节，一个英文字符占用一个字节。

```
package example3_24;

public class StringBytes {

    public static void main(String[] args) {
        String str = "Java语言程序设计";
        byte bytes[] = str.getBytes();
        System.out.println(bytes.length);
    }

}
```

12. 与字符数组相互转换

能把字符串转换为字符数组，也可以把字符数组转换为字符串。

- 把字符串转换为字符数组

方法定义：public char[] toCharArray()
方法描述：把字符串转换为字符数组。
- 把字符数组转换为字符串

方法定义：public static String valueOf(char data[])
方法描述：把字符数组转换为字符串，这个方法是静态方法，直接通过类名调用。

【例 3.25】 String 用法：简单加密：ABCDEF…XYZ→CDEFGH…ZAB，字符串中只包含大小写字母。

```java
package example3_25;

public class StringEncry {

    public static void main(String[] args) {
        String str = "ThisIsAString";
        System.out.println(new StringEncry().encry(str));
    }

    public String encry(String str){
        char newStr[] = str.toCharArray();
        for(int i = 0;i < newStr.length;i++){
            if((newStr[i]>= 'A' && newStr[i]<= 'X') ||
                (newStr[i]>= 'a' && newStr[i]<= 'x')){
                newStr[i] = (char)(newStr[i] + 2);
            }else{
                newStr[i] = (char)(newStr[i] - 24);
            }
        }
        return String.valueOf(newStr);
    }

}
```

【注意】 String 本身是一个常量，一旦一个字符串创建了，它的内容是不能改变的，那么如何解释下面的代码：

s1 += s2;

这里并不是把字符串 s2 的内容添加到字符串 s1 的后面，而是新创建了一个字符串，内容是 s1 和 s2 的连接，然后把 s1 指向了新创建的这个字符串。如果一个字符串的内容经常需要变动，不应该使用 String，因为在变化的过程中实际上是不断创建对象的过程，这时候应该使用 StringBuffer。

3.5.2　StringBuffer

StringBuffer 也是字符串，与 String 不同的是，StringBuffer 对象创建完之后可以修改内容。下面对 StringBuffer 的常用方法进行介绍。

1. 构造方法

StringBuffer 具有如下构造方法：

- public StringBuffer(int);
- public StringBuffer(String);
- public StringBuffer();

第一种构造函数是创建指定大小的字符串，第二个构造函数是以给定的字符串创建 StringBuffer 对象，第三个构造函数是默认的构造函数，生成一个空的字符串。下面的代码分别生成了三个 StringBuffer 对象：

```
StringBuffer sb1 = new StringBuffer(50);
StringBuffer sb2 = new StringBuffer("字符串初始值");
StringBuffer sb3 = new StringBuffer();
```

2. 转换成字符串

方法定义：public Strnig toString();

方法描述：把 StringBuffer 的内容转换成 String 对象。

3. 在字符串后面追加内容

方法定义：

- public StringBuffer append(char c);
- public StringBuffer append(boolean b);
- public StringBuffer append(char[] str);
- public StringBuffer append(CharSequence str);
- public StringBuffer append(float f);
- public StringBuffer append(double d);
- public StringBuffer append(int i);
- public StringBuffer append(long l);
- public StringBuffer append(Object o);
- public StringBuffer append(String str);
- public StringBuffer append(StringBuffer sb);
- public StringBuffer append(char[] str,int offset,int len);
- public StringBuffer append(CharSequence str,int start,int end);

方法描述：在字符串后面追加信息。从上面的方法可以看出在 StringBuffer 后面可以添加任何对象。

【例 3.26】 StringBuffer 用法：动态构造字符串。

```
package example3_26;

public class StringBufferAppend {

    public static void main(String[] args) {
        StringBuffer sb1 = new StringBuffer();
        sb1.append('A');
        sb1.append(10);
```

```
            sb1.append("追加的字符串");
            sb1.append(new char[]{'1','2','3'});
            String str = sb1.toString();
            System.out.println(str);
        }
    }
```

运行结果:

```
A10 追加的字符串 123
```

4. 在字符串的某个特定位置添加内容

与 append 方法类似,可以添加各种对象和基本数据类型的变量,与 append 方法不同的是,insert 方法需要指出添加的位置,所以多了一个参数,这个参数表示要添加的位置。

方法定义:
- public StringBuffer insert(int offset,char c);
- public StringBuffer insert(int offset,boolean b);
- public StringBuffer insert(int offset,char[] str);
- public StringBuffer insert(int offset,CharSequence str);
- public StringBuffer insert(int offset,float f);
- public StringBuffer insert(int offset,double d);
- public StringBuffer insert(int offset,int i);
- public StringBuffer insert(int offset,long l);
- public StringBuffer insert(int offset,Object o);
- public StringBuffer insert(int offset,String str);
- public StringBuffer insert(int offset,char[] str,int offset,int len);
- public StringBuffer insert(int offset,CharSequence str,int start,int end);

方法描述:在字符串的某个位置添加信息。

【例 3.27】 StringBuffer 用法:在字符串中间添加内容。

```
package example3_27;

public class StrnigBufferInsert {

    public static void main(String[] args) {
        StringBuffer sb = new StringBuffer("This is a String!");
        sb.insert(4,"aa");
        System.out.println(sb.toString());
    }

}
```

运行结果：

```
Thisaa is a String!
```

5. StringBuffer 的长度和容量

length 方法用于获取字符串的长度，capacity 方法用于获取容量，两个不相等。

方法定义：
- public int length();
- public int capacity();

6. 删除某个字符

方法定义：

public StringBuffer deleteCharAt(int index);

方法描述：删除指定位置的字符，索引是从零开始的。

7. 删除某个子串

方法定义：

public StringBuffer delete(int start,int end);

方法描述：delete 方法用于删除字符串中的部分字符，第一个参数是删除的第一个字符，第二个参数是删除结束的地方，需要注意三点：字符串的第一个字符的索引"0"，第一个参数指定的字符会删除，但是第二个参数指定的字符不会删除。

【例 3.28】 StringBuffer 用法：删除字符、字符串。

```java
package example3_28;

public class StringBufferDelete {

    public static void main(String[] args) {
        StringBuffer sb = new StringBuffer("This is a string!");
        System.out.println("字符串的容量：" + sb.capacity());
        System.out.println("字符串的长度：" + sb.length());
        sb.deleteCharAt(0);
        System.out.println("删除第 0 个字符：" + sb.toString());
        sb.delete(4,6);
        System.out.println("删除第 4～6 字符：" + sb.toString());
    }
}
```

运行结果：

```
字符串的容量：33
字符串的长度：17
删除第 0 个字符：his is a string!
删除第 4～6 字符：his  a string!
```

8. 修改字符

方法定义：public void setCharAt(int index,char c)

方法描述：修改 index 指定位置的字符，修改为 c 指定的字符。

9. 替换字符串

方法定义：public StringBuffer replace(int start,int end,String str)

方法描述：先删除从 start 到 end 之间的字符，然后把 str 插入到相应位置。

【例 3.29】 StringBuffer 用法：修改字符串。

```
package example3_29;

public class StringBufferEdit {

    public static void main(String[] args) {
        StringBuffer sb = new StringBuffer("This is a string!");
        sb.setCharAt(8,'A');      //把 a 替换为 A
        System.out.println(sb.toString());
        sb.replace(10,16,"int");
        System.out.println(sb.toString());
    }

}
```

运行结果：

```
This is A string!
This is A int!
```

10. 获取字符串中的字符

方法定义：

public char charAt(int)

方法描述：charAt(int)方法用来获取指定位置的字符，参数指出位置。

11. 获取字符串中的子串

方法定义：

- public String substring(int start)：从 start 开始到结束的子串。
- public String substring(int start,int end)：从 start 开始到 end 结束的子串。
- public CharSequence subSquence(int start,int end)：从 start 开始到 end 结束的子串。

方法描述：用于获取字符串的子串，第一个方法有一个参数，用于指定开始位置，获取的子串是从该位置开始到字符串的结束，第二个方法有两个参数，第一个指定开始位置，第二个指定结束位置，与 delete 方法中的参数用法基本相同，包含第一个，不包含第二个。第三个方法含义相同。

12. 查找字符或者子串

方法定义：

- public int indexOf(String str)：查找字符串 str 出现的位置。

- public int indexOf(String str,int from)：从 from 指定的位置开始查找 str 出现的位置。
- public int lastIndexOf(String str)：从后向前查找 str 出现的位置。
- public int lastIndexOf(String str,int from)：从 from 指定的位置开始，从后向前查找。

获取子串、获取字符串中的字符和查找特定字符串，这些方法的用法与 String 类中相应方法的用法类似，这里不再举例。

3.5.3 StringBuilder

与 StringBuffer 的用法基本相同，因为它支持所有相同的操作，但由于 StringBuilder 不执行同步，所以速度更快。

但是如果将 StringBuilder 的实例用于多个线程是不安全的。如果需要同步，建议使用 StringBuffer。

3.5.4 String 与基本数据类型之间的转换

不管采用什么方式，用户输入的数据都是以字符串的形式存在的，但是在处理的过程中可能需要把输入信息作为数字或者字符来使用，另外不管信息以什么方式存储，最终都必须以字符串的形式展示给用户，所以需要各种数据类型与字符串类型之间的转换。

字符串与基本数据类型（主要是数字）之间的转换基本相同，下面以 int 为代表介绍字符串与基本数据类型之间的转换。

1. 从字符串转换成 int 类型

Integer 类中提供了多种能够把字符串转换为 int 类型的方法：

- public static int parseInt(String str)：按照十进制把表示数字的字符串 str 转换为整数。
- public static int parseInt(String str,int redix)：按照 redix 指定的进制把 str 转换为整数。
- public static int valueOf(String str)：按照十进制把表示数字的字符串 str 转换为整数。
- public static int valueOf(String str,int redix)：按照 redix 指定的进制把 str 转换为整数，radix 最小为 2，最大为 36。

valueOf 方法实现的时候调用了 parseInt 方法，所以使用前两种即可。

【例 3.30】 把字符串转换为数字。

```
package example3_30;

public class StringToInt {

    public static void main(String[] args) {
        String str = "123";
        int i1 = Integer.parseInt(str);         //按照十进制转换
        int i2 = Integer.parseInt(str,4);       //按照四进制转换
        int i3 = Integer.parseInt(str,16);      //按照十六进制转换
```

```
            System.out.println("十进制: " + i1);
            System.out.println("四进制: " + i2);
            System.out.println("十六进制: " + i3);
        }
    }
```

运行结果:

```
10 进制: 123
 4 进制: 27
16 进制: 291
```

2. 从其他基本数据类型向字符串转换

String 的 valueOf 方法能够把数字转换为字符串,转换为十进制的字符串,它在实现的时候调用了 Integer 的 toString 方法,所以直接使用 Integer 的方法即可。在 Integer 中提供了多个方法把数字转换为字符串。

- public String toBinaryString(int a): 转换为二进制字符串。
- public String toOctalString(int a): 转换为八进制字符串。
- public String toHexString(int a): 转换为十六进制字符串。
- public String toString(int a): 转换为十进制字符串。
- public String toString (int a,int radix): 转换为 radix 指定的进制, radix 最小为 2, 最大为 36。

【例 3.31】 把数字转换为字符串。

```
package example3_31;

public class IntToString {
    public static void main(String[] args) {
        int a = 123;
        String str1 = String.valueOf(a);
        String str2 = Integer.toBinaryString(a);   //转换为二进制字符串
        String str3 = Integer.toOctalString(a);    //转换为八进制字符串
        String str4 = Integer.toHexString(a);      //转换为十六进制字符串
        String str5 = Integer.toString(a);         //转换为十进制字符串
        String str6 = Integer.toString(a,4);       //转换为 N 进制
        System.out.println("十进制" + str1);
        System.out.println("二进制" + str2);
        System.out.println("八进制" + str3);
        System.out.println("十六进制" + str4);
        System.out.println("十进制" + str5);
        System.out.println("四进制" + str6);
    }
}
```

运行结果：

```
十进制 123
二进制 1111011
八进制 173
十六进制 7b
十进制 123
四进制 1323
```

其他对象向字符串转换可以使用每个对象的 toString()方法,所有对象都有 toString()方法,如果该方法不满足要求,可以重新实现该方法。

【注意】 在把字符串转换成数字的时候可能会产生异常,所以需要对异常进行处理。

3.6 常用工具

Java 中提供了很多工具类,灵活使用这些类能够提高使用 Java 语言编写程序的效率,下面对 Java 中提供的最常用的工具类进行介绍。

3.6.1 Math

Math 类封装了一些基本运算方法,还包括进行三角运算的正弦、余弦、正切、余切相关的方法。例如,求正弦的 sin,求余弦的 cos 等,如果使用的话可以参考 JDK。

下面的方法是经常要使用的:

(1) 求最大值,可以用于求 int 类型、long 类型、float 类型、double 类型的最大值,下面是求两个整数中最大值的方法:

public static int max(int a, int b);

(2) 求最小值,与求最大值基本相同:

public static int min(int a, int b);

(3) 求绝对值:

public static int abs(int a)

(4) 四舍五入的方法:

public static int round(float a)
public static long round(double d)

(5) 计算幂:

public static double pow(double a, double b)

(6) 求下限值:

public static double floor(double d)

(7) 求上限值：

public static double ceil(double d)

(8) 求平方根：

public static double sqrt(double d)

这些方法的含义非常明确，不再详细介绍，通过例子看其作用。这些方法都是静态方法，通过类名调用即可。

【例 3.32】 Math 类基本用法。

```
package example3_32;

public class MathTest {

    public static void main(String[] args) {
        double d1 = 5.7;
        double d2 = 12.3;
        double d3 = -5;

        System.out.println(d1 + "和" + d2 + "的最大值为：" + Math.max(d1,d2));
        System.out.println(d1 + "和" + d2 + "的最小值为：" + Math.min(d1,d2));
        System.out.println(d3 + "的绝对值为：" + Math.abs(d3));
        System.out.println(d2 + "四舍五入之后为：" + Math.round(d2));
        System.out.println(d2 + "的 2 次幂为：" + Math.pow(d2,2));
        System.out.println(d2 + "的下限为：" + Math.floor(d2));
        System.out.println(d2 + "的上限为：" + Math.ceil(d2));
        System.out.println(d2 + "的平方根为：" + Math.sqrt(d2));
    }

}
```

运行结果：

```
5.7 和 12.3 的最大值为：12.3
5.7 和 12.3 的最小值为：5.7
-5.0 的绝对值为：5.0
12.3 四舍五入之后为：12
12.3 的 2 次幂为：151.29000000000002
12.3 的下限为：12.0
12.3 的上限为：13.0
12.3 的平方根为：3.5071355833500366
```

(9) 获取一个随机数：

如果可以直接使用下面的方法：

方法定义：public static double random();

方法描述：返回一个 0 到 1 之间的随机数，返回值大于等于 0，小于 1。

【例 3.33】 使用 Math 的随机数方法生成 60~100 之间的随机数。

```
package example3_33;

public class MathRandom {

    public static void main(String[] args) {
        int min = 60;
        int max = 101;
        int random;
        random = min + (int) ((max - min) * (Math.random()));
        System.out.println(random);
    }

}
```

在 Math 类中还提供了两个常量：PI 和 E。

3.6.2 Random

Math 的 random 方法生成 0~1 之间的伪随机数。Random 类可以使用 48 位长的种子数来生成随机数。

Random 提供了两个构造方法：
- Random()：使用系统时间作为种子数来生成随机数。
- Random(long seed)：使用指定的种子数生成随机数。

主要方法及功能描述下：
- boolean nextBoolean()：返回下一个伪随机数，它是从此随机数生成器的序列中取出的、均匀分布的 boolean 值。
- void nextBytes(byte[] bytes)：生成随机字节并将其置于用户提供的字节数组中。
- double nextDouble()：返回下一个伪随机数，它是从此随机数生成器的序列中取出的、在 0.0 和 1.0 之间均匀分布的 double 值。
- float nextFloat()：返回下一个伪随机数，它是从此随机数生成器的序列中取出的、在 0.0 和 1.0 之间均匀分布的 float 值。
- double nextGaussian()：返回下一个伪随机数，它是从此随机数生成器的序列中取出的、呈高斯分布的 double 值，其平均值是 0.0，标准偏差是 1.0。
- int nextInt()：返回下一个伪随机数，它是此随机数生成器的序列中均匀分布的 int 值。
- int nextInt(int n)：返回一个伪随机数，它是从此随机数生成器的序列中取出的、在 0(包括)和指定值(不包括)之间均匀分布的 int 值。
- long nextLong()：返回下一个伪随机数，它是从此随机数生成器的序列中取出的、均匀分布的 long 值。
- void setSeed(long seed)：使用单个 long 种子设置此随机数生成器的种子。

我们根据需要来得到随机数。

3.6.3 实例:模拟抽奖

假设有一个抽奖活动,有 100 个人参与,从这 100 个人中随机产生 5 位幸运星。

【例 3.34】 Random 的用法:从 100 个人中随机产生 5 位幸运星。

```java
package example3_34;

import java.util.Arrays;
import java.util.Date;
import java.util.Random;

public class RandomTest {

    public static void main(String[] args) {
        //表示 100 个人
        String users[] = new String[100];
        //为 100 个用户设置名字
        for (int i = 0; i < users.length; i++) {
            users[i] = "用户" + (i + 1);
        }
        //表示中奖人数
        int count = 0;
        //表示中奖人员
        int number[] = new int[5];
        Arrays.fill(number, -1);
        //使用随机数生成 5 个中奖名单
        Random r = new Random(new Date().getTime());
        while (count < 5) {
            int temp = r.nextInt(100);
            //避免重复中奖
            boolean find = false;
            for (int i = 0; i < number.length; i++) {
                if (number[i] == -1)
                    break;
                if (number[i] == temp) {
                    find = true;
                    break;
                }
            }
            if (!find) {
                number[count] = temp;
                count++;
            }
        }
        //输出中奖人员
        System.out.println("中奖名单如下:");
        Arrays.sort(number);
        for (int i = 0; i < number.length; i++) {
```

```
            System.out.println(users[number[i]]);
        }
    }
}
```

运行结果每次都不一样。程序中使用了 Date 类,将在 3.6.5 节中详细介绍。

3.6.4 NumberFormat 和 DecimalFormat

在很多情况下需要对输出的信息进行格式化,尤其是当输入的内容为数字的时候,需要按照特定的格式进行输出。另外,对运行的结果可能需要进行特殊的处理,例如结果只保留小数点后两位。对数字进行格式化可以使用下面的两个类:

- java.text.DecimalFormat
- java.text.NumberFormat

NumberFormat 是抽象类,使用 DecimalFormat 完成格式化。通常使用 DecimalFormat 的构造方法来生成格式,例如:

```
NumberFormat nf = new DecimalFormat("0.00");
```

"0.00"表示数字的格式为小数点后保留两位,如果整数部分为 0,0 不能省略,小数点后如果是 0 也不能省略。下面是 3 个转换的例子:

10.374→10.37
10.301→10.30
0.301→0.30

在格式中另外还有一个符号"♯",表示一位数字,如果是 0 不显示。下面的例子使用了"♯"号,并且整数部分每 3 位中间使用","隔开。

```
NumberFormat nf2 = new DecimalFormat("♯♯♯,♯♯♯,♯♯♯.♯♯");
```

下面的例子使用两种不同的格式对 float 类型变量进行格式化。

【例 3.35】 使用 DecimalFormat 对数字进行格式化。

```
package example3_35;

import java.text.DecimalFormat;
import java.text.NumberFormat;

public class NumberFormatTest {

    public static void main(String[] args) {
        //要格式化的数字
        double a = 1234567.7014;
        //构造一种格式
        NumberFormat nf2 = new DecimalFormat("♯♯♯,♯♯♯,♯♯♯.♯♯");
        //构造一种格式
```

```
        NumberFormat nf = new DecimalFormat("0.00");
        //使用第一种格式进行格式化
        String f1 = nf.format(a);
        //使用第二种格式进行格式化
        String f2 = nf2.format(a);
        //输出原来的内容
        System.out.println("原来的格式:" + a);
        //输出第一种格式化的结果
        System.out.println("使用 0.00 进行格式化:" + f1);
        //输出第二种格式化的结果
        System.out.println("使用＃＃＃,＃＃＃,＃＃＃.＃＃进行格式化:" + f2);
    }
}
```

运行结果:

```
原来的格式:1234567.7014
使用 0.00 进行格式化:1234567.70
使用＃＃＃,＃＃＃,＃＃＃.＃＃进行格式化:1,234,567.7
```

3.6.5 Date 和 Calendar

在 Java 应用中,日期和时间作为基本的信息类型应用特别广泛,例如获取当前时间,计算某些操作执行的时间等。日期处理相关的类包括 Date 和 Calendar,通过 Date 和 Calendar 可以获取当前时间,对时间进行一些运算,获取时间中的年、月、日、时、分、秒和星期等信息。在输入和输出的时候经常用到字符串形式的时间,这就需要时间和字符串之间的相互转换,系统提供了 DateFormat 和 SimpleDateFormat 来完成该转换。

1. java.util.Date 类

用于表示日期和时间,要获取当前时间,可以使用下面的代码。

【例 3.36】 Date 用法:显示当前系统的时间。

```
package example3_36;

import java.util.Date;

public class DateTest {

    public static void main(String[] args) {
        //定义时间对象
        Date d = new Date();
        //按照默认格式输出时间
        System.out.println(d.toString());
    }

}
```

运行结果：

```
Fri Oct 05 23:59:15 CST 2012
```

如果想按照特定的格式进行输出，可以按照下面的方法来完成，但在现在的版本中建议不要使用。

【例 3.37】 Date 用法：按照特定格式输出时间。

```java
package example3_37;

import java.util.Date;

public class DateTest2 {

    public static void main(String[] args) {
        //定义时间对象
        Date d = new Date();
        //获取年
        int year = d.getYear() + 1900;
        //获取月
        int month = d.getMonth() + 1;
        //获取日
        int date = d.getDate();
        //获取时
        int hour = d.getHours();
        //获取分
        int minute = d.getMinutes();
        //获取秒
        int second = d.getSeconds();
        //构造输出字符串
        System.out.println(year + " - " + month + " - " + date + " " + hour + ":"
                + minute + ":" + second);
    }

}
```

如果想根据年月日来确定一个 Date 对象，可以先创建一个对象，然后使用 setter 方法来完成，例如：setYear(int)、setMonth(int) 等，当然这些方法也是不建议使用。如果想对时间进行比较灵活的处理可以使用 DateFormat 和 SimpleDateFormat。

Date 中提供的其他几个有用的方法如下。
- boolean after(Date date)：判断是否在参数指定的时间之后。
- boolean before(Date date)：判断是否在参数指定的时间之前。
- int compareTo(Date date)：判断与参数指定的时间的关系，如果早于参数指定的时间返回 -1，如果相等返回 0，如果晚于参数指定的时间返回 1。

2. java.util.Calendar 类

Calendar 中提供了很多对时间中年、月、日、时、分、秒以及星期进行操作的方法，如果想对时间进行比较详细的操作可以使用 Calendar。

该类也是抽象类,使用的时候需要使用 getInstance 获取实例然后再操作,并且该方法可以获取与特定时区相对应的实例,如果不指定参数,获取的就是默认的时间。下面的代码用于获取当前的时间:

```
Calendar c1 = Calendar.getInstance();
```

要想获取时间中具体的年月日时分秒或者其他信息,通过 get 方法完成,方法的参数用来指定获取什么信息,例如要获取年月日可以通过下面的代码来完成:

```
year = c1.get(Calendar.YEAR);
month = c1.get(Calendar.MONTH) + 1;
date = c1.get(Calendar.DATE);
```

要对时间中的某一项修改,使用 set 方法,方法的定义如下:

```
public void set(int field, int value)
```

第一个参数指定修改的项,第二个参数表示修改后的值,例如把年份修改成 2003:

```
c1.set(Calendar.YEAR, 2003);
```

如果要同时修改年月日,可以使用下面的方法:

```
public void set(int year, int month, int date)
```

参数分别表示年月日,下面是同时修改年月日的例子:

```
c1.set(2003,5,5);
```

【例 3.38】 Calendar 的用法:创建一个对象表示当前日期和时间。

```
package example3_38;

import java.util.Calendar;

public class CalanderTest {

    public static void main(String[] args) {
        //创建日期对象
        Calendar c1 = Calendar.getInstance();
        //修改年月日时分秒
        c1.set(2012,10,6,00,11,30);
    }

}
```

Date 对象和 Calendar 对象之间可以相互转换,下面是相应的例子。

【例 3.39】 Date 和 Calendar 相互转换。

```
package example3_39;

import java.util.Calendar;
```

```java
import java.util.Date;

public class DateCalendar {

    public static void main(String[] args) {
        //创建对象表示当前时间
        Date d = new Date();
        //把 Date 转换为 Calendar 对象
        Calendar c = Calendar.getInstance();
        c.setTime(d);

        //创建 Calendar 对象
        Calendar c2 = Calendar.getInstance();
        //把 Calendar 对象转换成 Date 对象
        Date d2 = c2.getTime();
    }

}
```

其他方法的用法可以参考 JDK 的帮助文档。

3.6.6 DateFormat 和 SimpleDateFormat

DateFormat 是抽象类，SimpleDateFormat 是 DateFormat 的实现类。使用 DateFormat 可以把日期转换为特定格式的字符串，也可以把特定格式的字符串转换为日期对象，在实际应用系统中完成日期与字符串之间的转换。

在使用格式化的时候，可以使用系统提供的默认格式。分别为日期和时间设定了 4 种默认格式，这些默认格式与国家和语言有关。本书实例运行的环境采用的是简体中文。默认格式如下：

- SHORT 最短，表示日期：12-10-7。表示时间：上午 9:28。
- MEDIUM 较长，表示日期：2012-10-7。表示时间：9:28:29。
- LONG 更长，表示日期：2012 年 10 月 7 日。表示时间：上午 09 时 28 分 29 秒。
- FULL 最长，表示日期：2012 年 10 月 7 日星期日。表示时间：上午 09 时 28 分 29 秒 CST。

在使用的时候首先要创建 DateFormat 实例，然后再对日期进行格式化。例如获取最短日期格式的方法是：

DateFormat shortDate = DateFormat.getDateInstance(DateFormat.SHORT);

获取较长时间的格式的方法是：

DateFormat midiumTime = DateFormat.getTimeInstance(DateFormat.MEDIUM);

也可以在时间格式中同时使用日期和时间，分别选择日期和时间的格式即可：

DateFormat.getDateTimeInstance(DateFormat.MEDIUM,DateFormat.MEDIUM);

第一个参数表示日期的格式,第二个参数表示时间的格式。

要格式化时间使用 DateFormat 提供的 format 方法进行格式化。

【例 3.40】 使用 DateFormat 对日期和时间进行格式化。

```java
package example3_40;

import java.text.DateFormat;
import java.util.Date;

public class DateFormatTest1 {

    public static void main(String[] args) {
        Date date = new Date();
        DateFormat shortDate = DateFormat.getDateInstance(DateFormat.SHORT);
        DateFormat midiumDate = DateFormat.getDateInstance(DateFormat.MEDIUM);
        DateFormat longDate = DateFormat.getDateInstance(DateFormat.LONG);
        DateFormat fullDate = DateFormat.getDateInstance(DateFormat.FULL);

        DateFormat shortTime = DateFormat.getTimeInstance(DateFormat.SHORT);
        DateFormat midiumTime = DateFormat.getTimeInstance(DateFormat.MEDIUM);
        DateFormat longTime = DateFormat.getTimeInstance(DateFormat.LONG);
        DateFormat fullTime = DateFormat.getTimeInstance(DateFormat.FULL);

        DateFormat dateTime = DateFormat.getDateTimeInstance(DateFormat.MEDIUM,
                DateFormat.MEDIUM);

        System.out.println(shortDate.format(date));
        System.out.println(midiumDate.format(date));
        System.out.println(longDate.format(date));
        System.out.println(fullDate.format(date));
        System.out.println(shortTime.format(date));
        System.out.println(midiumTime.format(date));
        System.out.println(longTime.format(date));
        System.out.println(fullTime.format(date));
        System.out.println(dateTime.format(date));
    }

}
```

运行结果:

```
12-10-7
2012-10-7
2012年10月7日
2012年10月7日 星期日
上午9:28
9:28:29
上午09时28分29秒
上午09时28分29秒 CST
2012-10-7 9:28:29
```

这些格式与默认的地区和语言有关系,在创建 DateFormat 对象的时候可以指出 Locale 对象(表示语言和地区)。

如果系统提供的这些默认格式满足不了要求,可以自定义格式。SimpleDateFormat 提供了构造方法可以指定格式：

SimpleDateFormat(String pattern)

在格式字符串中可以使用字母来表示,特定的字母表示特定的含义,例如 y 表示年。表 3.3 列出了这些字母及含义。

表 3.3　日期时间格式化时候用的标志

字母	含义	例子
G	Era 标志符	AD
y	年	1996；96
M	年中的月份	July；Jul；07
w	年中的周数	27
W	月份中的周数	2
D	年中的天数	189
d	月份中的天数	10
F	月份中的星期	2
E	星期中的天数	Tuesday；Tue
a	Am/pm 标记	PM
H	一天中的小时数(0~23)	0
k	一天中的小时数(1~24)	24
K	am/pm 中的小时数(0~11)	0
h	am/pm 中的小时数(1~12)	12
m	小时中的分钟数	30
s	分钟中的秒数	55
S	毫秒数	978
z	时区	Pacific Standard Time；PST；GMT-08：00
Z	时区	－0800

【注意】　实例的部分结果与运行环境有关：包括时区、语言和国家的设置。

【例 3.41】　SimpleDateFormat 用法：按照"2012 年 10 月 07 日 08 点 59 分 25 秒"的格式输出时间。

```
package example_41;

import java.text.DateFormat;
import java.text.SimpleDateFormat;
import java.util.Date;

public class DateFormatTest2 {
    public static void main(String[] args) {
        //创建时间对象
```

```
            Date d = new Date();
            //创建时间格式化对象
            DateFormat df = new SimpleDateFormat("yyyy年 MM月 dd日 hh点 mm分 ss秒");
            //对时间进行格式化
            String str = df.format(d);
            //输出格式化后的时间
            System.out.println(str);
        }
    }
```

运行结果:

```
2012年10月07日 08点59分25秒
```

格式中 yyyy 表示年份,可以写 2 位,MM 表示月份,可以写 1 位,dd 表示日,可以写 1 位,hh 表示小时,mm 表示分钟(注意大小写),ss 表示秒。

【注意】 DateFormat 和 SimpleDateFormat 在 java.text 包中,使用的时候需要引入。

要想把一个日期字符串转换成一个时间,例如把"2006-2-6"转换成日期,可以使用 DateFormat 的 parse 方法,方法定义如下:

Date parse(String str) throws ParseException

参数是表示日期的字符串,格式一定要与 DateFormat 中设定的格式相同。在转换的时候需要进行异常处理,因为在转换的时候可能会产生异常。关于异常处理的详细内容将在第 5 章介绍。

【例 3.42】 SimpleDateFormat 的用法:把表示日期的字符串转换为日期。

```java
package example3_42;

import java.text.DateFormat;
import java.text.SimpleDateFormat;
import java.util.Date;

public class DateParseTest {
    public static void main(String[] args) {
        //定义日期字符串
        String dateStr = "2012-10-6";
        //定义日期字符串的格式
        DateFormat df2 = new SimpleDateFormat("yyyy-MM-dd");
        //声明日期对象
        Date d2;
        try {
            //把日期字符串转换成日期
            d2 = df2.parse(dateStr);
            System.out.println(df2.format(d2));
```

```
            }
            catch (Exception ex) {
            }
        }
    }
```

3.6.7 MessageFormat

MessageFormat 是对文本信息进行格式化,如果文本信息中包含变量,可以通过 MessageFormat 对文本信息中包含的变量赋值。例如"{0}的长度应该在{1}和{2}之间!"表示某个信息的长度应该在某个范围之内,如果不在这个范围内,可以提示用户,这里面的信息和长度使用了{0}、{1}、{2},表示这里需要变量,在运行的时候就可以使用常量来替换这些变量。

【例 3.43】 使用 MessageFormat 对文本格式化。

```java
package example3_43;

import java.text.MessageFormat;

public class TextFormat {

    public static void main(String[] args) {
        //模拟验证时候的通用提示信息
        String info = "{0}的长度应该在{1}和{2}之间!";
        //格式化字符串
        String userInfo = MessageFormat.format(info,"用户名",6,10);
        String passInfo = MessageFormat.format(info,"口令",8,20);
        System.out.println(userInfo);
        System.out.println(passInfo);
    }

}
```

运行结果:

```
用户名的长度应该在 6 和 10 之间!
口令的长度应该在 8 和 20 之间!
```

这里使用了 MessageFormat 的静态方法 format 对信息进行格式化,用到了可变参数的方法。如果要进行多次格式化,可以创建 MessageFormat 的对象,类似于 DateFormat 和 NumberFormat 的方法。

字符串中使用的变量使用{}加上数字来表示,可以使用的格式有:

- {参数索引}

- {参数索引,格式化类型}
- {参数索引,格式化类型,具体格式}

参数索引表示第几个参数,从 0 开始。格式化类型可以选择 number、date、time 和 choice,前 3 个分别表示对数字、日期和时间的格式化,choice 通常是根据参数的值动态改变生成内容。

具体格式包括 short、medium、long、full、integer、currency、percent 和自定义模式(使用数字和日期格式化中使用的格式)。下面的例子展示了基本用法。

【例 3.44】 使用 MessageFormat 对字符串中的日期和数字进行格式化。

```java
package example3_44;

import java.text.MessageFormat;
import java.util.Date;

public class TextFormat2 {

    public static void main(String[] args) {
        String info = "在{0,date,medium} {0,time,medium}产生了输入异常";
        MessageFormat mf = new MessageFormat(info);
        Object params[] = new Object[]{new Date()};
        String result = mf.format(params);
        System.out.println(result);

        String info2 = "客流量比平时提高了{0,number,percent}";
        MessageFormat mf2 = new MessageFormat(info2);
        Object params2[] = new Object[]{0.34};
        String result2 = mf2.format(params2);
        System.out.println(result2);

        String info3 = "平均工资为: {0,number,#.##}";
        MessageFormat mf3 = new MessageFormat(info3);
        Object params3[] = new Object[]{3440.33434};
        String result3 = mf3.format(params3);
        System.out.println(result3);
    }

}
```

运行结果:

```
在 2012-10-7 22:26:51 产生了输入异常
客流量比平时提高了 34%
平均工资为: 3440.33
```

【注意】 在模式字符串中不能使用"{",使用两个单引号表示一个单引号。

3.6.8 System.out.printf 和 System.out.format

这两个方法是在 JDK 5 中开始提供的方法,类似于在 C 语言中的格式化输出,在输出的时候对输出的格式进行控制,例如对齐方式、保留多少位小数等。

格式化字符和数字采用下面的格式:

%[argument_index$][flags][width][.precision]conversion

argument_index 表示第几个变量,第 1 个变量使用 1 表示,第 2 个变量使用 2 表示,以此类推。width 是一个非负整数,表示输出的最小字符数。precision 是一个非负整数,来限制输出字符的个数。

格式化日期采用下面的格式:

%[argument_index$][flags][width]conversion

格式化输出的参数及含义如表 3.4 所示。

表 3.4 格式化输出的参数及含义

转换	参数类别	说明
'b','B'	常规	如果参数 arg 为 null,则结果为 "false"。如果 arg 是一个 boolean 值或 Boolean,则结果为 String.valueOf() 返回的字符串。否则结果为 "true"
'h','H'	常规	如果参数 arg 为 null,则结果为 "null"。否则,结果为调用 Integer.toHexString(arg.hashCode()) 得到的结果
's','S'	常规	如果参数 arg 为 null,则结果为 "null"。如果 arg 实现 Formattable,则调用 arg.formatTo。否则,结果为调用 arg.toString() 得到的结果
'c','C'	字符	结果是一个 Unicode 字符
'd'	整数	结果被格式化为十进制整数
'o'	整数	结果被格式化为八进制整数
'x','X'	整数	结果被格式化为十六进制整数
'e','E'	浮点	结果被格式化为用计算机科学记数法表示的十进制数
'f'	浮点	结果被格式化为十进制数
'g','G'	浮点	根据精度和舍入运算后的值,使用计算机科学记数形式或十进制格式对结果进行格式化
'a','A'	浮点	结果被格式化为带有效位数和指数的十六进制浮点数
't','T'	日期/时间	日期和时间转换字符的前缀。请参阅日期/时间转换
'%'	百分比	结果为字面值 '%'('\u0025')
'n'	行分隔符	结果为特定于平台的行分隔符

格式化日期的时候可以使用表 3.5 中的符号表示日期的各个组成部分。

表 3.5 日期格式化参数

符号	含义
'H'	24 小时制的小时,使用固定长度的两位数表示,即 00~23。00 对应午夜
'I'	12 小时制的小时,使用固定长度的两位数表示,即 01~12。01 对应于 1 点钟
'k'	24 小时制的小时,即 0~23。0 对应于午夜。使用固定长度的两位数表示

续表

符号	含义
'l'	12小时制的小时,即1~12。1对应于上午或下午的1点钟
'M'	小时中的分钟,使用固定长度的两位数表示,即00~59
'S'	分钟中的秒,使用固定长度的两位数表示,即00~60,60表示闰秒
'L'	秒中的毫秒,使用固定长度的三位数表示,即000~999
'N'	秒中的毫微秒,使用固定长度的9位数表示,即000000000~999999999。此值的精度受基础操作系统或硬件分析的限制
'p'	特定于语言环境的上午或下午标记以小写形式表示,例如"am"或"pm"。使用转换前缀'T'可以强行将此输出转换为大写形式
'z'	相对于GMT的RFC 822格式的数字时区偏移量,例如-0800
'Z'	表示时区的缩写形式的字符串
's'	从1970年1月1日00:00:00到现在所经过的秒数
'Q'	从1970年1月1日00:00:00到现在所经过的毫秒数
'B'	特定语言的完整月份名称,例如"January"
'b'	特定语言的月份简称,例如"Jan"
'h'	与'b'相同
'A'	特定语言的星期几的全称,例如"Sunday"
'a'	特定语言的星期几的简称,例如"Sun"
'C'	表示世纪(年份除以100),即00~99
'Y'	4位的年份
'y'	两位的年份
'j'	一年中的天数,使用固定长度的三位数表示
'm'	月份,使用固定长度的两位数表示,即01~13,13表示阴历所需的一个特殊值
'd'	一个月中的天数,使用固定长度的两位数表示,即01~31
'e'	一个月中的天数,1~31
'R'	包含小时和分钟的时间,相当于"%tH:%tM"
'T'	包含时分秒的时间,相当于"%tH:%tM:%tS"
'r'	包含时分秒以及上下午标志的时间,12小时制的时间,相当于 "%tI:%tM:%tS %Tp"。上午或下午标记('%Tp')的位置可能与地区有关
'D'	表示日期,相当于"%tm/%td/%ty"
'F'	表示日期,相当于"%tY-%tm-%td"
'c'	日期和时间,相当于"%ta %tb %td %tT %tZ %tY",例如"Sun Jul 20 16:17:00 EDT 1969"

【例3.45】 使用System.out.printf对数字、日期和字符串进行格式化。

```
package example3_45;

import java.util.Date;

public class OutputFormat {

    public static void main(String[] args) {
        System.out.printf("%10.3f\n",12323.3333);
        System.out.printf("%1$tY-%1$tm-%1$td\n",new Date());
```

```
            System.out.printf("%s的长度应该在%d和%d之间\n","用户名",6,12);
        }
}
```

更多格式化的内容可以参见 java.util.Formatter 类的帮助文档。

3.6.9 System

在之前的内容中使用过 System.out 进行输出,还使用过 System.in 来进行输入,还使用过 System.arraycopy 方法实现数组复制,就像我们用到过的这些功能一样,在 System 类中还提供了一些其他实用的功能。

1. 关于输入输出

System 中定义了 3 个静态成员。

- static PrintStream err：标准错误输出流。
- static InputStream in：标准输入流。
- static PrintStream out：标准输出流。

out 对象之前一直在用,另外在使用 Scanner 对象进行输入的时候使用了 in 输入流,err 表示错误流,与 out 输出流的用法类似。out 和 err 默认输出到控制台中,in 默认从键盘接收输入。可以通过 System 提供的方法来改变输入来源和输出的目的地,这些方法具体如下：

- static void setErr(PrintStream err)：重新设置标准错误输出流。
- static void setIn(InputStream in)：重新设置标准输入流。
- static void setOut(PrintStream out)：重新分配标准输出流。

2. 对系统属性进行访问和操作的方法

- static String clearProperty(String key)：删除参数指定的系统属性。
- static Properties getProperties()：获取当前系统的属性。
- static String getProperty(String key)：根据参数指定的名字获取系统属性。
- static String getProperty(String key,String def)：根据参数指定的名字获取系统属性,如果该属性不存在,返回第二个参数指定的默认值。
- static void setProperties(Properties props)：把参数指定的属性设置为系统属性。
- static String setProperty(String key,String value)：把参数指定的属性名和属性值设置为系统属性。

可以获得的系统属性如表 3.6 所示。

表 3.6 可以获取的属性

键	相关值的描述
java.version	Java 运行时环境版本
java.vendor	Java 运行时环境供应商
java.vendor.url	Java 供应商的 URL
java.home	Java 安装目录

续表

键	相关值的描述
java.vm.specification.version	Java 虚拟机规范版本
java.vm.specification.vendor	Java 虚拟机规范供应商
java.vm.specification.name	Java 虚拟机规范名称
java.vm.version	Java 虚拟机实现版本
java.vm.vendor	Java 虚拟机实现供应商
java.vm.name	Java 虚拟机实现名称
java.specification.version	Java 运行时环境规范版本
java.specification.vendor	Java 运行时环境规范供应商
java.specification.name	Java 运行时环境规范名称
java.class.version	Java 类格式版本号
java.class.path	Java 类路径
java.library.path	加载库时搜索的路径列表
java.io.tmpdir	默认的临时文件路径
java.compiler	要使用的 JIT 编译器的名称
java.ext.dirs	一个或多个扩展目录的路径
os.name	操作系统的名称
os.arch	操作系统的架构
os.version	操作系统的版本
file.separator	文件分隔符(在 UNIX 系统中是"/")
path.separator	路径分隔符(在 UNIX 系统中是":")
line.separator	行分隔符(在 UNIX 系统中是"/n")
user.name	用户的账户名称
user.home	用户的主目录
user.dir	用户的当前工作目录

【例 3.46】 使用 System 的方法获取系统的一些属性。

```java
package example3_46;

public class SystemProperties {

    public static void main(String[] args) {
        String jreVersion = System.getProperty("java.version");
        String operationSystem = System.getProperty("os.name");
        String userHome = System.getProperty("user.home");
        System.out.println("JRE 版本: " + jreVersion);
        System.out.println("操作系统名称: " + operationSystem);
        System.out.println("用户目录: " + userHome);
    }

}
```

运行结果：

```
JRE 版本：1.7.0_07
操作系统名称：Windows 7
用户目录：C:\Users\lixucheng
```

3. 对环境变量的访问
- static Map<String,String> getenv()：返回一个只读的当前系统环境变量。
- static String getenv(String name)：根据参数获取特定的环境变量值。

4. 其他的方法
- static long currentTimeMillis()：返回以毫秒为单位的当前时间。
- static long nanoTime()：返回最准确的可用系统计时器的当前值，以毫微秒为单位。
- static void exit(int status)：终止当前正在运行的 Java 虚拟机。
- static void gc()：运行垃圾回收器。
- static SecurityManager getSecurityManager()：得到安全管理器。
- static void setSecurityManager(SecurityManager s)：设置系统安全性。
- static void load(String filename)：从作为动态库的本地文件系统中以指定的文件名加载代码文件。
- static void loadLibrary(String libname)：加载由参数指定的系统库。
- static String mapLibraryName(String libname)：将一个库名称映射到特定于平台的、表示本机库的字符串中。
- static int identityHashCode(Object x)：返回给定对象的哈希码，该代码与默认的方法 hashCode() 返回的代码一样，无论给定对象的类是否重写 hashCode()。
- static Channel inheritedChannel()：返回从创建此 Java 虚拟机的实体中继承的信道。
- static void runFinalization()：运行处于挂起终止状态的所有对象的终止方法。

3.6.10 BigInteger 和 BigDecimal

如果要表示的数字超出了 Long 类型的表示范围，可以使用 BigInteger 表示。同样，如果浮点数超出了 Double 类型的表示范围，可以使用 BigDecimal 表示。

1. BigInteger

使用 BigInteger 表示整数之后，可以使用 BigInteger 进行常见的数学运算、位运算和移位运算。

1) 创建 BigInteger 对象

BigInteger 提供了大量的构造方法，下面的构造方式是把字符串作为参数，其他的构造方法读者可以参考帮助文档。

public BigInteger(String val)：把字符串表示数字序列转换为 BigInteger 对象。

2) 进行数学运算

public BigInteger add(BigInteger val)：加法运算。

public BigInteger subtract(BigInteger val)：减法运算。

public BigInteger multiply(BigInteger val):乘法运算。
public BigInteger divide(BigInteger val):除法运算。
public BigInteger remainder(BigInteger val):求余数。
public BigInteger mod(BigInteger m):求余数,总是返回非负数字。
public BigInteger[] divideAndRemainder(BigInteger val):返回数组,第一个元素是商,第二个元素是余数。
public BigInteger pow(int exponent):求一个数字的 n 次方。
public BigInteger min(BigInteger val):求最小值。
public BigInteger max(BigInteger val):求最大值。
public int compareTo(BigInteger val):与另外一个数字比较,返回值为-1、0 或 1,分别表示小于、等于和大于。
public BigInteger abs():求绝对值。

3) 进行位运算和移位运算

public BigInteger and(BigInteger val):返回与另外一个大数的按位与的结果。
public BigInteger not():返回按位取反的结果。
public BigInteger or(BigInteger val):返回按位或的结果。
public BigInteger shiftLeft(int n):返回左移 n 位的结果。
public BigInteger shiftRight(int n):返回右移 n 位的结果。

【例 3.47】 BigInteger 的使用。

```java
package example3_47;

import java.math.BigInteger;

public class BigIntegerTest {

    public static void main(String[] args) {
        String number1 = "1221313131413423234423424";
        String number2 = "2323232324232342";
        BigInteger n1 = new BigInteger(number1);
        BigInteger n2 = new BigInteger(number2);
        BigInteger n3 = n1.add(n2);
        BigInteger n4 = n1.pow(2);
        BigInteger n5 = n1.shiftLeft(2);

        System.out.println(n3);
        System.out.println(n4);
        System.out.println(n5);
    }

}
```

2. BigDecimal

BigDecimal 的用法与 BigInteger 类似,多数方法与 BigInteger 类似,这里不再列出,读者可以参见帮助文档。下面的例子展示了最基本的用法。

【例 3.48】 BigDecimal 的使用。

```java
package example3_48;

import java.math.BigDecimal;

public class BigDecimalTest {

    public static void main(String[] args) {
        BigDecimal b1 = new BigDecimal("1122132.2323324");
        BigDecimal b2 = new BigDecimal("2323233.3322323");
        BigDecimal b3 = b1.add(b2);
        System.out.println(b3);
    }

}
```

第 4 章 深入面向对象

通过第 3 章的学习,读者应该能够编写基本的类并使用一些基本的工具类,本章进一步介绍面向对象的高级特性,主要内容包括:
- 如何实现继承
- final 修饰符的使用
- abstract 的使用
- 接口的使用
- 向上转型和强制类型转换
- 多态性
- Object 和 Class 的使用
- 内部类的使用

4.1 实现继承

继承是对现实世界中继承的模拟,描述的是类之间的层次关系,子类具有父类的属性和方法,子类也可以再增加自己的属性和方法。下面介绍如何实现继承以及继承带来的其他特性。

4.1.1 实现继承

在 Java 中实现继承关系使用关键字 extends。

【语法格式 4.1】 继承基本语法格式:

```
修饰符 class 子类名 extends 父类名{
    //子类新增成员变量
    //子类新增成员方法
}
```

与普通类的定义的区别是:使用 extends 声明了父类,其他部分没有变化。

【例 4.1】 实现继承:定义图形类 Graphics,Graphics 包含表示位置信息的成员变量 x 和 y,分别表示横坐标和纵坐标。然后定义子类 Circle 继承 Graphics,在 Circle 中增加表示半径的 r。

类 Graphics：
```
package example4_1;

public class Graphics {
    private double x;      //表示横坐标
    private double y;      //表示纵坐标

    public Graphics() {
    }

    public Graphics(double x, double y) {
        this.x = x;
        this.y = y;
    }

    public double getX() {
        return x;
    }

    public void setX(double x) {
        this.x = x;
    }

    public double getY() {
        return y;
    }

    public void setY(double y) {
        this.y = y;
    }
}
```
类 Circle：
```
package example4_1;

public class Circle extends Graphics {
    private double r; //半径

    public double getR() {
        return r;
    }

    public void setR(double r) {
        this.r = r;
    }

    public Circle() {
    }

    public Circle(double x, double y, double r) {
```

```
            setX(x);
            setY(y);
            this.r = r;
        }
    }
```

通过继承子类可以得到在父类中定义的成员变量和成员方法,也就是继承之后,子类的成员包括从父类继承来的成员以及在子类中新定义的成员。在上面的例子中,Circle 除了具有成员变量 r 之外,还有成员变量 x 和 y,后者是从父类继承过来的。Cricle 中除了具有成员方法 setR 和 getR 之外,还有从父类继承过来的 setX、setY、getX 和 getY 等。

Java 中只支持单继承,一个类最多有一个父类。有些面向对象的语言支持多继承,一个类可以有多个父类。

如果一个类定义的时候没有指定父类,系统会把 Object 类设置为当前类的父类。也就是说,所有类都有父类,它的父类要么是 Object,要么是定义的时候声明的。但是有一个类例外,那就是 Object 类,它没有父类。

4.1.2 访问控制符

子类可以继承父类的所有成员变量和成员方法,但并不是所有类型的成员变量和成员方法都可以在子类中访问。在父类中定义的 private 类型的成员变量和成员方法在子类中是不能访问的。再看一下上面的例子中的构造方法:

```
public Circle(double x,double y,double r){
    setX(x);
    setY(y);
    this.r = r;
}
```

在这个构造方法中,对成员变量 r 直接赋值,但是对从父类继承过来的成员变量 x 和 y 则没有直接赋值,因为这里不能直接访问,因为 x 和 y 是 private 类型。那么在父类中定义的哪些类型的成员变量可以访问呢?

可以访问的成员变量与成员变量的访问控制符有关,成员变量的访问控制符包括 public、protected、缺省的和 private。

子类继承父类之后,可以访问从父类继承的 public 和 protected 类型的成员变量。如果子类和父类在同一个包中,子类还可以访问父类的缺省访问控制符修饰的成员变量。

【例 4.2】 访问控制符:Parent 类中分别定义了 4 种访问控制符修饰的成员变量,Child 类继承了 Parent 类。

```
类 Parent:
package example4_2;

public class Parent {
    public int i_public;
```

```
        int i_default;
        protected int i_protected;
        private int i_private;
    }
类 Child:
package example4_2;

public class Child extends Parent {
    private int i_child;

    public void print() {
        System.out.print(i_public);
        System.out.print(i_default);
        System.out.print(i_protected);
        System.out.print(i_private);    //不能访问
        System.out.print(i_child);
    }
}
```

在子类的 print 方法中能够直接访问从父类继承的 public 类型、protected 类型和缺省方式的成员变量,而不能访问继承自父类的 private 类型的成员变量。对于成员方法也是这样,不能访问继承自父类的 private 类型的成员方法。如果父类和子类不在同一个包,则继承自父类的缺省方式的访问控制符修饰的成员变量也不能访问。

对于继承自父类的私有类型的成员变量如何访问呢?可以在父类中提供公有类型的方法,然后在子类中访问父类中定义的公有类型方法。例如,可以在父类中添加 getI_private 方法:

```
public int getI_private(){
   return i_private;
}
```

然后在子类中可以通过 get 方法访问,例如:

```
System.out.print(getI_private());
```

下面通过例子详细分析访问控制符和相关的访问限制。

【例 4.3】 继承关系下的访问控制符:父类 A 包括 4 种类型的成员变量,有 print 方法和 main 方法。在同一个包中的子类 B 和不同包中的子类 C,都包含了 print 方法。D 和 E 分别是 A 的同包和非同包非子类。

```
类 A:
package example4_3;

public class A {
    public int i_public;
    protected int i_protected;
    int i_default;
```

```java
        private int i_private;

        public void f() {
            i_public = 10;            //(1)
            i_protected = 20;         //(2)
            i_default = 30;           //(3)
            i_private = 40;           //(4)
        }

        public static void main(String ar[]) {
            A a = new A();
            a.i_public = 10;          //(5)
            a.i_protected = 20;       //(6)
            a.i_default = 30;         //(7)
            a.i_private = 40;         //(8)
        }
    }
```
类 B：
```java
    package example4_3;

    public class B extends A {
        public void print() {
            i_public = 10;
            i_protected = 20;
            i_default = 30;
            //i_private = 40;                //不可以访问
        }

        public static void main(String ar[]) {
            A a = new A();
            a.i_public = 10;
            a.i_protected = 20;
            a.i_default = 30;
            //a.i_private = 40;              //不可以访问

            B b = new B();
            b.i_public = 10;
            b.i_protected = 20;
            b.i_default = 30;
            //b.i_private = 40;              //不可以访问
        }
    }
```
类 C：
```java
    package example4_3.b;

    import example4_3.A;

    public class C extends A {
        public void print() {
```

```
            i_public = 10;
            i_protected = 20;
            //i_default = 30;         //不可以访问
            //i_private = 40;         //不可以访问
        }

        public static void main(String ar[]) {
            A a = new A();
            a.i_public = 10;
            //a.i_protected = 20;      //不可以访问
            //a.i_default = 30;        //不可以访问
            //a.i_private = 40;        //不可以访问

            C c = new C();
            c.i_public = 10;
            c.i_protected = 20;
            //c.i_default = 30;        //不可以访问
            //c.i_private = 40;        //不可以访问
        }
    }
```
类 D：
```
package example4_3;

import example4_3.b.C;

public class D {
    public static void main(String ar[]) {
        A a = new A();
        a.i_public = 10;
        a.i_protected = 20;
        a.i_default = 30;
        //a.i_private = 40;            //不可以访问

        B b = new B();
        b.i_public = 10;
        b.i_protected = 20;
        b.i_default = 30;
        //b.i_private = 40;            //不可以访问

        C c = new C();
        c.i_public = 10;
        c.i_protected = 20;
        //c.i_default = 30;            //不可以访问
        //c.i_private = 40;            //不可以访问
    }
}
```
类 E：
```
package example4_3.b;

import example4_3.A;
```

```
import example4_3.B;

public class E {
    public static void main(String ar[]) {
        A a = new A();
        a.i_public = 10;
        //a.i_protected = 20;
        //a.i_default = 30;
        //a.i_private = 40;

        B b = new B();
        b.i_public = 10;
        //b.i_protected = 20;
        //b.i_default = 30;
        //b.i_private = 40;

        C c = new C();
        c.i_public = 10;
        //c.i_protected = 20;
        //c.i_default = 30;
        //c.i_private = 40;
    }
}
```

【注意】 上面代码中注释掉的代码是不能访问的。

这些访问控制类型可以用表 4.1 来简单表示。

表 4.1 访问控制符及其使用范围

	类自身	同包非子类	同包子类	非同包类非子类	非同包子类
public	OK	OK	OK	OK	OK
protected	OK	OK	OK		OK
缺省的	OK	OK	OK		
private	OK				

如果感觉表格麻烦,可以按照下面的方式记忆:
- 如果访问控制符是 public,在哪里都能访问;
- 如果访问控制符是 private,只有类自己访问;
- 如果访问控制符是 protected,非同包的非子类不能访问;
- 如果访问控制符是缺省的,不同包不能访问。

在具体应用中,通常把成员变量定义为 private 类型,如果成员变量是供外界访问的,可以提供 public 类型的 set 方法和 get 方法,如果希望在子类中使用某个成员变量,可以定义为 protected 类型,包访问类型用得不多,对于希望外界访问的方法定义为 public 类型的,不希望外界访问的方法定义为 private 类型。

4.1.3 定义与父类同名的成员变量

假设父类中定义了成员变量 a 并且在子类中能够直接访问,子类中又定义了成员变量 a,这样在子类中会有两个名字为 a 的成员变量,如何访问呢?

【例 4.4】 子类和父类具有同名的成员变量:Parent 中定义成员变量 a,Child 继承 Parent 同时定义成员变量 a。

```
类 Parent:
package example4_4;

public class Parent {
    public int a = 10;
}
类 Child:
package example4_4;

public class Child extends Parent{
    public int a = 20;
}
测试类 Test:
package example4_4;

public class Test {
    public static void main(String[] args) {
        Child child = new Child();
        System.out.println(child.a);
    }
}
```

运行结果为 20,说明这里访问的 a 是在子类中定义的成员变量 a。

如果想访问父类中定义的成员变量,如何访问呢?首先把 child 转换成 Parent 类型,然后再访问:

```
System.out.println(((Parent)child).a);
```

如何在 child 类中访问自己的成员和父类的成员呢?通过 super 来访问,例如下面的代码:

```
public int getParentA() {
    return super.a;
}

public int getChildA() {
    return a;
}
```

访问子类的成员变量可以使用 this,例如下面的代码:

```
public int getChildA() {
```

```
        return this.a;
    }
```

【注意】

(1) 从父类继承的成员变量,其访问控制符保持不变。

(2) 子类定义与父类同名的成员变量,并没有覆盖父类的成员变量,而是两个成员变量同时存在。

4.1.4 成员方法的继承与重写

子类可以继承父类的成员方法,但是有些成员方法受访问控制符的限制是不可见的,例如父类中定义的私有类型的成员方法对子类是不可见的。另外,如果子类和父类不同包,父类中缺省类型的成员方法也是不可见的。对于不可见的方法是不能直接访问的。

另外,子类可以重写来自于父类的方法,也就是重新实现父类的方法,重写之后将覆盖继承自父类的方法,在调用的时候起作用的是子类中定义的方法。这在很多时候是需要的,子类可以改变方法的具体实现。例如 4.1.1 节中的 Graphics 和 Circle,每种图形都可以计算面积和周长,但是圆的面积和周长有自己的计算方式,所以如果 Graphics 中定义了计算面积和周长的方法,Circle 中就需要重新实现这个方法。

要重新实现继承自父类的方法,首先要确定什么是相同的方法?相同的方法指的是:方法名相同、参数个数相同、参数类型相同、返回值类型相同。与参数的名字无关。

例如,下面的方法是相同的方法,尽管参数的名字不同:

```
public void setAge(int age){ … }
public void setAge(int sage){ … }
```

而下面的方法是不同的方法,它们的参数类型不同:

```
public void setAge(int age){ … }
public void setAge(String age){ … }
```

【注意】 子类在覆盖父类的方法的时候,不能修改返回值类型,不能缩小访问权限,下面的两种方式都是错误的。

【例 4.5】 方法覆盖。

```
父类 Parent:
package example4_5;

public class Parent {
    public int a;

    public int getA() {
        return a;
    }

}
子类 Child:
```

```
package example4_5;

public class Child extends Parent {
    public int a;

    protected int getA() {      //缩小了访问权限
        return a;
    }

    public String getA() {      //修改了返回值类型
        return String.valueOf(a);
    }

}
```

方法用于定义行为,方法的覆盖是子类修改了父类中该行为的实现方式。方法的覆盖与多态有关。

如果方法没有被覆盖,会直接继承;如果被覆盖,默认是在子类中的方法起作用。

【例 4.6】 方法继承。

```
类 Parent:
package example4_6;

public class Parent {
    public int a = 10;

    public int getA() {
        return a;
    }
}
类 Child:
package example4_6;

public class Child extends Parent {
    public int a = 20;

    public int getParentA() {
        return super.a;
    }

    public int getChildA() {
        return a;
    }
}
类 Test:
package example4_6;

public class Test {
```

```java
    public static void main(String args[]) {
        Child child = new Child();
        System.out.println(((Parent) child).a);
        System.out.println(child.getParentA());
        System.out.println(child.getChildA());
        System.out.println(child.getA());
    }
}
```

运行结果：

```
10
10
20
10
```

请注意最后一个，尽管子类继承了父类的 getA 方法，但是 getA 方法返回的是父类中声明的变量。

4.1.5 构造方法与继承

子类可以继承父类的方法，那么子类是否可以继承父类的构造方法呢？答案是：可以继承。但是子类不能覆盖父类的构造方法，请读者自己思考为什么。

在实例化子类的时候，会先调用父类的构造方法(对继承自父类的成员进行初始化)，默认情况下调用的是父类的无参数的构造方法，如果希望调用某个特定的构造方法，通过 super 关键字，super 后的括号中的信息决定了调用哪个构造方法。

如果父类中不存在子类要调用的构造方法，将会报错。调用父类构造方法的语句要放在第一行。

【例 4.7】 构造方法继承。

```
类 Parent：
package example4_7;

public class Parent {
    public String name;
    public int age;
    public String id;

    public Parent() {
    }

    public Parent(String id) {
        this.id = id;
    }

    public Parent(String id, String name) {
```

```java
        this(id);    //调用了有一个参数的构造方法
        this.name = name;
    }

    public Parent(String id,String name,int age) {
        this(id,name);
        this.age = age;
    }
}
```
类 Child:
```java
package example4_7;

public class Child extends Parent {
    String type;

    public Child() {
    }    //调用父类的无参数构造方法 Parent()

    public Child(String id) {    //仍然是调用父类的无参数的构造方法 Parent
        this.id = id;
    }

    public Child(String id,String name) {
        super(id,name);    //调用父类的有两个参数的构造方法 Parent(String id,String name)
    }

    public Child(String id,String name,int age) {
        super(id,name,age);
    }

    public Child(String id,String name,int age,String type) {
        super(id,name,age);
        this.type = type;
    }

    //采用不同方式创建 Child 对象
    public static void main(String args[]) {
        Child child1 = new Child();
        Child child2 = new Child("0001");
        Child child3 = new Child("0002","张三");
        Child child4 = new Child("0003","李四",30);
        Child child5 = new Child("0004","王五",33,"学生");
    }
}
```

【例 4.8】 子类调用父类构造方法：看看会有什么错误？

```
类 Animal:
package example4_8;

public class Animal {
    protected String id;

    public Animal(String id) {
        this.id = id;
    }
}
类 Dog:
package example4_8;

public class Dog extends Animal {
    protected String name;

    public Dog(String name) {
        this.name = name;
    }
}
```

Dog 类的构造方法会报错，因为没有明确地指出调用父类的哪个构造方法，默认调用父类的无参数的构造方法，但是父类没有提供无参数的构造方法，所以报错。

【例 4.9】 this 和 super 用法汇总。

```
类 Animal:
package example4_9;

public class Animal {
    protected String id;
    protected String name;

    public void setName(String newname) {
        //正常情况下,应该这样访问成员变量和成员方法
        name = newname;
        print("初始化名字");
    }

    public Animal(String id) {
        this.id = id;
    }

    public Animal(String id,String name) {
        //调用自己的构造方法,必须放在方法中的第一行
        this(id);
        this.name = name;
```

```java
    }

    public void print(String message) {
        System.out.println("Animal-------- " + message);
    }
}
```

类 Dog：

```java
package example4_9;

public class Dog extends Animal {
    public String name;
    public String x;

    public void setName(String name) {
        //调用自己的成员变量
        this.name = name;
        //调用自己的成员方法
        this.print("设置子类成员");
    }

    public void setParentName(String name) {
        //调用从父类继承过来的成员变量,如果父类和子类有同名成员变量,则必须通过这种方
        //式访问从父类继承过来的成员变量
        super.name = name;
        //调用从父类继承过来的成员方法,父类中定义的私有成员变量和方法是不能访问的
        super.setName(name);

        super.print("设置从父类继承过来的成员!");
    }

    public Dog(String id) {
        //调用父类的构造方法
        super(id);
    }

    public Dog(String id,String name) {
        //调用父类的构造方法,必须放在方法中的第一行
        super(id);
        this.name = name;
    }

    public void print(String message) {
        System.out.println("Dog-------- " + message);
    }
}
```

4.1.6 子类、父类成员的初始化顺序

父类中可能包含静态成员变量、非静态成员变量,子类会继承这些成员,并且可以添加自己的静态成员变量和非静态成员变量,这些变量的初始化顺序是什么样的呢?先看下面的代码。

【例 4.10】 子类父类成员的初始化顺序。

辅助类 MyClass:

```
public class MyClass {
    public MyClass(String temp) {
        System.out.println("实例化位置: " + temp);
    }
}
```

类 Parent:

```
package example4_10;

public class Parent {
    public static MyClass a = new MyClass("父类静态成员");
    public MyClass b = new MyClass("父类非静态成员");

    public Parent() {
        System.out.println("父类构造方法");
    }
}
```

类 Child:

```
package example4_10;

public class Child extends Parent {
    public static MyClass c = new MyClass("子类的静态成员");
    public MyClass d = new MyClass("子类的非静态成员");

    public Child() {
        System.out.println("子类的构造方法");
    }

    public static void main(String[] args) {
        Child c1 = new Child();
        System.out.println();
        Child c2 = new Child();
    }
}
```

运行结果：

```
实例化位置：父类静态成员
实例化位置：子类的静态成员
实例化位置：父类非静态成员
父类构造方法
实例化位置：子类的非静态成员
子类的构造方法

实例化位置：父类非静态成员
父类构造方法
实例化位置：子类的非静态成员
子类的构造方法
```

创建子类对象的时候初始化的顺序为：①先初始化静态成员，先父类的静态成员，然后子类的静态成员。②父类的非静态成员和构造方法，先非静态成员，然后构造方法。③子类的非静态成员和构造方法，先子类的非静态成员，然后子类的构造方法。④如果创建第二个实例，不再执行静态成员的初始化。

4.2 final 成员

final 表示最终，在 Java 中 final 有 4 种用法：
- 修饰局部变量，只能为局部变量赋值一次。
- 修饰成员变量，变量的值不能变化，相当于常量，只能赋值一次。
- 修饰成员方法，方法不能被子类覆盖。
- 修饰类，这个类是最终类，不能有子类。

4.2.1 final 修饰局部变量

在方法中定义变量的时候可以使用 final 修饰，这样该变量在方法中只能赋值一次，一旦赋值就不允许修改了。下面的方法中定义了 final 类型的局部变量：

```
public void f(){
    final int temp = 10;
    …    //其他处理代码
}
```

在具体应用中也可以把形参定义为 final 类型的，如果形参为 final 类型，在方法的实现中就不能修改形参的值了。例如下面的代码：

```
public void f(final String temp){
    //处理代码
}
```

在处理代码中是不能重新为 temp 赋值的，否则会编辑失败。

4.2.2 final 修饰成员变量

如果不允许属性值变化，可以使用 final 修饰。例如在 Circle 类中使用的圆周率可以定义为常量，格式如下：

public final double PI;

常量通常使用大写，实际上在 Math 类中已经定义了该常量 PI，可以直接使用。

既然 final 修饰的成员变量的值不能改变，什么时候给成员变量赋值呢？赋值方式有 3 种：

第 1 种：定义的时候赋值：

public final double PI = 3.14159;

第 2 种：采用初始化块赋值：

```
public final double PI;
{
    PI = 3.14159;
}
```

第 3 种：通过构造方法初始化：

```
public FinalField(double PI){
    this.PI = PI;
}
```

【注意】 3 种方式都可以，但是只能出现一种，并且必须出现一种。

3 种方式的区别：前两种方式下，所有对象的该常量值相同，第 3 种情况下，每个对象有自己的常量。通常使用第 3 种方式，如果采用第 1 种或者第 2 种方式，这时候应该定义成静态常量。

当 final 和 static 同时修饰成员变量的时候，这时候的常量相当于类的常量。赋值方式有两种：

第 1 种：定义的时候赋值：

public static final double PI = 3.14159;

第 2 种：通过静态初始化器赋值：

```
static {
    PI = 3.14159;
}
```

通常采用第 1 种方式。

在类中不能提供对常量值进行修改的方法。下面的代码在编译的时候会出错。

```
public void setPI(double pi){
    this.PI = pi;    // 不能为常量赋值
}
```

【例 4.11】 final 成员变量：汽车类 Car，包含品牌、颜色和价格等属性，其中品牌是常量。

```java
package example4_11;

public class Car {
    private final String BRAND;
    private String color;
    private double price;

    public String getColor() {
        return color;
    }

    public void setColor(String color) {
        this.color = color;
    }

    public double getPrice() {
        return price;
    }

    public void setPrice(double price) {
        this.price = price;
    }

    public String getBRAND() {
        return BRAND;
    }

    public Car(String brand) {
        this.BRAND = brand;
    }
}
```

【注意】 在这个类中没有对属性 BRAND 操作的 set 方法，是不允许的。

4.2.3 final 修饰方法

如果希望某个成员方法不被子类重写，可以使用 final 修饰方法，这样方法将不能被子类重写。

使用 final 修饰方法，把 final 放在返回值类型前面即可，例如：

```java
public final void print() {
    System.out.println("输出父类的信息");
}
```

如果父类的方法是 final 类型的，子类要重写父类的这个方法，将会报错。例如，下面的代码中子类试图修改父类的 print 方法，编译的时候将出错。

【例 4.12】 final 方法。

```
类 Parent:
package example4_12;

public class Parent {
    public final void print() {
        System.out.println("输出父类的信息");
    }
}
类 Child:
package example4_12;

public class Child extends Parent {
    public final void print() {      //这是错误代码
        System.out.println("输出子类的信息");
    }
}
```

4.2.4 final 修饰类

如果不希望某个类被继承，可以定义这个类为最终类，使用 final 修饰，final 修饰的类不能有子类。定义格式如下：

public final class 类名

例如：

```
public final class String{
   …
}
```

如果一个类试图继承 final 类，将会报错。例如，下面的代码就是错误的：

```
public class DigitalString extends String{
   …
}
```

前面用过很多次的 String 类和 Math 类都是 final 类型的类。如果一个类是 final 类，则不会有子类，所以它的成员方法也不会被重写，也可以认为方法都是 final 类型的。

4.3 abstract

abstract 可以修饰方法也可以修饰类，修饰方法的时候方法为抽象方法，修饰类的时候类为抽象类。

4.3.1 抽象方法

如果父类中方法的实现没有意义，或者无法实现，可以把方法定义成抽象的。例如，图形可以有一个名字为 draw 的方法，这个方法就应该是抽象的，因为不同类型的图形（圆、三角形、矩形)的画法是不同的,具体如何画留给子类来实现。同样求图形的面积和周长的方法也应该是抽象的,因为不同子类计算周长和面积的方法也不相同。

抽象方法使用 abstract 修饰,抽象方法没有方法体,只有方法定义。

【例 4.13】 定义抽象方法:画图、计算面积和周长。

```
public abstract void draw();
public abstract double area();
public abstract double circumference();
```

【注意】 抽象方法后面的分号不能省略。

抽象方法通常是在父类中声明,留给子类来实现的。

4.3.2 抽象类

抽象类是对某些类的进一步的抽象,交通工具就是一个典型的例子,交通工具是对汽车、轮船、火车、飞机等这些具体的交通工具类的抽象。

抽象类使用 abstract 修饰,例如:

```
public abstract class TransportVehicle{
    ...
}
```

有抽象方法的类一定要定义为抽象类,否则会编译失败。但是抽象类不一定有抽象方法,抽象类可以没有任何抽象方法。

抽象类通常都会有子类。子类在继承抽象类的时候要实现类中定义的所有的抽象方法,除非这个类是抽象类。也就是说,如果子类还是一个抽象类,抽象方法可以留给子类的子类去实现。

【注意】

(1) 不能使用抽象类创建对象实例。

(2) final 和 abstract 不能同时修饰类。下面的代码是错误的:

```
public final abstract class Class1{
    ...
}
```

因为 final 修饰的类不能有子类,而 abstract 修饰的类都会有子类,所以两者矛盾。

(3) 抽象类中可以全部是抽象方法,也可以全部是非抽象方法,也可以两者都有。

【例 4.14】 抽象类:编写表示图形的抽象类 Graphics、表示圆的类 Circle 和表示矩形的类 Rectangle。要求在 Graphics 类中定义 3 个抽象方法 draw、area 和 circumference,分别表示画图、计算面积和计算周长。Circle 类和 Rectangle 类继承自 Graphics,并实现 3 个抽象方法。

```
类 Graphics:
package example4_14;

public abstract class Graphics {
```

```java
    public abstract void draw();

    public abstract double area();

    public abstract double circumference();
}
```

类 Circle:
```java
package example4_14;

public class Circle extends Graphics {
    private double r;           //表示半径

    public Circle() {
    }

    public Circle(double r) {
        this.r = r;
    }

    public double getR() {
        return r;
    }

    public void draw() {
        System.out.println("画圆1!");
    }

    public double area() {
        return Math.PI * r * r;
    }

    public double circumference() {
        return Math.PI * r * 2;
    }
}
```

类 Rectangle:
```java
package example4_14;

public class Ranctangle extends Graphics {
    private double width;       //表示宽
    private double length;      //表示长

    public Ranctangle() {
    }

    public Ranctangle(double width, double length) {
        this.width = width;
        this.length = length;
    }
```

```java
    public double getWidth() {
        return width;
    }
    
    public double getLength() {
        return length;
    }
    
    public void draw() {
        System.out.println("画矩形!");
    }
    
    public double area() {
        return width * length;
    }
    
    public double circumference() {
        return width * 2 + length * 2;
    }
}
```

为了实现多态,经常会用到抽象类和抽象方法,多态将在后面介绍。

4.4 接 口

类是对相关对象的抽象,父类是对相关类的抽象,也可以认为是对更大范围的对象的抽象。而接口也是一种类型,接口是对相关或者不相关的类的行为(方法)的抽象,或者说是对更大范围的对象的行为的抽象,只关心方法,不关心数据。例如 CanFly 表示会飞,是对所有飞机、所有鸟和所有风筝等这些会飞的对象的抽象,也可以认为是对飞机类、鸟类和风筝类的飞的行为的抽象。

4.4.1 接口的定义

使用关键字 interface 定义接口,接口名字要满足标识符的命名规则,类名通常用名词,接口名通常用形容词,因为接口是对行为的抽象。

【语法格式 4.2】 接口定义的语法格式:

```
public interface MyInterface{
    …
}
```

接口中可以有成员变量和成员方法。成员变量必须是常量,并且默认的修饰符是 public final static,定义的时候可以省略。例如:

```
public final static int count = 30;
String name = "test";
```

第 2 行代码省略了修饰符,但修饰符仍然是 public static final。通常在接口中不定义成员变量。

接口中的方法都是抽象方法,并且修饰符是 public abstract,可以省略。

```
public abstract int getCount();
String getName();
```

第 2 行中省略了修饰符 abstract。

【例 4.15】 接口定义:CanFly。

```
package example4_15;

public interface CanFly {
    public void flying();

    public void start();

    public void land();
}
```

在 Java 的类库中定义了大量的接口,例如我们后面要介绍的 List、Map 和 Set 等。

接口还有一种作用就是实现多继承,有时候一个类需要继承两个类,但是在 Java 中不支持多继承,就没有办法实现了,这时候就可采用一个折中的方法,把其中一个类改写成接口,然后让子类继承一个类,再实现一个接口即可。

4.4.2 实现接口

使用 implements 关键字实现接口。

【语法格式 4.3】 类实现接口的基本语法格式:

```
[类的修饰符] class 类名 [extends 父类] implements 接口名{
    //类的成员以及对接口中方法的实现
}
```

【例 4.16】 接口实现:定义 Bird 类实现 CanFly 接口。

```
Bird 类:
package example4_16;

import example4_15.CanFly;

public class Bird implements CanFly {
    public void flying() {
        System.out.println("鸟在飞");
    }

    public void start() {
        System.out.println("鸟起飞");
    }
```

```
        public void land() {
            System.out.println("鸟降落");
        }
    }
```

接口能够定义对象引用,但是不能创建实例。用接口定义的对象引用通常指向实现了这个接口的类的实例。下面的代码显示了基本用法。

```
package example4_16;

import example4_15.CanFly;

public class Test {

    public static void main(String[] args) {
        CanFly canFly = new Bird();
        canFly.start();
        canFly.flying();
        canFly.land();
    }

}
```

运行结果:

```
鸟起飞
鸟在飞
鸟降落
```

类可以实现多个接口,多个接口名之间使用逗号隔开。例如:

public class A implements B,C{
    …
}

类在实现接口的时候要实现接口中定义的所有方法,除非这个类是抽象类。

【例 4.17】 实现接口:请指出下面代码中的错误。

```
接口 A:
package example4_17;

public interface A {
    public void print();
}
实现类 B:
package example4_17;
```

```
public class B implements A {
    private int a;

    public int getA() {
        return a;
    }
}
```

错误原因：没有实现接口中定义的方法 print，应该把类 B 修改为抽象类或者在类 B 中实现 print 方法。可以修改为：

```
package example4_17;

public abstract class B implements A {
    private int a;

    public int getA() {
        return a;
    }
}
```

或者

```
package example4_17;

public class B implements A {
    private int a;
    public void print() {
        system.out.print("子类实现");
    }
    public int getA() {
        return a;
    }
}
```

继承父类和实现接口可以同时出现，例如：

```
public calss A extends B implements C,D{
    …
}
```

A 继承了 B，同时实现了接口 C 和接口 D。

4.4.3 接口继承接口

类可以继承一个类，接口也可以继承接口，并且类之间的继承只能是单继承，而接口可以继承多个接口，多个接口之间使用逗号隔开。

```
public interface A extends B{
    …
}
```

4.4.4 接口和抽象类的区别

从名字、编写和继承的角度来介绍两者的区别。

从名字上来说：
- 接口是对行为(方法)的抽象,可以是多个不相干的类的行为的抽象,例如鸟和飞机会飞这样的行为,主要关注行为；
- 抽象类是对类的抽象,像交通工具,是对公交车、火车、轮船、飞机等具体交通工具的抽象,不仅关注行为(方法)而且关注数据(成员变量),本质上还是类型。

从编写的角度来说：
- 接口中的方法都是抽象方法,抽象类中的方法可以是非抽象的；
- 接口中的成员变量都是 final static 类型的,而抽象类中的成员变量可以是各种类型的；
- 定义接口的关键字是 interface,定义抽象类的关键字是 abstract class。

从继承的角度：
- 一个类可以实现多个接口,所以如果使用接口可以实现多继承；
- 一个类只能有一个父类,所以如果使用抽象类作为父类,只能实现单继承。

接口和类也有相同的地方：
- 都不能实例化对象,只能实例化继承抽象类的类或者实例化实现了接口的类；
- 都可以创建对象引用,分别指向派生类的实例或者接口实现者的实例。

在具体使用的时候可以把接口当成抽象类来使用。

4.5 向上转型和强制类型转换

在现实世界中有时候不需要考虑子类之间的区别而使用父类来描述子类,例如很多人喜欢养宠物,这里的宠物可能是猫,也可能是狗,这里我们只关心它是宠物。有时候又必须去考虑子类的特征。Java 程序中的父类和子类也具有这样的用法,用父类来描述子类相当于向上转型,把父类具体化就是强制类型转换。

4.5.1 向上转型

正常情况下,我们会定义某个类的对象引用,然后使用 new 实例化一个对象,再把这个引用指向该实例。例如：

```
Student student = new Student();
Dog dog    =   new Dog();
```

可以把父类的引用指向子类的实例,Student 是 Person 类的子类,Dog 类是 Animal 类的子类,例如：

```
Person person = new Student();
Animal animal = new Dog();
```

因为学生对象的类型是学生,也属于人类,同样狗对象属于狗类,也属于动物类。

可以把接口类型的引用指向实现该接口的类的实例，例如：

```
Picture picture = new Television();
```

Picture 是一个接口，Television 是一个具体实现。

【记住】 那条狗是一只动物，所以可以把狗的对象赋值给动物。

也可以直接把子类引用转换为父类引用，例如：

```
Dog dog = new Dog();
Animal animal = dog;
```

第 2 句把 animal 引用指向了 dog 引用指向的实例。

这就是向上转型，不仅仅是父类可以指向子类的对象，只要是祖先类都可以指向子类的实例。典型情况，Object 是所有类的祖先类，所以 Object 类型的对象引用可以指向任何对象。例如下面的代码：

```
Object o = new Dog();
```

4.5.2 方法的实参和方法返回值中使用子类实例

看下面的代码：

```
public class Manager{
    public void print(Animal animal){
        … //处理代码
    }
}
```

方法 print 需要一个参数，参数的类型是 Animal，如何调用这个方法呢？通常会编写下面的代码：

```
Manager manager = new Manager();
Animal animal = new Animal();
manager.print(animal);
```

根据上一节介绍的内容，可以把第 2 行代码改成：

```
Animal animal = new Dog();
```

这样是可以的，实际上传给方法 print 的是子类的实例。实际上还可以直接写成：

```
Manager manager = new Manager();
Dog dog = new Dog();
manager.print(dog);
```

不需要定义父类的引用，而直接使用子类的引用。极端的情况，可以把参数设置为 Object 类型。例如：

```
public Object print(Object o){
    … //处理代码
}
```

这个方法的参数是 Object 类型，返回值类型是 Object。因为参数类型是 Object，所以在调用这个方法的时候可以给它传递任何类型的参数，包括上面的 Dog 对象，只要是它的子孙类就可以了。

再看下面的方法：

```
public Object getValue(){
    return value;
}
```

value 可以是任何类型，Dog 实例，Animal 实例，Date 实例，Person 实例都可以。因为任何类都是 Object 的子孙类。

想想数据结构中的链表、队列等，它们的元素可以是各种类型，就可以使用这种方式，可以设置整数链表、Dog 链表，获取它的元素的时候，返回值的类型由元素类型决定，所以参数和返回值类型都应该设置为 Object。

【记住】 任何需要父类对象的地方都可以使用子类对象。

4.5.3　面向接口的编程

在软件工程中有一个关键思想就是"高内聚、低耦合"，尽量降低程序之间的关联，这样当程序的某一部分需要修改的时候，相关联的程序比较少，影响到的程序就比较少，对代码的改动就会比较小。

之前介绍的接口是对类的行为的抽象，方法没有具体实现，如果在程序中只使用接口而不使用具体的实现，当实现类发生变化的时候对程序就不会有影响。

如果对于面向接口编程的思想理解不了，可以记住如下基本做法：

- 在定义成员变量的时候，尽可能把成员变量的类型声明为父类类型或者接口的类型；
- 在定义方法的参数类型的时候，尽可能使用父类或者接口类型；
- 方法的返回值类型应该尽量使用父类或者接口类型。

4.5.4　强制类型转换和 ClassCastException

可以把父类引用指向子类对象，但是这样带来了其他问题。假设 Dog 有一个特殊的行为方法 f，如果把 Dog 实例赋值给了 Animal 引用，例如下面的代码：

```
Animal animal = new Dog();
```

通过 animal 对象如何访问 Dog 的 f 方法呢？直接写 animal.f()肯定不行，编译不能通过，因为 animal 没有方法 f()。如果希望访问 Dog 的 f 方法，这时候还需要把 animal 再转换成 Dog 才可以访问方法 f。能这样写吗？

```
Dog d = animal;
```

不能，编译的时候就会报错类型不匹配。应该使用下面的代码：

```
Dog d = (Dog)animal;
```

强制把 animal 转换成了 Dog，也就是把动物转换成了狗。这就是强制类型转换，把父类对象转换成子类对象(子类对象引用指向了父类对象)。能转换吗？我们知道这只动物确实是狗,所以可以转换。

再看下面的代码：

```
Animal animal = new Cat();
Dog d = (Dog)animal;
```

单从第2行看,与之前的代码没有区别。但是大家一看就知道有问题,因为代码想把猫转换成狗,这时候会报错的：ClassCastException,表示强制类型转换错误。

这种错误不是语法错误,所以能够编译通过,但是在运行的时候会出错。所以在进行强类型转换的时候,我们要确保能够转换,只有当父类指向的实例是某个子类的对象的时候才可以转换成该子类的对象。

在进行强制类型转换的时候不是必须转换为原来的类型,例如：

```
Object o = new Integer(10);
Integer i = (Integer)o;
```

o指向的是Integer对象,上面的代码把o强制转换为Integer对象,实际上也可以转换为i的父类,所以下面的用法也是正确的：

```
Object o = new Integer(10);
Number i = (Number)o;
```

Number类是Integer类的父类。

4.5.5 instanceof 操作符

如果不能确定当前对象是不是某个类的实例可以通过instanceof操作符进行判断。例如：

```
if(animal instanceof Dog)
  Dog d = (Dog)animal;
```

instanceof操作符用于判断某个对象是否是某个类型的对象。格式如下：

```
o instanceof C
```

o表示对象,C表示类型,如果o是C的对象,表达式返回true,否则返回false。下面的代码用于判断参数是否为整数：

```
public void f(Object o){
  if(o instanceof Integer){
    System.out.println("参数是整数!");
  }
}
```

【记住】 在进行强制类型转换的时候,如果这只动物是狗,才能把动物转换成狗。

使用instanceof的时候需要注意：

(1)在使用的时候,instanceof前面的类型是已知的(例如上面的例子中a的类型是Animal),instanceof后面的类型应该与声明变量使用的类型有关系,通常应该是子类。例如下面的代码：

```
Number x = 0;
System.out.println(x instanceof Integer);   //正确
System.out.println(x instanceof Number);    //正确
System.out.println(x instanceof Object);    //正确
System.out.println(x instanceof String);    //错误
```

第 1 行声明了 x 的类型是 Number。第 2 行判断 x 是不是 Integer 类型,是合法的,因为 Integer 是 Number 的子类。第 3 行是合法的,使用了 Number 类型本身。第 4 行也是合法的,因为 Object 是 Number 的祖先类,但一般不这样用。第 5 行是错误的,因为 String 类与 Number 类没有继承关系。实际上第 3 行和第 4 行的结果肯定是 true。有意义的是第 2 行。

(2) 在进行判断的时候指的是实例而不是引用,例如下面的代码将输出 false。

```
String tt = null;
System.out.println(tt instanceof String);
```

使用 String 定义了引用 tt,但是没有指向任何实例,所以要判断它是不是 String 的实例,返回值就是 false,因为它不是实例。

4.6 多 态 性

多态是面向对象的一个非常重要的特点,相同的代码在不同的时刻具有不同的形态。

4.6.1 动态联编

动态联编与静态联编相对应,静态联编是指在编译的时候就确定要执行的代码,也就是在运行前就确定知道要执行哪段代码。动态联编指的是程序在运行的时候,根据程序当前的状态决定执行哪段代码。例如下面的代码：

```
animal.speak();
```

在编译的时候并不能确定具体要执行的代码,而是根据 animal 所表示的对象来确定,animal 可能指向 Animal 对象,可能指向 Dog 对象(Animal 子类),可能指向 Cat 对象(Animal 的子类),animal 指向了哪个实例,将调用该实例的 speak 方法,而在编译的时候是不能确定 animal 指向了哪个实例的,只有在运行的时候才能确定。所以,这个过程称为动态联编。

4.6.2 多态性及实现多态的三个条件

首先看一个日常生活中的例子：乘坐公交车要买票,或者投币、或者刷卡、或者出示票证。

上车请买票针对所有的人,可以理解为父类。

请投币针对的是用现金买票的人,是乘客的一种,可以理解为子类。

买票有多种不同的实现方式,这就是多态。所有人都要买票,但是不同的人买票的方式不同。

在 Java 中,多态指的是:相同的对象引用、相同的方法名字,执行的是不同的方法。例如下面的代码:

```
Animal animal = new Dog();
animal.speak();
animal = new Cat();
animal.speak();
```

第 2 行和第 4 行代码完全相同,第 2 行调用的是 Dog 的 speak 方法,第 4 行调用的是 Cat 的 speak()方法。都是 animal 对象引用,同样是 speak 方法,而执行的却是不同的方法。

多态实现的条件:

(1) 存在继承关系:Dog 和 Cat 是子类,Animal 是父类。

(2) 方法重写:在父类中声明方法,在子类中覆盖方法。Animal 中声明 speak 方法,Dog 和 Cat 中重新实现 speak 方法。

(3) 把父类对象引用指向子类的实例,通过父类引用调用多态方法。

```
Animal a = new Dog();
a.speak();
```

4.6.3 实例:画图软件设计

【例 4.18】 多态性:定义抽象父类 Graphics,然后定义子类 Triangle 和 Circle,两个子类实现父类中定义的方法,然后定义测试类,在测试类中创建 Graphics 数组,但是赋值子类的实例,遍历数组。

```
抽象父类 Graphics:
package example4_18;

public abstract class Graphics {
    public abstract void paint();
}
子类 Triangle:
package example4_18;

public class Triangle extends Graphics {
    public void paint() {
        System.out.println("画了一个三角形!");
    }
}
子类 Circle:
package example4_18;

public class Circle extends Graphics {
    public void paint() {
        System.out.println("画了一个圆!");
    }
}
```

测试类 Test：
```java
package example4_18;

public class Test {

    public static void main(String[] args) {
        Graphics[] shapes = new Graphics[5];
        shapes[0] = new Circle();
        shapes[1] = new Circle();
        shapes[2] = new Triangle();
        shapes[3] = new Triangle();
        shapes[4] = new Triangle();

        for (int i = 0; i < shapes.length; i++) {
            Graphics temp = shapes[i];
            temp.paint();
        }
    }
}
```

运行结果：

```
画了一个圆！
画了一个圆！
画了一个三角形！
画了一个三角形！
画了一个三角形！
```

实例中的多态性分析：对于 temp.paint() 的调用，如果 temp 表示圆，则调用 Circle 的 paint 方法；如果 temp 表示三角形，则调用 Triangle 的 paint 方法，这就是多态。调用 Graphics 的方法 paint，执行的可能是 Circle 的 paint 方法，也可能是 Triang 的 paint 方法。

多态依赖于继承。通过父类引用调用某个方法，而具体执行哪个方法是由父类引用指向的实例决定的，而父类引用指向的肯定是某个子类的实例，指向哪个子类的实例，就调用哪个子类的方法。

4.7 Object 和 Class

Object 类是所有类的祖先类，定义了所有的类应该具有的基本方法。Class 对象表示类的定义信息，通过这个对象可以得到类名、属性、构造方法和其他方法的定义信息。

4.7.1 Object

类 Object 是类层次结构的根类。如果一个类在定义的时候没有声明父类，系统会把 Object 类作为父类，所以 Object 是所有类的祖先类。所有对象（包括数组）都实现这个类的方法。

主要方法如下。
- protected Object clone()：创建并返回此对象的一个副本,通过这种方式可以快速地创建一个该类的对象,然后根据需要可以修改对象的属性。
- boolean equals(Object obj)：用于判断当前对象和参数指定的对象是否相同,通常是比较两个对象的内容。
- protected void finalize()：当系统进行垃圾回收的时候,会调用这个方法,如果希望系统在对象被删除的时候完成一些操作,可以在这个方法中编写。
- Class<? extends Object> getClass()：得到对象所属的类型信息。
- int hashCode()：返回该对象的哈希码值,该方法在比较对象的时候非常有用,可以加快比较的速度。
- void notify()：在多线程环境下,如果有等待线程,可以唤醒在此对象监视器上等待的单个线程。
- void notifyAll()：与上面的方法类似,可以唤醒在此对象监视器上等待的所有线程。
- String toString()：把对象的信息转换成字符串,通常是把对象的多个属性值连接成字符串,在子类中通常会重新实现这个方法。该方法在之前的代码中已经使用过。
- void wait()：与 notify 和 notifyAll 方法结合使用,导致当前的线程等待,直到其他线程调用此对象的 notify()方法或 notifyAll()方法。notify 方法、notifyAll 方法和 wait 方法在多线程部分将会详细介绍。
- void wait(long timeout)：与上面的方法类似,导致当前的线程等待,直到其他线程调用此对象的 notify()方法或 notifyAll()方法,或者超过指定的时间。
- void wait(long timeout, int nanos)：与上面的方法类似,导致当前的线程等待,直到其他线程调用此对象的 notify()方法或 notifyAll()方法,或者其他某个线程中断当前线程,或者已超过某个指定时间。

4.7.2 Class

Class 表示类的定义信息,可以通过对象来获取 Class 对象,也可以直接通过类获取 Class 对象,Class 提供了很多方法可以得到各种具体的类定义信息。

得到 Class 对象的方式:

```
Class studentInfo = Student.class;
```

或者:

```
Student student = new Student();
Class studentInfo = student.getClass();
```

得到 Class 对象之后,可以通过 Class 对象获取关于类定义的各种信息,常用方法如下。
- getName()：得到类名,包含包的名字。
- getSimpleName()：得到类名,不包含包的名字。
- getPackage()：得到这个类所在的包,是 Package 对象,从中可以得到包的具体信息。
- getModifiers()：得到类的修饰符,使用整数表示,需要进一步判断才能知道访问控制符和其他修饰符,例如使用 Modifier.isPublic(int modifier),可以判断访问控制符是否为 public 类型。
- getFields()：得到所有属性，返回值类型是 Field 数组，只包含 public 类型的属性，每个属性使用 Field 表示，可以通过 Field 提供的方法得到属性的具体信息，包括名字、类型和修饰符等。这些属性包含继承自父类的属性。
- getMethods()：得到所有方法，类型是 Method 数组，只包含 public 类型的方法，每个方法使用 Method 表示，可以通过 Method 提供的方法得到方法的具体信息。这些方法包含继承自父类的方法。

关于 Class 的其他方法，读者可以查阅帮助文档。

【例 4.19】 Class 类的基本用法：显示 Student 类的定义信息，包括类名、包名、访问控制符、属性列表和方法列表。

```
package example4_19;

import java.lang.reflect.Field;
import java.lang.reflect.Method;
import java.lang.reflect.Modifier;

public class Student {
    private String sid;
    public String sname;

    public String getSid() {
        return sid;
    }

    public void setSid(String sid) {
        this.sid = sid;
    }

    public static void main(String[] args) {
        Student student = new Student();
        Class c = student.getClass();
        //Class c2 = Student.class;
        System.out.println("类名：" + c.getName());
        System.out.println("包名：" + c.getPackage().getName());
        int modifier = c.getModifiers();
        if (Modifier.isPublic(modifier)) {
            System.out.println("类的访问控制符是 public");
        } else {
            System.out.println("类的访问控制符是缺省的");
        }
        System.out.println("属性列表：");
        Field fields[] = c.getFields();

        for (int i = 0; i < fields.length; i++) {
            System.out.println(fields[i].getName());
        }
```

```
        System.out.println("方法列表: ");
        Method methods[] = c.getMethods();
        for (int i = 0; i < methods.length; i++) {
            System.out.println(methods[i].getName());
        }
    }
}
```

运行结果：

```
类名: example4_19.Student
包名: example4_19
类的访问控制符是 public
属性列表：
sname
方法列表：
getSid
setSid
main
getClass
hashCode
equals
toString
notify
notifyAll
wait
wait
wait
```

运行结果中包含的很多方法都是从父类 Object 继承来的。

4.8 对象之间关系的实现

在现实世界中，存在大量的对象，并且对象通常都不是孤立存在的，对象之间存在各种各样的关系。我们在 3.1.1 节中对对象之间的关系进行了介绍，本节介绍在 Java 中如何实现关系。在 Java 中关系是通过引用来实现的。

4.8.1 一对一关系的实现

假设一个学生只有一台笔记本，每台笔记本只能属于一个学生，则学生和笔记本之间的关系就是一对一的关系。

一对一的关系可以是单向的，也可以是双向的，如果只需要根据一方来得到另一方的信息，则建立单向关系即可。例如，不需要从笔记本得到学生的信息，只需要根据学生得到笔记本的信息，则只需要在学生类中建立关系。

关系的实现需要在拥有关系的一方，把另一方的对象作为成员。如果是双向关系，则在双方都需要创建对象引用。

【例 4.20】 一对一关系的实现。

```
类 Student:
package example4_20;

public class Student {
    private String sid;
    private String sname;
    private Computer computer; //表示关系

    public String getSid() {
        return sid;
    }

    public void setSid(String sid) {
        this.sid = sid;
    }

    public String getSname() {
        return sname;
    }

    public void setSname(String sname) {
        this.sname = sname;
    }

    public Computer getComputer() {
        return computer;
    }

    public void setComputer(Computer computer) {
        this.computer = computer;
    }
}
类 Computer:
package example4_20;

public class Computer {
    private String cid;
    private float price;
    private Student student;

    public String getCid() {
        return cid;
    }

    public void setCid(String cid) {
        this.cid = cid;
    }

    public float getPrice() {
```

```
            return price;
        }

    public void setPrice(float price) {
        this.price = price;
    }

    public Student getStudent() {
        return student;
    }

    public void setStudent(Student student) {
        this.student = student;
    }
}
```

类 Test：
```
package example4_20;

public class Test {

    public static void main(String[] args) {
        Student student = new Student();
        Computer computer = new Computer();
        student.setSid("0001");
        student.setSname("zhangsan");
        student.setComputer(computer);      //设置学生和电脑的关系
        computer.setCid("00001");
        computer.setPrice(3000);
        computer.setStudent(student);       //设置电脑和学生的关系
    }
}
```

电脑和学生的关系是关联关系，它们的生命周期是不相同的，电脑和学生对象分别创建，然后建立电脑和学生之间的关系，并且学生和电脑之间的关系是双向关系。

4.8.2 一对多和多对一关系的实现

学生的班级和学生之间的关系就是一对多的关系，一个班级可以有多个学生，每个学生只能属于一个班级。反过来，学生和班级的关系就是多对一的关系。

对于一对多/多对一的关系的实现，通常在多的一方定义成员变量，在另一方定义集合来表示。

【例 4.21】 一对多/多对一关系的实现。

班级类 StudentClass：
```
package example4_21;

import java.util.ArrayList;
```

```java
import java.util.List;

public class StudentClass {
    private String className; //班级名
    private List<Student> students = new ArrayList<Student>();

    public String getClassName() {
        return className;
    }

    public void setClassName(String className) {
        this.className = className;
    }

    public List<Student> getStudents() {
        return students;
    }

    public void addStudent(Student student){
        students.add(student);
    }

    public void setStudents(List<Student> students) {
        this.students = students;
    }
}
```

学生类 Student：

```java
package example4_21;

public class Student {
    private String studentName;
    private StudentClass studentClass;

    public String getStudentName() {
        return studentName;
    }

    public void setStudentName(String studentName) {
        this.studentName = studentName;
    }

    public StudentClass getStudentClass() {
        return studentClass;
    }

    public void setStudentClass(StudentClass studentClass) {
        this.studentClass = studentClass;
    }
}
```

测试类 Test:
```java
package example4_21;

public class Test {

    public static void main(String[] args) {
        //创建班级
        StudentClass studentClass = new StudentClass();
        studentClass.setClassName("计算机 12 级");
        //创建 10 个学生
        for (int i = 0; i < 10; i++) {
            Student temp = new Student();
            temp.setStudentName("学生" + (i + 1));
            temp.setStudentClass(studentClass);   //设置学生的班级
            studentClass.addStudent(temp);        //把学生添加到班级中
        }
    }
}
```

List 和 ArrayList 的用法将在第 5 章详细介绍。

4.8.3 多对多关系的实现

学生和课程之间的关系就是多对多的关系，每门课可以有多个学生选择，每个学生可以选择多门课程。对于多对多的关系，双方都需要使用集合来表示这种关系。

【例 4.22】 多对多关系的实现。

类 Student:
```java
package example4_22;

import java.util.ArrayList;
import java.util.List;

public class Student {
    private String studentId;
    private String studentName;
    private List<Course> courses = new ArrayList<Course>();

    public String getStudentId() {
        return studentId;
    }

    public void setStudentId(String studentId) {
        this.studentId = studentId;
    }

    public String getStudentName() {
```

```java
            return studentName;
        }

        public void setStudentName(String studentName) {
            this.studentName = studentName;
        }

        public List<Course> getCourses() {
            return courses;
        }

        public void setCourses(List<Course> courses) {
            this.courses = courses;
        }

        public void addCourse(Course course){
            this.courses.add(course);
        }
    }
```
类 Course:
```java
package example4_22;

import java.util.ArrayList;
import java.util.List;

public class Course {
    private String courseName;
    private List<Student> students = new ArrayList<Student>();

    public String getCourseName() {
        return courseName;
    }

    public void setCourseName(String courseName) {
        this.courseName = courseName;
    }

    public List<Student> getStudents() {
        return students;
    }

    public void setStudents(List<Student> students) {
        this.students = students;
    }

    public void addStudent(Student student){
        this.students.add(student);
    }
}
```

测试类 Test:
```java
package example4_22;

public class Test {
    public static void main(String[] args) {
        //创建 3 个学生对象
        Student s1 = new Student();
        s1.setStudentId("0001");
        s1.setStudentName("zhangsan");
        Student s2 = new Student();
        s2.setStudentId("0002");
        s2.setStudentName("lisi");
        Student s3 = new Student();
        s3.setStudentId("0003");
        s3.setStudentName("wangxiao");

        //创建 4 门课
        Course c1 = new Course();
        c1.setCourseName("数据结构");
        Course c2 = new Course();
        c2.setCourseName("算法分析与设计");
        Course c3 = new Course();
        c3.setCourseName("软件工程");
        Course c4 = new Course();
        c4.setCourseName("计算机网络");

        //s1 选择 c1 课程
        s1.addCourse(c1);
        c1.addStudent(s1);

        //s2 选择 c3 和 c4 课程
        s2.addCourse(c3);
        s2.addCourse(c4);
        c3.addStudent(s2);
        c4.addStudent(s2);

        //s3 选择 c2 课程
        s3.addCourse(c2);
        c2.addStudent(s3);
    }
}
```

4.8.4 实例:创建整数链表

链表是由多个元素组成的集合,通过一个元素可以知道它的下一个元素,通过这种方式把链表中的所有元素连接起来。每个元素除了具有自身的值之外,还由一个元素来指向下一个元素,通过引用来实现。

对链表的操作主要是对链表中元素的增删改查等。类 IntNode 表示链表中的节点元素，包含数据域 value 和指向下一个元素的引用 next。MyList 中的方法完成了对链表的相关操作。测试方法中对 MyList 进行了测试。

【例 4.23】 整型链表的实现。

```java
package example4_23;

public class MyList {
    private IntNode list;
    public MyList(){
        list = new IntNode();
    }
    public void add(int value){
        IntNode temp = list;
        //找到最后一个节点
        while(temp.getNext()!= null){
            temp = temp.getNext();
        }
        //生成新的节点
        IntNode newNode = new IntNode();
        newNode.setValue(value);
        newNode.setNext(null);
        //把新的节点添加到最后
        temp.setNext(newNode);
    }
    public void add(int index, int value){
        IntNode temp = list;
        //查找到要插入的位置的前一个位置
        for(int i = 0; i < index - 1; i++){
            temp = temp.getNext();
        }

        IntNode newNode = new IntNode();
        newNode.setNext(temp.getNext());
        newNode.setValue(value);

        temp.setNext(newNode);
    }
    public void delete(int index){
        IntNode temp = list;
        //找到要删除的元素的上一个元素
        for(int i = 0; i < index - 1; i++){
            temp = temp.getNext();
        }
        temp.setNext(temp.getNext().getNext());
    }
    public void update(int index, int value){
        IntNode temp = list;
        //找到要修改的元素
        for(int i = 0; i < index; i++){
            temp = temp.getNext();
        }
```

```java
            temp.setValue(value);
        }
        public int get(int index){
            IntNode temp = list;
            //找到要查找的元素
            for(int i = 0; i < index; i++){
                temp = temp.getNext();
            }
            return temp.getValue();
        }
        public void print(){
            IntNode temp = list.getNext();
            if(temp == null){
                return;
            }
            while(temp.getNext()!= null){
                System.out.println(temp.getValue());
                temp = temp.getNext();
            }
            System.out.println(temp.getValue());
        }
        public static void main(String[] args) {
            //创建链表对象
            MyList list = new MyList();
            //添加元素
            list.add(10);
            list.add(20);
            list.add(30);
            //插入元素
            list.add(2,15);
            //显示元素
            list.print();
            //删除元素
            list.delete(3);
            list.print();
            int temp = list.get(3);
            System.out.println(temp);
            list.update(2,25);
            list.print();
        }
    }
    class IntNode{
        private int value;           //节点的值
        private IntNode next;        //表示下一个元素
        public int getValue() {
            return value;
        }
        public void setValue(int value) {
            this.value = value;
```

```
        }
        public IntNode getNext() {
            return next;
        }
        public void setNext(IntNode next) {
            this.next = next;
        }
    }
```

Java 的类库中提供了类似功能的 List 接口及其实现类,第 5 章将详细介绍。

4.9 内 部 类

顾名思义,内部类就是在其他元素内部定义的类,包括如下几种形式:
- 作为类成员的内部类;
- 成员方法中定义的内部类;
- 匿名内部类。

4.9.1 作为类成员的内部类

1. 内部类的编写

内部类和外部类的定义形式相同,但是需要在类中定义。

【例 4.24】 内部类的定义。

```
package example4_24;

public class Outer {
    public class Inner {
    }
}
```

该文件编译后能够生成两个类:Outer.class 和 Outer$Inner.class。

【注意】 内部类的访问控制符有 public、protected、private 和缺省的,与类的成员变量和成员方法的访问控制符相同,而外部类的访问控制符只有 public 和缺省的。

内部类可以访问所在的外部类的成员变量,包括私有成员变量,就像类自身的方法能够访问类的所有类型的成员变量一样,例如下面的代码是正确的。

【例 4.25】 内部类访问外部类成员。

```
package example4_25;

public class Outer {
    private String name = "test";

    class Inner {
```

```
        public void print() {
            System.out.println(name);
        }
    }
}
```

内部类可以是静态的。

【例 4.26】 静态内部类。

```
package example4_26;

public class Outer {
    private String name = "test";
    static class Inner {
    }
}
```

但是非静态内部类不能定义 static 类型的方法,下面的代码是错误的。

【例 4.27】 内部类错误用法。

```
package example4_27;

public class Outer {
    private String name = "test";

    class Inner {
        public static void print() {    //错误,不能定义静态方法
        }
    }
}
```

内部类可以是抽象的,内部类可以继承某个类,也可以实现某个接口。

【例 4.28】 抽象内部类。

```
package example4_28;

import java.io.Serializable;

public class Outer {
    private String name = "test";

    abstract class Inner1 {
        public abstract void print();
    }

    class Inner2 extends Inner1 implements Serializable {
```

```
        public void print() {
            System.out.println(name);
        }
    }
}
```

内部类也可以是 final 类型的。

2. 从内部类所在的类访问内部类

可以把内部类的对象作为外部类的成员变量使用,也可以在外部类的方法中使用内部类的对象。

【例 4.29】 在内部类所在的类中使用内部类。

```
package example4_29;

public class Outer {
    private Inner in = new Inner();   //定义的时候实例化
    private Inner in2;                //先定义

    public Outer() {
        in2 = new Inner();            //在构造方法中实例化,也可以在其他方法中实例化
    }

    public void print() {
        Inner in3 = new Inner();      //方法中定义变量并实例化
        in3.print();
    }

    class Inner {
        public void print() {
        }
    }
}
```

上面的实例化代码 Inner in3＝new Inner();相当于 Outer.Inner in3＝this.new Inner();,因为在类的内部使用所以在类型前面省略了 Outer,实例化的时候省略了"this."。

3. 使用内部类

要使用内部类,就像访问类的实例变量一样,需要先创建外部类的对象,然后通过外部类的对象访问内部类,下面的代码展示了用法。

【例 4.30】 访问内部类。

```
package example4_30;

public class UseInner {

    public static void main(String[] args) {
```

```
            Outer.Inner in = new Outer().new Inner();
            in.print();

            Outer out = new Outer();
            Outer.Inner in2 = out.new Inner();
            in2.print();
        }

    }

    class Outer {
        public class Inner {
            public void print() {
                System.out.println("内部类的输出!");
            }
        }
    }
```

代码中展示了两种方式,两种方式的作用是相同的,下面的代码是错误的:

```
Outer.Inner in3 = Outer.new Inner();
Outer.Inner in4 = new Outer.Inner();
```

如果是静态内部类,则可以不用创建外部类的对象,就像访问静态成员一样使用。

【例 4.31】 访问静态内部类。

```
package example4_31;

public class UseInner {

    public static void main(String[] args) {
        Outer.Inner in = new Outer.Inner();
        in.print();
    }

}

class Outer {
    public static class Inner {
        public void print() {
            System.out.println("内部类的输出!");
        }
    }
}
```

【注意】 在使用内部类的时候,内部类必须是可见的,下面的代码是错误的。

【例 4.32】 访问内部类的时候内部类必须可见。

```
类 MyOuter:
package example4_32;
```

```
public class Outer {
    private class Inner {
        public void print() {
            System.out.println("内部类的输出!");
        }
    }
}
测试类 Test:
package example4_32;

public class Test {

    public static void main(String[] args) {
        Outer.Inner in = new Outer().new Inner();    //不可见
    }

}
```

4. 在内部类中引用外部类成员或者内部类成员

在类中引用当前实例可以使用 this,但是内部类中要引用内部类的实例或者内部类所在的外部类的实例如何引用呢？在内部类中引用内部类自身的实例仍然是通过 this,在内部类中引用外部类的实例需要使用外部类的名字加上 this 的方式,下面的代码展示了用法。

【例 4.33】 引用外部类的成员。

```
package example4_33;

public class Outer {
    int x = 20;
    int y = 30;

    public class Inner {
        int x = 10;

        public void print() {
            int x = 5;
            System.out.println("局部变量 x 的值: " + x);
            System.out.println("内部类成员变量 x 的值: " + this.x);
            System.out.println("外部类成员变量 x 的值: " + Outer.this.x);
            System.out.println("外部类成员变量 y 的值: " + y);
        }
    }

    public static void main(String args[]) {
        new Outer().new Inner().print();
    }
}
```

运行结果:

```
局部变量 x 的值: 5
内部类成员变量 x 的值: 10
外部类成员变量 x 的值: 20
外部类成员变量 y 的值: 30
```

4.9.2 成员方法中定义的内部类

1. 内部类的编写

成员方法中的内部类的编写与作为成员变量的内部类的编写方法基本相同,下面的代码展示了用法。

【例 4.34】 方法中的内部类。

```
package example4_34;

public class Outer {
    public void test() {
        class Inner {
            public void print() {
                System.out.println("内部类的输出!");
            }
        }
    }
}
```

方法内部的类具有如下特点:
- 方法内部定义的类就像方法的局部变量,所以在类外或者类的其他方法中不能访问这个内部类。
- 没有访问控制符,因为该类只能在定义该类的方法中并且在类的定义之后使用。
- 不能访问方法的局部变量,除非局部变量是 final 类型的。
- 能够访问外部类的各种成员变量,如果内部类所在的方法是静态方法,则这个内部类只能访问外部类的静态成员。
- 可以使用 final 和 abstract 修饰。

2. 方法中内部类的访问

方法中的内部类只能在定义该内部类的方法中访问,并且是方法中内部类的定义之后访问。

【例 4.35】 方法中访问内部类。

```
package example4_35;

public class Outer {
    public void test() {
        class Inner {
```

```
            public void print() {
                System.out.println("内部类的输出!");
            }
        }
        Inner inner = new Inner();
        inner.print();
    }
    public static void main(String args[]){
        new Outer().test();
    }
}
```

4.9.3 匿名内部类

顾名思义,匿名内部类没有类名,而创建对象是根据类名创建的,没有类名如何创建对象呢? 可以在类定义的时候直接创建实例,例如下面的代码:

```
Parent p = new Parent() {
    public void print() {
        System.out.println("匿名内部类中的输出方法");
    }
};
```

new 后面的信息表示创建了一个继承了 Parent 类的子类的实例。

匿名内部类有以下两种形式:
- 通过继承父类而形成的匿名内部类。
- 通过实现接口而形成的匿名内部类。

下面分别介绍。

1. 通过继承父类而形成的匿名内部类

先看下面的代码。

【例 4.36】 通过继承类实现匿名内部类。

```
package example4_36;

class Parent {
    public void print() {
        System.out.println("父类的输出方法");
    }
}

public class Outer {
    public static void main(String args[]) {
        Parent p = new Parent() {
            public void print() {
                System.out.println("匿名内部类中的输出方法");
            }
        };
```

```
        p.print();
    }
}
```

在 Outer 中声明了类型为 Parent 的成员变量,通过 new Parent 来实例化对象,但是这里的实例化代码与以前见到过的实例化代码不同,以前的代码这样写:

Parent p = new Parent();

而这里是:

Parent p = new Parent(){

这里的大括号意味着新创建了一个类,这个类是 Parent 的子类,在子类中可以覆盖父类中的方法或者实现父类中定义的抽象方法,上面的代码重写了父类中的 print 方法。

注意在倒数第二行的"};",这个分号不能省略。

上面的代码中定义的局部变量 p 指向了匿名内部类的实例,也可以在类中定义成员变量指向匿名内部类的实例。

对于匿名内部类的实例的方法的调用是通过指向该实例的父类引用的,利用了 Java 语言的多态性。上面代码执行的结果是:

匿名内部类中的输出方法

【注意】 因为匿名内部类中的方法都是通过父类引用访问的,所以不能在匿名内部类中定义父类中没有声明的方法,这样的方法不能被访问到。如果是为了匿名内部类中的方法之间共享代码,可以编写供内部方法调用的在父类中没有定义的方法。

2. 通过实现接口而形成的匿名内部类

匿名内部类也可以通过实现接口来创建,与继承父类没有本质区别。下面的代码展示了如何使用接口创建匿名内部类。

【例 4.37】 通过接口实现匿名内部类。

```
package example4_37;

interface Fly {
    public void takeof();      //起飞

    public void landing();     //降落
}

public class Outer {
    Fly bird = new Fly() {
        public void takeof() {
            System.out.println("小鸟起飞了");
        }

        public void landing() {
```

```
            System.out.println("小鸟降落了");
        }
    };
}
```

代码中 new Fly(){…}意味着创建了一个实现了 Fly 接口的类的对象,这个类就是匿名内部类。这个匿名内部类必须实现接口中定义的所有方法,这与普通类实现接口的要求是相同的。在这个类中也不能定义其他的业务方法,这些方法是通过接口的引用访问的,因为接口中没有声明该方法,所以该方法将不能被访问。

【注意】 new Fly(){…}实例化的对象是实现了 Fly 接口的类的对象,而不是实例化 Fly 接口,接口是不能被实例化的。

这些匿名内部类被实例化以后通过父类引用或者接口引用访问,通常都会有一个引用指向这个新创建的匿名内部类的实例。有个特殊的应用不需要创建引用指向匿名内部类的实例,而是传递给形参。看下面的代码。

【例 4.38】 把匿名内部类的对象作为实参。

```
package example4_38;

interface Fly {
    public void takeof();       //起飞

    public void landing();      //降落
}
public class Outer {
    public static void main(String args[]) {
        new Outer().print(new Fly() {
            public void takeof() {
                System.out.println("小鸟起飞了");
            }

            public void landing() {
                System.out.println("小鸟降落了");
            }
        });
    }

    public void print(Fly fly) {
        fly.takeof();
        fly.landing();
    }
}
```

【注意】 我们自己在开发程序的时候尽量不要使用内部类,内部类不利于代码重用,如果非常确定这个类只会使用一次,可以使用匿名内部类。在编写图形用户界面应用程序的事件处理程序的时候经常使用匿名内部类。

第 5 章 编码能力提升

前面介绍了 Java 的基本语法和面向对象的特性,有了这些知识就可以编写 Java 应用了,但是在实际的应用开发中还需要掌握几个基本的技能,这些基本技能在本章介绍,主要内容包括:

- 异常处理。对程序中可能出现的异常情况进行处理。
- 输入输出。对输入输出流和文件操作进行介绍。
- 集合框架。介绍泛型与常用的集合操作相关的类。
- 正则表达式。对正则表达式的编写和使用进行介绍。
- 枚举类型和 Annotation 类型的介绍。
- ResourceBundle 的使用。

5.1 异常处理

首先介绍什么是异常处理,然后介绍异常的类型。接下来介绍两种处理异常的方式:通过 try…catch 捕获并处理异常,把异常抛给上一层调用者。最后介绍自定义异常类,以及在方法中抛出自己的异常。

5.1.1 什么是异常处理

要进行异常处理,首先要知道什么是异常?看下面的代码。

【例 5.1】 异常举例。

```
package example5_1;

public class Test {

    public static void main(String[] args) {
        int a = 10;
        int b = 0;
        int c = a / b;
    }
}
```

运行结果:

```
Exception in thread "main" java.lang.ArithmeticException: / by zero
    at example5_1.Test.main(Test.java:8)
```

程序中使用 a 除以 b,我们知道 b 不能等于 0,但是这里 b 为 0,所以产生了异常,系统使用 ArithmeticException 表示这个异常。

在学习前面的内容过程中,很多读者还遇到过这样的错误:java.lang.NullPointerException 和 java.lang.ArrayIndexOutOfBoundsException,前者产生的原因是要访问一个对象,而对象引用没有指向任何对象实例,后者产生的原因是要访问数据的某个元素,但是给出的下标不合适。这些就是异常,可以认为异常就是程序在运行过程中出现的一些特殊情况。还有典型的异常的例子,内存不够用,要访问文件但是文件找不到,要为年龄赋值,但是给出的字符串不是数字组成的,或者给出了明显不是年龄的数字(例如 500)。

当产生这些特殊情况的时候,可能会造成程序不能正常运行,为了避免这种情况的出现,需要对异常进行处理。异常处理就是让程序在发生异常的时候还能够正常执行。

5.1.2 三种类型的异常

在 Java 中,每种异常就是一种特殊情况,有相应的类型。

所有的异常都是 Throwable 的派生类,分为 3 大类,如图 5.1 所示。

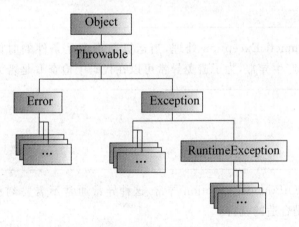

图 5.1 异常的分类

第一类称为检查异常,这类异常在编写程序的时候是可以预见的,并且当产生这类异常的时候,是可以恢复的。例如要删除一个学生,如果这个学生存在可以直接删除;如果这个学生不存在,则可以抛出一个异常 StudentNotExistException。对于检查异常来说,程序必须进行处理,否则编译不能通过。后面章节要介绍的异常处理主要是针对这类异常的处理。

第二类异常称为错误,是 Error 或者 Error 的子类,这些异常产生的时候系统是不能恢复的,并且这些异常和应用程序本身关系不大,和应用的外部环境相关。典型的异常有 VirtualMachineError,包含内存溢出和堆栈溢出等异常。Error 的子类还包括 Annotation-FormatError、AssertionError、AWTError、CoderMalfunctionError、FactoryConfigurationError、LinkageError、ThreadDeath、TransformerFactoryConfigurationError 等。

第三类异常是 RuntimeException 和它的派生类,称为非检查性异常。这类异常可以处理，也可以不处理，编译都能通过。但是如果不处理，又发生了异常，程序就不能继续运行。这类异常如果使用异常处理机制需要编写大量的代码，通常需要在程序中增加代码来控制。前面介绍的 java.lang.NullPointerException 和 java.lang.ArrayIndexOutOfBoundsException 就是这类异常。

5.1.3 非检查性异常的处理

对于非检查性异常，虽然编译的时候不会报错，能够运行。但是运行的时候，如果发生错误，后果很严重，所以还是要进行处理。但是对于非检查性异常通常不使用后面介绍的 try…catch 进行处理，因为这种异常处理机制本身的成本很高，而出现非检查性异常的代码非常多，例如 NullPointerException，只要涉及对象的方法调用都有可能产生这种异常。

所以对于非检查性异常来说，主要是增加判断来避免这种异常，下面通过对几种常见的异常的处理来介绍非检查性异常的处理。

【例5.2】 NullPointerException 处理，出现这种异常的原因是调用了一个空的对象引用的方法或者属性，处理的方法是在调用成员变量和成员方法之前检查这个对象是否为 null，看下面的代码。

```
if(date!= null){
    date.getTime();
}
```

【例5.3】 ArithmeticException 处理，当运算数不满足条件的时候，产生该异常。例如：a/b 中 b 为 0 将产生异常，为了避免异常可以在代码中检查 b 是否为 0。

```
if(b!= 0)
    a/b;
else
    //提示用户
```

ArrayIndexOutOfBoundsException 异常，这种异常通常不需要刻意处理，在访问的时候保证下标的范围是合适的就行。

5.1.4 使用 try…catch…finally 对异常处理

首先看下面的代码。
【例5.4】 读取文件。

```
package example5_4;

import java.io.File;
import java.io.FileInputStream;

public class FileReaderTest {

    public static void main(String[] args) {
```

```
            File file = new File("d:/java/HelloWorld.java");       //1
            FileInputStream fin = null;                              //2
            fin = new FileInputStream(file);                         //3
            byte data[] = new byte[1000];                            //4
            int count = fin.read(data);                              //5
        }
}
```

这些代码用于读取文件的内容，main 方法中：第 1 行创建一个 File 对象，与具体要读取的文件关联，第 2 行创建了一个输入流对象，第 3 行把这个输入流对象与上面创建的文件对象关联，第 4 行创建了一个数组来保存从文件读取的数据，第 5 行代码从文件读取信息并存储到数组中。具体用法将在 5.2 节详细介绍。

直接对该代码编译，将产生编译错误，在第 3 行提示 "Unhandled exception type FileNotFoundException"，在第 5 行提示 "Unhandled exception type IOException"，前者提示 FileNotFoundException 异常没有处理，当要访问的文件不存在的时候会产生该异常，后者提示 IOException 异常没有处理，当读取文件失败的时候会产生该异常。这两个异常就是检查性异常，必须进行异常处理。

要处理异常，首先要捕获异常，使用 try 语句捕获异常。

【语法格式 5.1】 try 语句基本语法结构：

```
try{
    可能产生异常的代码
}
```

可以为每个可能产生异常的代码编写一个单独的 try 语句，也可以为多个可能产生异常的代码写一个 try 语句。使用 try 语句处理上面访问文件的异常可以写成：

```
try{
    fin = new FileInputStream(file);
}
byte data[] = new byte[1000];
try{
    int count = fin.read(data);
}
```

或者写成：

```
try{
    fin = new FileInputStream(file);
    byte data[] = new byte[1000];
    int count = fin.read(data);
}
```

当 try 语句中的代码产生异常的时候，异常处理器将捕获到这个异常，要对异常进行处理，需要编写与异常类型匹配的 catch 语句。

针对每一种可能出现的异常，编写一个 catch 语句，catch 中写出异常类型。在 catch 对应的代码中编写对异常进行处理的代码,当异常产生并与当前异常类型匹配时,将执行 catch 中的代码。

【语法格式 5.2】 try…catch 基本语法结构:

```
try{
    //可能产生异常的代码
}catch(异常类型 1 异常对象){
    //异常产生时候的处理代码
} catch(异常类型 2 异常对象){
    //异常产生时候的处理代码
}
```

上面的例子可以使用下面的代码对异常进行处理。

【例 5.5】 使用 try…catch 对异常进行处理。

```java
package example5_5;

import java.io.File;
import java.io.FileInputStream;
import java.io.FileNotFoundException;
import java.io.IOException;

public class FileReaderTest {

    public static void main(String[] args) {
        File file = new File("d:/java/HelloWorld.java");
        FileInputStream fin = null;
        try {
            fin = new FileInputStream(file);
            byte data[] = new byte[1000];
            int count = fin.read(data);
        } catch (FileNotFoundException e) {
            System.out.println("要访问的文件没有找到!");
        } catch (IOException e) {
            System.out.println("访问文件时产生错误!");
        }
    }
}
```

第 1 个 catch 语句处理 FileNotFoundException,第 2 个 catch 语句处理 IOException。如果要访问的文件不存在,会产生异常,这个异常会有第 1 个 catch 处理。如果产生其他异常,则由第 2 个 catch 处理。

语句中可能产生多少个异常就要编写多少个 catch,为了简化可以把多个异常类型写在同一个 catch 中,多个异常类型之间使用"|"隔开,这种机制是从 Java 7 开始支持的,如果读者的编译器版本比较低,则不支持。

```
try{
```

```
        fin = new FileInputStream(file);
        byte data[] = new byte[1000];
        int count = fin.read(data);
}catch(FileNotFoundException|IOException e){
        System.out.println("访问文件时产生错误!");
}
```

当我们不需要细分具体产生什么异常的时候,可以使用这些异常类型的共同父类,极端情况下,可以使用 Exception。上面的代码可以写成:

```
try{
        fin = new FileInputStream(file);
        byte data[] = new byte[1000];
        int count = fin.read(data);
}catch(Exception e){
        System.out.println("访问文件时产生错误!");
}
```

这种方式下,产生异常的时候就不能明确异常类型,不利于为不同的异常类型编写不同的处理代码。

在使用多个 catch 的时候,可能存在异常类型之间的继承关系,如果存在继承关系,父类型所在的 catch 要出现子类型所在的 catch 的后面。如果父类型出现在前面,当产生子类异常的时候,会被父类所在 catch 捕获,而不会被子类 catch 捕获,子类 catch 就起不到应有的作用了。实际上 FileNotFoundException 和 IOException 之间就是继承关系,FileNotFoundException 是 IOException 的子类,所以下面的代码在编译的时候会报错。

```
try{
        fin = new FileInputStream(file);
        byte data[] = new byte[1000];
        int count = fin.read(data);
} catch(IOException e){
        System.out.println("访问文件时产生错误!");
} catch(FileNotFoundException e){
        System.out.println("要访问的文件没有找到!");
}
```

当 try 语句中产生异常的时候,try 语句中产生异常的代码之后的代码将不会再执行,如果不产生异常,try 语句中的代码将全部执行,而 catch 语句不会执行。

【注意】 在 try 中定义的变量的作用范围是 try 语句,如果希望在 catch 中使用,则需要把变量定义在 try 语句之前。

如果希望某些代码一定执行,不管是否发生异常,可以把这些代码放在 finally 中,与 try 一起使用。

【语法格式 5.3】 try…catch…finally 基本结构:

```
try{
    //代码块
}catch(异常类型 e1){
```

```
}catch(异常类型 e2){

}finally{
    //一定要执行的代码
}
```

访问文件之后一定要关闭文件,所以可以把关闭文件的代码放在 finally 中。

```
try{
    fin = new FileInputStream(file);
    byte data[] = new byte[1000];
    int count = fin.read(data);
}catch(Exception e){
    System.out.println("访问文件时产生错误!");
} finally{
    try {
        fin.close();
    } catch (IOException e) {
    }
}
```

在 finally 中关闭文件的时候又使用了一个 try 语句,因为在关闭文件的时候也可能产生异常。下面是完整的代码。

【例 5.6】 try…catch…finally

```java
package example5_6;

import java.io.File;
import java.io.FileInputStream;
import java.io.FileNotFoundException;
import java.io.IOException;

public class FileReaderTest {

    public static void main(String[] args) {
        File file = new File("d:/java/HelloWorld.java");
        FileInputStream fin = null;
        try {
            fin = new FileInputStream(file);
            byte data[] = new byte[1000];
            int count = fin.read(data);
            String str = new String(data);
            str = str.trim();
            System.out.print(str);
        } catch (FileNotFoundException e) {
            System.out.println("要访问的文件没有找到!");
        } catch (IOException e) {
            System.out.println("访问文件时产生错误!");
        } finally {
            try {
```

```
            fin.close();
        } catch (IOException e) {
        }
    }
}
```

即使在 try 或者 catch 中有 return 语句,finally 也一定会执行,并且在 return 之前执行。看下面的例子。

【例 5.7】 finally 中使用 return 的情况。

```
package example5_7;

public class ExceptionTest {

    public static void main(String[] args) {
        System.out.println(new ExceptionTest().test());
    }

    public boolean test() {
        try {
            return true;
        } finally {
            return false;
        }
    }
}
```

运行结果是 false。

如果在执行 try 或者 catch 的时候虚拟机退出,finally 可能不会执行。另外,如果执行 try 或者 catch 的线程被停止或者中断,finally 可能也不会执行。

【小结】
- 所有的检查性异常都必须有对应的 catch,所有的异常都应该处理。
- 可以使用某个父类异常匹配多个子类异常。
- 可以把多个异常写在一个 catch 中。
- 如果异常类型之间有继承关系,子类异常一定要在前面。
- 如果希望某个变量在 try、catch 和 finally 中都可以使用,则应该把变量的定义放在 try 语句之前。
- try 语句中如果产生异常,异常之后的代码不再执行。
- 如果不产生异常,catch 中的代码不会执行。
- 不管是否产生异常,finally 中的代码都会执行。

5.1.5 try…with…resources 语句

该结构是在 Java 7 中提供的,低版本的 JDK 中是不支持的。
资源(Resources)指的是在使用完必须关闭掉的对象,例如前面介绍的 FileInputStream,在完成文件的读操作之后必须关闭。这些资源都实现了 AutoCloseable(Java 7 开始提供支持)接口。

try…with…resources 语句能够保证在操作这些资源之后不管是否产生异常都可以自动关闭这些对象,而不需要单独编写关闭的语句。例 5.6 可以改写成下面的形式。

【例 5.8】 try…with…resources 的使用。

```java
package example5_8;

import java.io.File;
import java.io.FileInputStream;
import java.io.FileNotFoundException;
import java.io.IOException;

public class FileReaderTest {

    public static void main(String[] args) {
        File file = new File("d:/java/HelloWorld.java");
        try(FileInputStream fin = new FileInputStream(file)){
            byte data[] = new byte[1000];
            int count = fin.read(data);
            String str = new String(data);
            str = str.trim();
            System.out.print(str);
        }catch(FileNotFoundException e){
            System.out.println("要访问的文件没有找到!");
        }catch(IOException e){
            System.out.println("访问文件时产生错误!");
        }
    }
}
```

5.1.6 通过 throws 声明方法的异常

在程序中有异常产生的时候可以通过 try…catch 进行处理,还有另外一种处理方法。这种方式在当前方法中不对异常进行处理,而是把异常抛给方法的调用者处理,这种方式需要使用 throws 声明方法中可能产生的异常。

【语法格式 5.4】 throws 基本格式:

方法修饰符 返回值类型 方法名(参数) throws 异常类型{
　　方法实现
}

可以声明多个异常类型,多个异常类型之间使用逗号隔开。声明的异常要包含方法中可能出现的所有异常,也可以使用异常的父类表示。例 5.8 中的代码可以改写为下面的样子。

【例 5.9】 使用 throws 处理异常。

```java
package example5_9;

import java.io.File;
import java.io.FileInputStream;
import java.io.FileNotFoundException;
import java.io.IOException;

public class FileReaderTest {

    public static void main(String[] args) throws FileNotFoundException,
            IOException {
        File file = new File("d:/java/HelloWorld.java");
        try (FileInputStream fin = new FileInputStream(file)) {
            byte data[] = new byte[1000];
            int count = fin.read(data);
            String str = new String(data);
            str = str.trim();
            System.out.print(str);
        }
    }
}
```

main 方法中并没有对可能的异常处理,而是通过 throws FileNotFoundException, IOException 声明了方法可能产生的异常。当产生异常的时候,会把异常抛给方法的调用者。方法的调用者将对异常进行处理。

通过 throws 在方法上声明异常,可以理解为异常是方法的特殊返回值。
- 当方法正常执行的时候,返回方法声明的返回值类型。
- 当方法产生异常的时候,返回值是一个异常对象。

如果方法的调用包含多层,例如 main 调用方法 a,方法 a 调用方法 b,方法 b 调用方法 c。在方法 c 中声明了异常而没有处理,如果 b 中不处理可以抛给 a,如果 a 也不处理会抛给 main 方法,如果 main 方法也不处理,就抛给了虚拟机。正常情况下,异常不应该抛给虚拟机,如果抛给虚拟机,相当于没有处理异常。

5.1.7 自定义异常和异常的抛出

前面介绍的是对调用其他方法的时候产生的异常进行处理,在自己的方法中也可以抛出异常,并且可以使用自定义的异常,自定义异常用来表示在程序运行过程中出现的特殊情况。下面首先介绍如何创建自己的异常类型,然后介绍如何在程序中抛出异常。

要创建自己的异常类型,可以继承 Exception 或者 Exception 的子类。在编写异常类型的时候,只要实现构造方法即可。

【例 5.10】 编写自定义异常类。

```java
package example5_10;

public class MyException extends Exception {
```

```
    public MyException() {
    }

    public MyException(String args) {
        super(args);
    }
}
```

在业务方法中,如果出现了这种特殊情况,就可以抛出这种异常。异常通常在方法中抛出,通过 throw 关键字,例如 throw new MyException("自定义异常!");。

如果方法中有抛出异常的代码,则方法的声明中应该使用 throws 声明异常的类型,下面的代码展示了基本用法:

```
public void print() throws MyException{
    …
        throw new MyException("sdfs");
    …
}
```

在使用 try…catch 进行异常处理的时候,可以通过异常对象来获取异常的具体信息,异常类型提供了以下多个方法。

- getMessage():得到关于异常的最简单的描述。
- toString():得到关于异常的比较详细的描述信息。
- printStackTrace():会把异常信息输出在默认的输出设备中,会显示具体的调用关系。基本用法如下:

```
try{
    //可能产生异常的代码
}catch(Exception e){
    System.out.println(e.toString());
    System.out.println(e.getMessage());
    e.printStackTrace();
}
```

5.1.8 实例:对年龄的异常处理

本例中,使用 Person 类表示人,Person 类中的属性 age 表示年龄,之前对年龄赋值都是这样写的:

```
public void setAge(int age){
    this.age = age;
}
```

但是我们知道人的年龄是 0~120,如果方法传入的参数是 200 该如何处理呢?

本实例包含的内容:

- 创建了 IllegalAgeException 异常类表示年龄不合适。
- 在 Person 类的 setAge 方法中对参数进行判断,如果合适则赋值;如果不合适,则抛出异常,并且在方法上声明了异常类型。
- 在 main 方法中调用 Person 的 setAge 方法,并进行了异常处理。

【例 5.11】 异常处理综合实例。

```java
package example5_11;

public class PersonManager {

    public static void main(String[] args) {
        Person p = new Person();
        p.setName("zhangsan");
        try {
            p.setAge(200);
            System.out.println("姓名: " + p.getName() + ",年龄: " + p.getAge());
        } catch (IllegalAgeException e) {
            String msg = e.getMessage();
            System.out.println(msg);
        }
        System.out.println("运行结束!");
    }
}

class Person {
    String name;
    int age;

    public String getName() {
        return name;
    }

    public void setName(String name) {
        this.name = name;
    }

    public int getAge() {
        return age;
    }

    public void setAge(int age) throws IllegalAgeException {
        if (age > 0 && age < 120)
            this.age = age;
        else
            throw new IllegalAgeException("年龄应该在 0 到 120");
    }
}

//自定义异常类型
class IllegalAgeException extends Exception {
    IllegalAgeException() {
```

```
        }

        IllegalAgeException(String msg) {
            super(msg);
        }
    }
```

运行结果:

```
年龄应该在 0 到 120
运行结束!
```

如果把 200 改成 50,运行结果:

```
姓名:zhangsan,年龄:50
运行结束!
```

在调用 setAge 方法的时候,如果传入的值是合法的,则方法正常执行并返回,在 main 方法中继续执行之后的输出语句,不执行 catch 语句。如果在调用 setAge 方法的时候,传入的值不合法,则方法抛出 IllegalAgeException 异常对象,main 方法中 p.setAge(50);之后的代码不再执行,使用 catch 语句与异常类型匹配,能够匹配上,所以执行 catch 语句中的代码。

5.2 输入输出(I/O)流

可以把流理解为数据从一个地方到另一个地方转移的过程。例如,把内存的数据保存到文件中,这个过程会通过输出流,相当于把内容以流的方式输出到文件中。也可以把文件中的数据读取到内存中,这个过程使用输入流,把文件的内容以流的形式输入到内存中。之前用到的 System.out.print 是标准的输出流,默认把信息输出到控制台。之前使用的 System.in 是标准的输入流,从键盘接收数据。各种输入输出流对于不同的数据源的操作过程类似,并且在实际应用中文件和网络这两种数据源的使用更多,而网络应用在后面单独介绍,所以本节主要以文件操作为例介绍输入输出流的使用。

首先介绍在 Java 的早期版本中提供的对文件和文件夹进行管理的类 File,以及在 Java 的新版本中提供的对文件和文件夹进行管理的 Files 和 Path 类。然后介绍各种输入输出流的使用。

5.2.1 通过 File 类对文件操作

File 可以对文件进行管理,也可以对文件夹进行管理。

1. File 对象的创建

File 类的构造方法如下。

- File(File parent,String child):根据文件夹或文件的名字以及所在的文件夹创建文件对象,第一个参数 parent 是 File 对象,表示文件或者文件夹所在的文件夹,child 表示具体的文件名或者文件夹名。
- File(String pathname):根据文件夹或者文件的完整名字创建 File 对象,参数指出文件或者文件夹的完整路径。
- File(String parent,String child):根据文件夹或文件的名字以及所在的文件夹创建文件对象,第一个参数 parent 是字符串,表示文件或者文件夹所在的文件夹,child 是字符串表示文件或者文件夹的具体名字。
- File(URI uri):根据文件的 URI 来创建文件对象,参数是表示文件地址的 URI 对象。

【例 5.12】 使用 File 表示文件和文件夹。

```
package example5_12;

import java.io.File;

public class FileTest {

    public static void main(String[] args) {
        File file1 = new File("d:");                //1
        File file2 = new File("e:\\data.txt");      //2
    }

}
```

main 方法中的第一行定义的 File 对象表示 d 盘的根目录,第 2 行定义的 File 对象表示 e 盘下面的 data.txt 文件。

2. 属性管理

File 中提供的获取文件属性的方法如下。

- boolean canExecute():测试文件是否可以执行。
- boolean canRead():判断文件是否可读。
- boolean canWrite():判断文件是否可写。
- boolean exists():判断文件或者文件夹是否存在。
- boolean isAbsolute():判断是不是绝对路径名。
- boolean isDirectory():判断是不是目录。
- boolean isFile():判断是不是文件。
- boolean isHidden():判断是不是隐藏文件。
- long lastModified():得到文件的最后修改的时间。
- String getName():得到文件或目录的名称。
- String getParent():得到父目录的名字。
- long length():返回文件的长度。

【例 5.13】 使用 File 读取文件属性。

```java
package example5_13;

import java.io.File;

public class FileProperties {

    public static void main(String[] args) {
        File fdemo = new File("d:/java/HelloWorld.java");
        System.out.println("File 对象存在:" + fdemo.exists() + "\n 读属性:"
                + fdemo.canRead() + "\n 写属性:" + fdemo.canWrite() + "\n 名字:"
                + fdemo.getName() + "\n 父路径:" + fdemo.getParent() + "\n 全路径:"
                + fdemo.getPath() + "\n 长度:" + fdemo.length() + "\n 是文件:"
                + fdemo.isFile() + "\n 是目录:" + fdemo.isDirectory());
    }

}
```

运行结果:

```
File 对象存在:true
读属性:true
写属性:true
名字:HelloWorld.java
父路径:d:\java
全路径:d:\java\HelloWorld.java
长度:7
是文件:true
是目录:false
```

3. 目录操作

File 中提供了多个目录操作相关的方法。

- String[] list():返回一个字符串数组,这些字符串指定此抽象路径名表示的目录中的文件和目录。
- String[] list(FilenameFilter filter):返回一个字符串数组,这些字符串指定此抽象路径名表示的目录中满足指定过滤器的文件和目录。
- File[] listFiles():返回目录中的文件和文件夹。
- File[] listFiles(FileFilter filter):根据指定的过滤器得到文件和文件夹列表。
- File[] listFiles(FilenameFilter filter):根据指定的过滤器得到文件和文件夹列表。
- static File[] listRoots():列出所有的根目录。
- boolean mkdir():创建目录。
- boolean mkdirs():创建目录,如果父目录不存在,也会创建。
- boolean delete():删除文件或目录。

- void deleteOnExit()：在虚拟机终止时，删除文件或目录。

【例 5.14】 使用 File 管理目录。

```java
package example5_14;

import java.io.File;

public class DirectoryTest {

    public static void main(String[] args) {
        File[] roots = File.listRoots();
        System.out.println("所有根目录：");
        for (int i = 0; i < roots.length; i++) {
            System.out.print(roots[i].getPath() + " ");
        }

        System.out.println("\nD 盘 Java 目录下的文件和文件夹");
        File[] files = new File("D:\\java").listFiles();
        for (int i = 0; i < files.length; i++) {
            System.out.print(files[i].getName() + " ");
        }

        File subDirectory = new File("D:\\java","mysub");
        subDirectory.mkdir();

        File subDirectory2 = new File("D:\\java","mysub1\\mysub2\\mysub3");
        subDirectory2.mkdirs();

        subDirectory2.delete();
    }
}
```

4. 文件操作

- boolean delete()：删除文件或目录。
- boolean createNewFile()：创建一个新的文件。
- boolean renameTo(File dest)：把当前文件剪切到另外一个目录。

【例 5.15】 文件管理。

```java
package example5_15;

import java.io.File;
import java.io.IOException;

public class FileTest {

    public static void main(String[] args) {
```

```
            File newFile = new File("D:\\java","subfile");
            try {
                System.out.println("新文件创建:" + newFile.createNewFile());
            } catch (IOException e) {
            }
            System.out.println("文件改名:"
                    + newFile.renameTo(new File("D:\\java","subfile2")));
        }

    }
```

其他方法如下。
- int compareTo(File pathname)：按字母顺序比较两个文件或目录。
- static File createTempFile(String prefix,String suffix)：在默认临时文件目录中创建一个空文件，使用给定前缀和后缀生成其名称。
- static File createTempFile(String prefix,String suffix,File directory)：在指定目录中创建一个新的空文件，使用给定的前缀和后缀字符串生成其名称。
- File getAbsoluteFile()：返回绝对路径名形式。
- String getAbsolutePath()：返回绝对路径名字符串。
- boolean setExecutable(boolean executable)：设置文件或目录是否可以执行。
- boolean setLastModified(long time)：设定最后一次修改时间。
- boolean setReadable(boolean readable)：设置读权限。
- boolean setReadOnly()：设置为只读。
- boolean setWritable(boolean writable)：设置写权限。

具体用法可以参考 JavaDoc。

5.2.2 输入输出流的分类

根据数据流动的方向，把流分为输入流和输出流，输入和输出都是相对于内存来说的。例如把程序中的数据发送到网络，就是输出流，从网络接收数据就是输入流。

按照发送数据的类型，把流分为字节流和字符流，字节流在发送和接收的时候以字节为单位，而字符流在发送和接收的时候以字符为单位。

(1) InputStream 是所有字节方式的输入流的顶层类，是一个抽象类，包含的主要方法如下。
- int available()：返回此输入流下一个方法调用可以不受阻塞地从此输入流读取（或跳过）的估计字节数。
- void close()：关闭此输入流并释放与该流关联的所有系统资源。
- void mark(int readlimit)：在此输入流中标记当前的位置。
- boolean markSupported()：测试此输入流是否支持 mark 和 reset 方法。
- abstract int read()：从输入流中读取数据的下一个字节，是最常用的方法。
- int read(byte[] b)：从输入流中读取一定数量的字节，并将其存储在缓冲区数组 b 中。

- int read(byte[] b,int off,int len)：将输入流中最多 len 个数据字节读入 byte 数组，off 表示从第几个单元开始存储。
- void reset()：将此流重新定位到最后一次对此输入流调用 mark 方法时的位置。
- long skip(long n)：跳过和丢弃此输入流中数据的 n 个字节。

(2) OutputStream，字节方式的输出流的顶层类，是个抽象类。输出流接收输出字节并将这些字节发送到某个接收器。需要定义 OutputStream 子类的应用程序必须始终提供至少一种可写入一个输出字节的方法。主要的方法如下。

- void close()：关闭此输出流并释放与此流有关的所有系统资源。
- void flush()：刷新此输出流并强制写出所有缓冲的输出字节。
- void write(byte[] b)：将 b.length 个字节从指定的 byte 数组写入此输出流。
- void write(byte[] b,int off,int len)：将指定 byte 数组中从偏移量 off 开始的 len 个字节写入此输出流。
- abstract void write(int b)：将指定的字节写入此输出流。

(3) Reader，字符方式的输入流的顶层类，用于读取字符流的抽象类。子类必须实现的方法只有 read(char[],int,int) 和 close()。主要方法如下。

- abstract void close()：关闭该流并释放与之关联的所有资源。
- void mark(int readAheadLimit)：标记流中的当前位置。
- boolean markSupported()：判断此流是否支持 mark() 操作。
- int read()：读取单个字符。
- int read(char[] cbuf)：将字符读入数组。
- abstract int read(char[] cbuf,int off,int len)：将字符读入数组的某一部分。
- int read(CharBuffer target)：试图将字符读入指定的字符缓冲区。
- boolean ready()：判断是否准备读取此流。
- void reset()：重置该流。
- long skip(long n)：跳过字符。

(4) Writer，字符方式的输出流，字符方式的输出流的抽象类，用于输出字符的抽象类。子类必须实现的方法仅有 write(char[],int,int)、flush() 和 close()。主要方法如下。

- Writer append(char c)：将指定字符添加到输出流。
- Writer append(CharSequence csq)：将指定字符序列添加到输出流。
- Writer append(CharSequence csq,int start,int end)：将指定字符序列的子序列添加到输出流。
- abstract void close()：关闭此流，但要先刷新它。
- abstract void flush()：刷新该流的缓冲。
- void write(char[] cbuf)：写入字符数组。
- abstract void write(char[] cbuf,int off,int len)：写入字符数组的某一部分。
- void write(int c)：写入单个字符。
- void write(String str)：写入字符串。
- void write(String str,int off,int len)：写入字符串的某一部分。

输入输出相关的类很多，下面以对文件进行操作的输入输出流为例介绍各种类型的输入和输出流的使用。

5.2.3 FileInputStream

FileInputStream 是字节方式针对文件的输入流,每次读入一个字节或者多个字节。操作的主要过程如下:

(1) 建立来自文件的输入流对象;
(2) 读取文件内容;
(3) 关闭输入流对象。

创建输入流对象,需要知道文件的路径,把文件路径作为参数调用 FileInputStream 的构造方法,new FileInputStream("文件名")。例如要读取的文件是 D 盘的 myBook.txt,可以使用下面的代码片段来创建输入流对象:

```
FileInputStream fin = new FileInputStream("D:\\myBook.txt");
```

要读取文件内容,主要使用以下两个方法:
- int read():从输入流中读取数据的下一个字节,返回值是整数。
- int read(byte[] b):从输入流中读取一定数量的字节,并将其存储在缓冲区数组 b 中。

【注意】 如果读取文件的时候返回了-1,表示读文件结束。

在读取文件结束之后,需要关闭文件,使用 close()方法。

【注意】 在创建输入流对象、读取文件内容和关闭文件的时候都要进行异常处理。可以使用 try…with…resource 方式对异常进行处理。

【例 5.16】 使用 FileInputStream 读取文件的内容,以字节方式输出。

要读取的文件名是 myBook.txt,位于 E 盘。文件内容是"Java 语言"。

```java
package example5_16;

import java.io.FileInputStream;

public class FileInputStreamTest {
    public static void main(String[] args) {
        try (FileInputStream in = new FileInputStream("E:\\myBook.txt")) {
            int b;
            while ((b = in.read()) != -1) {
                System.out.print(b + " ");
            }
        } catch (Exception e) {
            e.printStackTrace();
        }
    }
}
```

运行结果:

```
74 97 118 97 211 239 209 212
```

输出的是每个字节的值:每个字母使用一个字节,而一个汉字使用两个字节。而表示汉字的两个字节都是大于127,实际上是个负数,把输出语句中的"b"改为"(byte)b",会得到结果:

```
74 97 118 97 -45 -17 -47 -44
```

【例5.17】 使用FileInputStream读取文件内容,按照字符显示。需要把读取的字节转换为字符。还使用上面的文件。读取的方法使用每次读入多个字节的方式。

```java
package example5_17;

import java.io.FileInputStream;

public class FileInputStreamTest2 {
    public static void main(String[] args){
        try(FileInputStream in
                = new FileInputStream("E:\\myBook.txt")){
            byte b[] = new byte[1000];
            int length = in.read(b);
            String content = new String(b,0,length);
            System.out.println(content);
        }catch(Exception e){e.printStackTrace();}
    }
}
```

运行结果:

```
Java语言
```

5.2.4 FileOutputStream

FileOutputStream是字节方式针对文件的输出流,每次把一个字节或者多个字节写入到文件中。操作的主要过程如下:

(1) 建立针对文件的输出流对象;
(2) 向文件写入内容;
(3) 关闭输出流对象。

创建输出流对象,需要知道文件的路径,把文件路径作为参数调用FileOutputStream的构造方法,new FileOutputStream("文件名")。例如,要写入的文件是D盘的user.txt,可以使用下面的代码片段来创建输出流对象:

FileOutputStream fin = new FileOutputStream("D:\\user.txt");

要向文件写入内容,主要使用以下三个方法:
- public void write(int b):向文件中写入一个字节。

- public void write(byte[] b)：向文件中写入多个字节，参数数组指出写入的数据。
- public void write(byte b[],int off,int len)：向文件中写入多个字节，第一个参数指出字节数组，第二个参数指出数组的开始位置，第三个参数指出写入的字节数。

在写入文件操作完成之后，需要关闭文件，使用 close()方法。

【注意】 在创建输出流对象、写文件和关闭文件的时候都要进行异常处理。可以使用 try…with…resource 方式对异常进行处理。

【例5.18】 使用 FileOutputStream 把学号、姓名写入文件中。

```java
package example5_18;

import java.io.FileOutputStream;

public class FileOutputStreamTest {

    public static void main(String[] args) {
        try(FileOutputStream fout = new FileOutputStream("E:\\user.txt")){
            String userid = "0001";
            String username = "李四";
            byte id[] = userid.getBytes();
            byte name[] = username.getBytes();
            for(int i = 0;i < id.length;i++)
                fout.write(id[i]);
            fout.write(name);
        }catch(Exception e){
            e.printStackTrace();
        }
    }
}
```

运行结果：在 E 盘会生成文件 user.txt，文件中内容如下：0001 李四。

例子中 userid 使用每次一个字节的方式输出，而 name 采用数组一次输出多个字节。

【例5.19】 使用 FileInputStream 和 FileOutputStream 完成文件内容的复制。把文件 myBook.txt 中的内容复制到文件 myBook2.txt 中。

```java
package example5_19;

import java.io.FileInputStream;
import java.io.FileOutputStream;

public class FileByteCopy {
    public static void main(String[] args) {
        try (FileInputStream in = new FileInputStream("E:\\myBook.txt");
             FileOutputStream out = new FileOutputStream("E:\\myBook2.txt")) {
            int b;
            while ((b = in.read()) != -1) {
                out.write(b);
```

```
            }
            System.out.println("文件复制完毕!");
        } catch (Exception e) {
            e.printStackTrace();
        }
    }
}
```

执行结果：在 E 盘生成一个新的文件，名字为 myBook2.txt，内容和 myBook.txt 的内容完全相同。

5.2.5 FileReader

FileReader 使用字符方式读取文件内容。使用字符方式读取文件内容，读取的信息是字符。使用 FileReader 读取文件的过程与使用 FileInputStream 读取文件的过程基本类似。读取文件使用的主要方法如下：

- public int read()：读取一个字符，返回值是字符的编码。
- public int read(char buf[])：读取多个字符，读取的字符保存在参数指定的数组中，返回值表示读取的实际字符数，-1 表示读取文件结束。

【例 5.20】 使用 FileReader 读取文件内容，每次读入一个字符。

```
package example5_20;

import java.io.FileReader;

public class FileReaderTest {
    public static void main(String[] args){
        try(FileReader reader
                = new FileReader("E:\\myBook.txt")){
            int b;
            while((b = reader.read())!= -1){
                System.out.print((char)b);
            }
        }catch(Exception e){e.printStackTrace();
        }
    }
}
```

运行结果：

```
Java 语言
```

本实例每次读入一个字符，效率比较低，可以一次读入多个字符。

【例 5.21】 使用 FileReader 读取文件内容,每次读入多个字符。

```java
package example5_21;

import java.io.FileReader;

public class FileReaderTest2 {
    public static void main(String[] args){
        try(FileReader reader
                = new FileReader("E:\\myBook.txt")){
            char temp[] = new char[100];
            int length;
            while((length = reader.read(temp))!= -1){
                System.out.print(new String(temp,0,length));
            }
        }catch(Exception e){e.printStackTrace();
        }
    }
}
```

【注意】 在使用 FileInputStream 和 FileReader 读取文件内容的时候,read 方法返回的都是 int 类型,但是它们的含义是不同的。FileInputStream 是字节流,每次读入的是一个字节,而 FileReader 是字符流,每次读入的是一个字符。当文件中的内容是英语的时候,每个字符使用一个字节表示,所以区别不大。当文件中包含中文的时候区别比较大,因为一个中文字符使用两个字节表示,按照字节流的方式一个汉字需要读取两次,按照字符流方式一个汉字只需要读取一次。

5.2.6 FileWriter

FileWriter 使用字符方式向文件写入内容,一次可以写入一个字符、多个字符或者一个字符串。FileWriter 与 FileOutputStream 的用法类似。向文件写入内容的主要方法如下:
- public void write(char c):写入一个字符,参数指定要写入的字符。
- public void write(char[] cbuf):写入多个字符,参数表示要写入的字符数组。
- public void write(char[] cbuf,int off,int len):写入多个字符,第一个参数表示要写入的数组,第二个参数表示从数组的什么位置开始写,第三个参数表示写入多少个字符。
- public void write(String str):写入一个字符串,参数表示要写入的字符串。
- public void write(String str,int off,int len):写入多个字符,第一个参数表示要写入的字符串,第二个参数表示从字符串的什么位置开始写,第三个参数表示写入多少个字符。相当于写入字符串的子串。

在访问文件的时候仍然要对异常进行处理。

【例 5.22】 使用 FileWriter 向文件写入内容。

```java
package example5_22;

import java.io.FileWriter;
```

```java
public class FileWriterTest {
    public static void main(String[] args) {
        try (FileWriter writer = new FileWriter("E:\\user.txt")) {
            String userid = "0001";
            String username = "张三";
            char id[] = userid.toCharArray();
            writer.write(id);
            writer.write(username);
        } catch (Exception e) {
            e.printStackTrace();
        }
    }
}
```

本例采用两种方式分别把学号和姓名写入到文件中。

【例 5.23】 使用 FileReader 和 FileWriter 实现文件的复制。

```java
package example5_23;

import java.io.FileReader;
import java.io.FileWriter;

public class FileCharCopy {
    public static void main(String[] args){
        try(FileReader in
                = new FileReader("E:\\myBook.txt");
            FileWriter out = new FileWriter("E:\\myBook2.txt")){
            int b;
            while((b = in.read())!= -1){
                out.write(b);
            }
            System.out.println("文件复制完毕!");
        }catch(Exception e){e.printStackTrace();
        }
    }
}
```

5.2.7 使用缓冲流

之前介绍的输入流和输出流都没有使用缓冲流(Buffered),这样的效率比较低,每次读取操作都需要操作系统进行处理,这样每次操作都会进行硬盘访问或者网络访问,而这些操作的代价都非常高。

为了提高效率,Java 提供了缓冲方式的 I/O 流。采用缓冲方式,每次读取内容都是从内存中的缓冲区读取,除非缓冲区为空了,每次写入的时候也是先写入到内存中的缓冲区,当缓冲区满的时候才写入硬盘或者发送到网络。

可以把一个非缓冲流转换成缓冲流,把非缓冲流对象作为参数创建缓冲流的对象。针对字节和字符方式的输入和输出，Java 提供了以下 4 种缓冲流。
- BufferedInputStream：字节方式的输入流对应的缓冲流。
- BufferedOutputStream：字节方式的输出流对应的缓冲流。
- BufferedReader：字符方式的输入流对应的缓冲流。
- BufferedWriter：字符方式的输出流对应的缓冲流。

可以为之前介绍的 FileInputStream、FileOutputStream、FileReader 和 FileWriter 分别创建缓冲方式的 I/O 流。

```
BufferedInputStream in
    = new BufferedInputStream(new FileInputStream("E:\\myBook.txt"));
BufferedOutputStream out
    = new BufferedOutputStream(new FileOutputStream("E:\\myBook.txt"));
BufferedReader in
    = new BufferedReader(new FileReader("E:\\myBook.txt"));
BufferedWriter out
    = new BufferedWriter(new FileWriter("E:\\myBook.txt"));
```

对于缓冲流，在使用完毕的时候也需要关闭。

【提示】 读者可以使用缓冲流对文件进行读写。

5.2.8　DataInputStream 和 DataOutputStream

DataInputStream 和 DataOutputStream 支持以字节方式输入和输出各种基本数据类型和 String 类型的数据，这样能够方便对各种基本数据类型的处理。使用 DataInputStream 和 DataOutputStream 进行 I/O 操作与使用 FileInputStream 和 FileOutputStream 的过程基本相同。区别在于读写信息的方式不同。

DataOutputStream 是一个处理流，创建对象的时候需要基于其他的输出流对象，例如要把信息写入到 E 盘的 data.txt 中，需要先基于文件创建 FileOutputStream 对象，然后基于 FileOutputStream 创建 DataOutputStream 对象。下面的代码展示了其基本用法：

```
DataOutputStream dout
        = new DataOutputStream(new FileOutputStream("E:\\data.txt"));
```

DataInputStream 的用法类似：

```
DataInputStream din
        = new DataInputStream(new FileInputStream("E:\\data.txt"));
```

通常 DataInputStream 和 DataOutputStream 结合来使用，使用 DataOutputStream 写出去的数据通过 DataInputStream 来读入，并且使用对应的方式。

DataOutputStream 提供的用于输出 8 种基本数据类型的方法如下：
- public final void writeBoolean(boolean v)：输出布尔类型，实际写入的是 1 和 0,1 对应 true,0 对应 false，占用一个字节。
- public final void writeByte(int v)：输出字节类型，占用 1 个字节。
- public final void writeShort(int v)：输出 short 类型，占用 2 个字节。
- public final void writeInt(int v)：输出 int 类型，占用 4 个字节。

- public final void writeLong(long v)：输出 long 类型，占用 8 个字节。
- public final void writeFloat(float v)：输出 float 类型，占用 4 个字节。
- public final void writeDouble(double v)：输出 double 类型，占用 8 个字节。
- public final void writeChar(int v)：输出 char 类型，占用 2 个字节。

要输出字符串的内容，可以采用下面的方式。

- public final void writeChars("IS 测试")：按照字符方式存储，每个字符占两个字节，要想读取原来的字符串，需要知道原来的字符串的长度。
- public final void writeUTF("IS 测试")：转换成 UTF 的格式存储，在存储的时候会在前面存入字符串占用的长度（不是字符串的长度），所以占用的空间最少是字符串的长度加 2，最多是字符串的长度的 3 倍＋2，好处在于读取的时候还可以按照字符串的方式读取。通常采用这种方式输出字符串。
- public final void write("IS 测试".getBytes())：按照字节方式存储，这里存储空间是 6，读取的时候需要知道占用字节数才可以正确地读取字符串。
- public final void writeBytes("IS")：把字符强制转化为字节，所以字符串中不能包含汉字。

使用 DataInputStream 读取文件内容的时候使用的方法与写入时候的方法对应，例如写入 boolean 类型的时候使用的是 writeBoolean 方法，读取的时候就使用 readBoolean 方法。读写字符串的时候，如果知道长度，可以按照字符的方式读取，也可以按照字节的方式读取，但是通常采用 readUTF 方法读取字符串。

【例 5.24】 使用 DataOutputStream 把各种类型的数据写入到文件 user.txt 中，然后使用 DataInputStream 从文件中读取数据显示在控制台上。

```
package example5_24;

import java.io.DataInputStream;
import java.io.DataOutputStream;
import java.io.FileInputStream;
import java.io.FileOutputStream;

public class DataOutputTest {
    public static void main(String[] args){
        try(DataOutputStream dout
                = new DataOutputStream(new FileOutputStream("E:\\data.txt"));
            DataInputStream din
                = new DataInputStream(new FileInputStream("E:\\data.txt"))){
            dout.writeByte(1);
            dout.writeShort(2);
            dout.writeInt(3);
            dout.writeLong(4);
            dout.writeFloat(5);
            dout.writeDouble(6);
            dout.writeBoolean(true);
            dout.writeChar('c');
            dout.writeUTF("第一个字符串!");
```

```
                dout.writeUTF("第二个字符串!");

                System.out.println(din.readByte());
                System.out.println(din.readShort());
                System.out.println(din.readInt());
                System.out.println(din.readLong());
                System.out.println(din.readFloat());
                System.out.println(din.readDouble());
                System.out.println(din.readBoolean());
                System.out.println(din.readChar());
                System.out.println(din.readUTF());
                System.out.println(din.readUTF());
            }catch(Exception e){e.printStackTrace();
            }
        }
    }
```

运行结果:

```
1
2
3
4
5.0
6.0
true
c
第一个字符串!
第二个字符串!
```

【注意】 如果使用记事本打开E盘生成的user.txt文件,会发现里面的内容都是乱码,这个我们不用关心,我们需要做的就是按照写入的方式去读取文件的内容就可以了。

5.2.9 标准输入输出

标准输入输出指的是针对标准输入输出设备操作,默认的输入设备是键盘,默认的输出设备是显示器,Java中提供了针对标准输入输出设备的输入输出流。java.lang.System类中的in是标准输入流,out和err是标准输出流和错误流。out和err的用法类似,而out在之前已经用过很多次。

out是PrintStream对象,可以输出各种基本数据类型。也可以输出各种对象,默认调用对象的toString方法,把对象转换为字符串然后输出。

in表示InputStream的对象,每次只能接收一个字节。

【例5.25】 使用标准输入输出:输入学号和姓名,并输出。

```
package example5_25;

public class InputUserinfo {
```

```java
    public static void main(String[] args) {
        try{
            System.out.println("请输入学号: ");
            int temp;
            while((temp = System.in.read())!= '\n'){
                System.out.print((char)temp);
            }

            System.out.println("请输入姓名: ");
            byte b[] = new byte[10];
            int index = 0;
            while((temp = System.in.read())!= '\n'){
                b[index] = (byte)temp;
                index++;
            }
            System.out.println(new String(b).trim());
        }catch(Exception e){
            e.printStackTrace();
        }
    }
}
```

以字节的方式接收之后存入字节数组,然后把字节数组转换为字符串。

为了方便接收字符串信息,可以把字节流转换为字符流。

【例5.26】 把标准输入流转换为字符流,接收输入字符串。

```java
package example5_26;

import java.io.BufferedReader;
import java.io.IOException;
import java.io.InputStreamReader;

public class StandInput {
    public static void main(String[] args) {
        String s;
        BufferedReader in = new BufferedReader(
                new InputStreamReader(System.in));
        System.out.println("请从键盘输入数据");
        try {
            while((s = in.readLine())!= null) {
                System.out.println("输入:" + s);
                if(s.equalsIgnoreCase("exit")) break;
            }
            in.close();
            System.out.println("程序正常关闭");
        }
        catch(IOException e){
            e.printStackTrace();
        }
    }
}
```

5.2.10 Serializable 和 Exernalizable

Java 中对对象方法的调用是通过对象引用来完成的，例如：Date d=new Date()；要想访问这个日期的属性，需要通过 d 进行访问，类似于 C 语言中的指针，d 表示的是对象的地址。如果调用者和被调用者位于不同的虚拟机上，则两者的地址空间是不一样的，就不能使用引用来调用了。为了能够让远程的客户端使用对象，需要把对象传递给远程，这就涉及对象在网络上的传输。对象在网络上传输，首先需要把对象转换成能够在网络上传输的流，然后在远程把流重新转换为对象，在远程使用。同样，远程执行的结果也需要转换成流在网络上传输，需要先转换成流，到达本地之后重新转换成对象。

把对象转换成能够在网络上传输的流，这个过程称为串行化，又称为序列化。与之对应的是反序列化，或者反串行化。

在 Java 中要实现串行化非常简单，只需要让类实现 Serializable 接口，Java 中提供的很多系统类都实现了 Serializable 接口。该接口中没有定义任何方法，所以类在实现这个接口的时候不需要实现任何方法。但是要保证类的所有成员变量都能实现串行化，基本数据类型和字符串类型都是支持串行化的。

串行化的过程实际上就是把对象的属性值转换成一个字节流，反串行化的过程是从字节流中重新获取对象的属性，然后重新构造对象。实现了串行化接口的类的所有成员都会被添加到流中，然后传输给对方，如果不希望某个成员变量串行化并传输，可以使用 transient 关键字修饰该成员变量。对于使用 transient 修饰的成员变量，系统在串行化和反串行化的时候会忽略这个成员变量。

【例 5.27】 Serializable 的用法：下面的 Customer 类实现了串行化接口，password 成员变量使用 transient 修饰，在串行化的时候会把 password 之外的其他属性都串行化。

```
package example5_27;

import java.io.Serializable;

public class Customer implements Serializable {
    String name;
    int age;
    transient String password;
    double money;
}
```

上面的 Customer 类通过实现 Serializable 具有了串行化功能，但是这个串行化过程是由系统控制的，如果用户希望对串行化过程进行控制，就需要自己编写串行化和反串行化的代码，可以通过实现 Exernalizable 接口来实现，需要实现接口中的 readExternal 方法和 writeExternal 方法，方法的参数分别是输入流对象和输出流对象，这两个方法的实现是有联系的，读写成员变量的顺序应该相同。两个方法如下：

- writeExternal 方法的参数是 ObjectOutput，是一个对象输出流，可以通过 ObjectOutput 把对象的属性写到输出流。

- readExternal 方法的参数是 ObjectInput,是一个对象输入流,可以通过 ObjectInput 的方法读取各种对象,复制给成员变量。从 ObjectInput 中读取成员变量的顺序应该和 writeExternal 方法写成员变量的顺序相同。

【例 5.28】 通过实现 Exernalizable 接口对串行化过程进行控制。

```java
package example5_28;

import java.io.Externalizable;
import java.io.IOException;
import java.io.ObjectInput;
import java.io.ObjectOutput;

public class Customer implements Externalizable {
    String name;
    int age;
    String password;

    public Customer() {
    }

    public Customer(String name, int age, String password) {
        this.name = name;
        this.age = age;
        this.password = password;
    }

    public String toString() {
        return "name = " + name + "; age = " + age + "; password = " + password;
    }

    public void readExternal(ObjectInput arg0) throws IOException,
            ClassNotFoundException {
        name = arg0.readUTF();
        age = arg0.readInt();
    }

    public void writeExternal(ObjectOutput arg0) throws IOException {
        arg0.writeUTF(name);
        arg0.writeInt(age);
    }
}
```

上面的代码中只是把成员变量 name 和 age 进行了串行化。另外,定义了一个无参数的构造方法,在反串行化的时候使用。

5.2.11 ObjectOutputStream 与 ObjectInputStream

DataInputStream 和 DataOutputStream 能够直接输入和输出基本数据类型和字符串类型,这里要介绍的 ObjectOutputStream 和 ObjectInputStream 能够直接输出和输入对象,它们分别实现了 ObjectOutput 和 ObjectInput 接口,并继承自 DataOutputStream 和 DataInputStream,所以也能够输出基本数据类型的变量。使用 ObjectOutputStream 和 ObjectInputStream 输出和输入对象的时候要求对象首先串行化,即实现上一节介绍的 Serializable 接口或者 Externalizable 接口。

DataOutputStream 和 DataInputStream 对象的创建是基于其他的输出流和输入流,下面的代码创建了 DataOutputStream 和 DataInputStream 对象,通过这两个输入输出对象把数据对象写入文件或者从文件读取对象。

```
FileOutputStream fos = new FileOutputStream("e:\\customer.txt");
ObjectOutputStream oos = new ObjectOutputStream(fos) ;
FileInputStream fis = new FileInputStream("e:\\customer.txt");
ObjectInputStream ois = new ObjectInputStream(fis);
```

也可以通过缓冲流创建 DataOutputStream 和 DataInputStream 对象,例如:

```
FileOutputStream fos = new FileOutputStream("e:\\customer.txt");
BufferedOutputStream bos = new BufferedOutputStream(fos) ;
ObjectOutputStream oos = new ObjectOutputStream(bos) ;
FileInputStream fis = new FileInputStream("e:\\customer.txt");
BufferedInputStream bis = new BufferedInputStream(fis) ;
ObjectInputStream ois = new ObjectInputStream(bis);
```

【例 5.29】 通过 DataOutputStream 把两个客户的信息写入到文件,通过 DataInputStream 从文件中读取两个客户的信息。Customer 类参见上一节。

```
package example5_29;

import java.io.FileInputStream;
import java.io.FileOutputStream;
import java.io.ObjectInputStream;
import java.io.ObjectOutputStream;

import example5_28.Customer;

public class ObjectStreamTest {
    public static void main(String args[]) {
        ObjectStreamTest test = new ObjectStreamTest();
        test.writeCustomer();
        test.readCustomer();
    }

    public void writeCustomer() {
        try (FileOutputStream fos = new FileOutputStream("e:\\customer.txt");
                ObjectOutputStream oos = new ObjectOutputStream(fos);) {
            Customer cst1 = new Customer("zhangsan",20,"123");
            Customer cst2 = new Customer("lisi",18,"123");
            System.out.println("创建了第 1 个顾客对象: " + cst1);
            System.out.println("创建了第 2 个顾客对象: " + cst2);
            System.out.println("正在写入文件…");
```

```java
            oos.writeObject(cst1);
            oos.writeObject(cst2);
            oos.flush();
            System.out.println("写入文件完成!");
        } catch (Exception e) {
            e.printStackTrace();
        }
    }

    public void readCustomer() {
        try (FileInputStream fis = new FileInputStream("e:\\customer.txt");
             ObjectInputStream ois = new ObjectInputStream(fis);) {
            System.out.println("开始读取对象…");
            Customer cst;
            cst = (Customer) ois.readObject();
            System.out.println("读取的第 1 个对象: " + cst);
            cst = (Customer) ois.readObject();
            System.out.println("读取的第 2 个对象: " + cst);
        } catch (Exception e) {
            e.printStackTrace();
        }
    }
}
```

运行结果：

```
创建了第 1 个顾客对象: name = zhangsan; age = 20; password = 123
创建了第 2 个顾客对象: name = lisi; age = 18; password = 123
正在写入文件…
写入文件完成!
开始读取对象…
读取的第 1 个对象: name = zhangsan; age = 20; password = null
读取的第 2 个对象: name = lisi; age = 18; password = null
```

【注意】 读取的两个对象的 password 为 null，原因是在串行化的时候没有考虑密码属性，反串行化的时候也没有这个属性。

5.2.12 使用 NIO 中的 Files 读取文件属性

第 5.2.1 节中介绍了使用 File 类对文件和文件夹进行管理，Java 7 中提供了新的 I/O 操作接口，并且提供了一组对文件操作的接口，位于 java.nio.file 包中。这些基本接口包括：

- Path 表示一个文件或者一个文件夹；
- Files 用于管理文件。

通过 FileSystems 的方法来得到 Path 对象，例如：

```
Path path = FileSystems.getDefault().getPath("logs","access.log");
```

使用 Files 管理文件,可以得到文件的一些属性,相关方法如下:
- exists(Path path,LinkOption…):判断文件是否存在。
- notExists(Path path,LinkOption…):判断文件是不是不存在。
- isReadable(Path path):判断文件是否可读。
- isWritable(Path path):判断文件是否可写。
- isExecutable(Path path):判断文件是否可执行。
- isRegularFile(Path path):判断文件是否是普通文件(常规文件)。
- Files.isSameFile(Path p1,Path p2):判断文件两个路径是不是表示同一个文件,如果采用快捷方式,两个快捷方式可能指向同一个文件。

【注意】 !Files.exists(path)与 Files.notExists(path)不是等价的。当判断一个文件是否存在的时候,可能有三种情况:文件确实存在;文件确实不存在;文件的状态未知。

【例 5.30】 使用 Files 表示访问文件属性。

```java
package example5_30;

import java.nio.file.FileSystems;
import java.nio.file.Files;
import java.nio.file.Path;

public class FilesTest {

    public static void main(String[] args) {
        Path path = FileSystems.getDefault().getPath("E:","customer.txt");
        System.out.println("文件是否存在:" + Files.exists(path));
        System.out.println("文件是否不存在:" + Files.notExists(path));
        System.out.println("文件是否可读:" + Files.isReadable(path));
        System.out.println("文件是否可写:" + Files.isWritable(path));
        System.out.println("文件是否可执行:" + Files.isExecutable(path));
        System.out.println("是否是常规文件:" + Files.isRegularFile(path));
    }

}
```

运行结果:

```
文件是否存在:true
文件是否不存在:false
文件是否可读:true
文件是否可写:true
文件是否可执行:true
是否是常规文件:true
```

使用 Files 可以复制、移动和删除文件或者文件夹。相关方法如下。
1. 复制文件
使用下面的方法复制文件或文件夹:

```java
public static Path copy(Path source, Path target, CopyOption… options) throws IOException
```

第一个参数是源文件,第二个参数是目标文件,后面的参数 options 指出如何复制。

默认情况下,如果目标文件已经存在或者是快捷方式,则不能复制。文件属性不要求复制到目标文件。如果支持快捷方式,源文件是快捷方式,将复制文件的目标文件。如果要复制的是目录,会在目标位置创建目录,但是目录中的子目录和文件不会创建。

CopyOption 有三种选项:
- REPLACE_EXISTING:如果目标存在,并且不是非空目录,目标文件将被替换。如果目标存在,并且是快捷方式,快捷方式将被替换。
- COPY_ATTRIBUTES:复制文件的时候复制文件的属性。
- NOFOLLOW_LINKS:如果文件是快捷方式,只复制快捷方式而不是目标文件。

2. 移动文件

使用下面的方法移动文件或文件夹:

```java
public static Path move(Path source, Path target, CopyOption… options) throws IOException
```

默认情况下,如果目标文件已经存在则不能移动,如果源文件和目标文件相同则不产生任何效果。如果文件是快捷方式,则移动快捷方式本身而不是目标文件。

移动的时候可以使用下面的选项。
- REPLACE_EXISTING:如果目标存在,并且不是非空目录,目标文件将被替换。如果目标存在,并且是快捷方式,快捷方式将被替换。
- ATOMIC_MOVE:移动是一个原子文件操作,其他的选项都会被忽略。

3. 删除文件

使用下面的方法删除文件或者文件夹:

```java
public static void delete(Path path) throws IOException
```

参数指出要删除的文件,可以删除文件、文件夹和快捷方式。如果参数是快捷方式,删除的是快捷方式而不是目标文件。如果要删除的是文件夹并且不为空,则删除失败。如果要删除的文件不存在,则删除失败。

Files 中提供了另外一个方法,当要删除的文件不存在的时候不产生异常。

```java
public static boolean deleteIfExists(Path path) throws IOException
```

【例 5.31】 使用 Files 复制、移动和删除文件。

```java
package example5_31;

import java.io.IOException;
import java.nio.file.FileSystems;
import java.nio.file.Files;
import java.nio.file.Path;

public class FileCopy {

    public static void main(String[] args) {
```

```
                Path p1 = FileSystems.getDefault().getPath("e:\\customer.txt");
                Path p2 = FileSystems.getDefault().getPath("e:\\customer2.txt");
                //复制文件
                try {
                    Files.copy(p1,p2);
                } catch (IOException e) {
                    System.out.println("文件复制失败!");
                }

                Path p3 = FileSystems.getDefault().getPath("d:\\customer2.txt");
                try {
                    Files.move(p1,p3);
                } catch (IOException e) {
                    System.out.println("移动文件失败!");
                }

                try {
                    Files.delete(p3);
                } catch (IOException e) {
                    System.out.println("删除文件失败!");
                }
            }
        }
```

在测试的时候，为了看到效果，在完成三个操作中的一个的时候，注释掉另外两个。

5.2.13 使用 NIO 中的 Files 访问文件

可以使用多种方式的 I/O 对文件进行操作，图 5.2 按照从简单到复杂的顺序列出了常用的文件 I/O 方法。

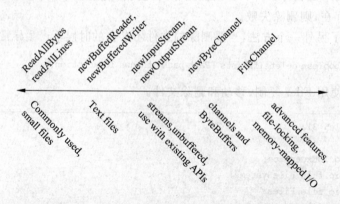

图 5.2　Files 中提供的对文件操作的方式

1. 文件的打开方式

在对文件进行操作之前需要先打开文件，打开文件的方式有如下几种：

- WRITE：写文件。

- APPEND：在文件的最后添加新的数据，这个选项与 WRITE 或者 CREATE 一起使用。
- TRUNCATE_EXISTING：删除文件内容和 WRITE 一起使用。
- CREATE_NEW：创建一个新的文件，如果文件已经存在将产生异常。
- CREATE：如果文件存在则打开，如果不存在则创建。
- DELETE_ON_CLOSE：当流关闭的时候删除文件，常用于临时文件。
- SPARSE：新创建的文件是稀疏的，如果文件系统不支持则被忽略。在支持该特性的文件系统中，对于有空隙的大文件来说，可以采用更为有效的方式避免磁盘空间的浪费。
- SYNC：保持文件（包括内容和元数据）与使用存储设备同步。
- DSYNC：保持文件内容与使用的存储设备同步。

2. 对于小文件一次读出或者写入所有内容

对于内容较少的文件可以一次读出所有内容，或者写入所有内容，Files 提供了相应的方法，这些方法包含了打开文件、读取文件和关闭文件的过程，对于小文件非常有用，但是不能用于大文件。这些方法如下：

- public static byte[] readAllBytes(Path path)：按照字节方式一次读入全部内容。
- public static List<String> readAllLines(Path path, Charset charset)：按照字符方式一次读取全部内容，第二个参数表示读取信息采用的编码方式。
- public static Path write(Path path, byte[] bytes, OpenOption… options) throws IOException：按照字节方式一次写入所有内容，需要进行异常处理，第二个参数表示要写入文件的内容，第三个参数表示打开文件的方式。
- public static Path write(Path path, Iterable<? extends CharSequence> lines, Charset cs, OpenOption… options)：按照字符方式一次写入所有内容，需要进行异常处理，第二个参数表示要写入文件的内容，第三个参数表示信息的编码方式，第四个参数是文件的打开方式。

【例 5.32】 使用 Files 一次性读写文件内容。

```
package example5_32;

import java.io.IOException;
import java.nio.charset.Charset;
import java.nio.file.FileSystems;
import java.nio.file.Files;
import java.nio.file.Path;
import java.nio.file.StandardOpenOption;
import java.util.List;

public class FilesTest {

    public static void main(String[] args) {
        Path path = FileSystems.getDefault().getPath("e:\\myBook.txt");
        try {
```

```java
        //一次读入全部字节
        byte[] content = Files.readAllBytes(path);
        System.out.println(new String(content));

        //按照字符方式一次全部读入
        List<String> content2 = Files.readAllLines(path,
            Charset.forName("gb2312"));
        for (int i = 0; i < content2.size(); i++) {
            System.out.println(content2.get(i));
        }
        //按照字节方式写入
        Files.write(path,content,StandardOpenOption.APPEND);
        //按照字符方式写入
        Files.write(path,content2,Charset.forName("gb2312"),
            StandardOpenOption.APPEND);
    } catch (IOException e) {
        e.printStackTrace();
    }
}
```

3. 采用缓冲方式读写文本文件的方法

采用缓冲方式能够提高读写文件的效率，Files 提供了获取缓冲方式的输入和输出流的方法。

- public static BufferedWriter newBufferedWriter（Path path，Charset cs，OpenOption…options）用于打开一个文件来输出信息，返回一个 BufferedWriter 对象。
- public static BufferedReader newBufferedReader（Path path，Charset cs）throws IOException 用于打开一个文件来读取信息，返回一个 BufferedReader 对象，能够高效地以文本方式读取文件。

【例 5.33】 使用 Files 采用缓冲方式读写文件。

```java
package example5_33;

import java.io.BufferedReader;
import java.io.BufferedWriter;
import java.nio.charset.Charset;
import java.nio.file.FileSystems;
import java.nio.file.Files;
import java.nio.file.Path;
import java.nio.file.StandardOpenOption;

public class FilesBuffered {

    public static void main(String[] args) {
        Path path = FileSystems.getDefault().getPath("e:\\myBook.txt");
```

```java
        try(BufferedWriter writer = Files.newBufferedWriter(path, Charset.forName ("gb2312"),
StandardOpenOption.APPEND)){
            writer.write("采用缓冲方式写入文件的内容!");
        }catch(Exception e){
            e.printStackTrace();
        }
        try(BufferedReader reader = Files.newBufferedReader(path,Charset.defaultCharset())){
            String str;
            while((str = reader.readLine())!= null)
                System.out.println(str);
        }catch(Exception e){
            e.printStackTrace();
        }
    }
}
```

4. 使用字节流 I/O 访问文件

可以采用字节流的方式访问文件，Files 提供了如下方法：

- public static InputStream newInputStream(Path path, OpenOption… options) throws IOException：第一个参数表示要打开的文件，第二个参数表示打开文件的选项。
- public static OutputStream newOutputStream(Path path, OpenOption… options) throws IOException：第一个参数表示要打开的文件，第二个参数表示打开文件的选项。如果不指定打开方式，且文件不存在，则创建文件。如果文件已经存在，则会清空。等价于使用 CREATE 和 TRUNCATE_EXISTING 参数。

得到输入流和输出流对象之后的操作与之前第 5.2.3 节和第 5.2.4 节中的输入流和输出流的用法类似。这里不再举例。

5. 使用 Channel I/O 读写文件

使用字节流 I/O 每次读写一个字节，Channel I/O 每次操作一个缓冲区。ByteChannel 接口提供基本的读写功能。SeekableByteChannel 也是一个 ByteChannel，维持一个位置并能改变位置，能够查询文件的大小，可以移动到文件的某个位置并从那个位置开始读写，使随机访问文件成为可能。Files 提供了两个方法来获取 SeekableByteChannel 对象。

- public static SeekableByteChannel newByteChannel(Path path, Set＜? extends OpenOption＞ options, FileAttribute＜?＞… attrs)throws IOException：第一个参数表示要打开的文件，第二个参数表示打开文件的选项，第三个参数表示创建文件的时候要设置的属性。默认的打开方式是 READ。
- public static SeekableByteChannel newByteChannel(Path path, OpenOption… options) throws IOException：两个参数的作用与前一个方法的前两个参数相同。

通过这两个方法可以得到 SeekableByteChannel 对象，通过 SeekableByteChannel 对象的方法对文件进行操作。

SeekableByteChannel 的主要方法如下：

- int read(ByteBuffer dst) throws IOException：把信息读入到参数所指定的 ByteBuffer

对象中,从当前位置开始读,之后根据实际读入的字节数更新当前位置。
- int write(ByteBuffer src) throws IOException:把参数指定的内容输出到目标。
- long position() throws IOException:返回当前位置。
- SeekableByteChannel position(long newPosition) throws IOException:设置位置,以便从相应位置开始操作。
- long size() throws IOException:返回通道连接的实体的大小。
- SeekableByteChannel truncate(long size) throws IOException:修改通道连接的实体的大小,如果参数小于实体的大小,则实体被裁剪,如果参数大于实体的大小,则修改实体的空间。

SeekableByteChannel在进行读写的时候都需要使用ByteBuffer对象,ByteBuffer对象的主要方法如下:
- public static ByteBuffer allocate(int capacity):为缓冲区分配空间。
- public static ByteBuffer wrap(byte[] array,int offset,int length):把字节数组的部分内容转换为ByteBuffer对象。
- public static ByteBuffer wrap(byte[] array):把整个字节数组转换为ByteBuffer对象。

【例5.34】 采用通道方式读写文件。

```
package example5_34;

import java.nio.ByteBuffer;
import java.nio.channels.SeekableByteChannel;
import java.nio.charset.Charset;
import java.nio.file.FileSystems;
import java.nio.file.Files;
import java.nio.file.Path;
import java.nio.file.StandardOpenOption;

public class FilesChannel {

    public static void main(String[] args) {
        Path path = FileSystems.getDefault().getPath("e:\\myBook.txt");
        try (SeekableByteChannel channel = Files.newByteChannel(path)) {
            ByteBuffer buffer = ByteBuffer.allocate(100);
            while (channel.read(buffer) > 0) {
                buffer.rewind();

System.out.print(Charset.defaultCharset().decode(buffer));
                buffer.flip();
            }
        } catch (Exception e) {
            e.printStackTrace();
        }

        try (SeekableByteChannel channel = Files.newByteChannel(path,
                StandardOpenOption.APPEND)) {
            String str = "采用SeekableByteChannel写入文件的内容";
```

```
                ByteBuffer buffer = ByteBuffer.wrap(str.getBytes());
                channel.write(buffer);
            } catch (Exception e) {
                e.printStackTrace();
            }
        }
    }
}
```

注意,在读取文件的时候,如果文件含有中文,每次读入若干字节,然后把字节转换为字符串,可能会产生乱码。

5.2.14 使用 NIO 中的 Files 管理文件和文件夹

Files 提供了类似于 File 对于文件和文件夹的管理功能,包括文件、文件夹和快捷方式的管理。

1. 文件夹管理

文件夹操作相关的方法如下:

- public abstract Iterable<Path> getRootDirectories():这是 FileSystem 对象的方法,可以得到所有的根目录(也就是盘符),FileSystem 对象可以通过 FileSystems 的 getDefault 方法得到。
- public static DirectoryStream<Path> newDirectoryStream(Path dir) throws IOException:该方法可以返回目录中的内容,返回值是实现了 DirectoryStream 接口的对象,另外它实现了 Iterable 接口,可以通过对 DirectoryStream 遍历读取所有文件。
- public static Path createDirectory(Path dir, FileAttribute<?>… attrs) throws IOException:根据指定的属性创建目录,如果没有指定文件属性,将使用默认的属性。
- public static Path createDirectories(Path dir, FileAttribute<?>… attrs) throws IOException:创建目录,如果目录包含多层,并且父目录不存在,会先创建父目录,然后创建子目录。

getRootDirectories 方法的返回值类型是 Iterable,newDirectoryStream 的返回值是 DirectoryStream,该接口也继承了 Iterable 接口。对于 Iterable 对象可以通过 Java 提供的 for-each 循环进行处理,在第 2.7.4 节介绍了 for-each 的基本语法。使用 for-each 循环遍历 Iterable 对象与遍历数组相同,把数组名字改为 Iterable 对象名即可,具体用法参见下面的例子。

【例 5.35】 使用 Files 管理目录:显示系统的所有目录,然后列出 D 盘中的所有文件,在 D 盘创建目录 myDir,然后在 myDri 中创建 d1,在 d1 下面创建 d2。

```
package example5_35;

import java.io.IOException;
```

```
import java.nio.file.DirectoryIteratorException;
import java.nio.file.DirectoryStream;
import java.nio.file.FileSystems;
import java.nio.file.Files;
import java.nio.file.Path;
import java.nio.file.Paths;

public class FilesDirectory {

    public static void main(String[] args) {
        Iterable<Path> dirs = FileSystems.getDefault().getRootDirectories();
        for (Path name : dirs) {
            System.out.println(name);
        }

        Path dir = Paths.get("D:\\");
        try (DirectoryStream<Path> stream = Files.newDirectoryStream(dir)) {
            for (Path file : stream) {
                System.out.println(file.getFileName());
            }
        } catch (IOException|DirectoryIteratorException e) {
            e.printStackTrace();
        }

        Path myDir = Paths.get("D:\\myDir");
        Path myDir2 = Paths.get("D:\\myDir\\d1\\d2");
        try {
            Files.createDirectory(myDir);
            Files.createDirectories(myDir2);
        } catch (IOException e) {
            e.printStackTrace();
        }
    }
}
```

另外，在 Files 中提供了两个方法用于创建临时目录。
- public static Path createTempDirectory(String prefix, FileAttribute<?>… attrs) throws IOException：在默认的临时文件目录中创建临时目录。
- public static Path createTempDirectory(Path dir, String prefix, FileAttribute<?>… attrs)：生成临时目录，并且指定临时目录所在的目录。

如果只想访问目录中的一部分文件和子文件夹，可以使用 newDirectoryStream(Path path, String str)方法，第二个参数可以对文件或者文件夹进行过滤。例如，只选择 Java 文件，可以使用 *.java 进行过滤。

【例 5.36】 使用 Files 过滤文件：列出 D 盘 java 文件夹下面的 Java 文件。

```
package example5_36;

import java.io.IOException;
```

```
import java.nio.file.DirectoryStream;
import java.nio.file.Files;
import java.nio.file.Path;
import java.nio.file.Paths;

public class FilterDirectroy {

    public static void main(String[] args) {
        Path dir = Paths.get("D:\\java");
        try (DirectoryStream<Path> stream =
                Files.newDirectoryStream(dir,"*.java")) {
            for (Path entry: stream) {
                System.out.println(entry.getFileName());
            }
        } catch (IOException x) {
            System.err.println(x);
        }
    }
}
```

上面的例子使用系统提供的模式匹配的方式过滤文件,如果这种方式不能满足要求,用户可以编写自己的过滤器。

要编写自己的过滤器,需要实现 DirectoryStream.Filter<T>接口。这个接口中定义了一个方法 accept,这个方法决定一个文件是否满足要求。

下面的例子只列出 D 盘的文件,而不列出文件夹。

【例 5.37】 Files 的用法:只列出 D 盘的文件。

```
package example5_37;

import java.io.IOException;
import java.nio.file.DirectoryStream;
import java.nio.file.Files;
import java.nio.file.Path;
import java.nio.file.Paths;

public class CostomerFilterDirectory {

    public static void main(String[] args) {
        Path dir = Paths.get("d:\\");
        try (DirectoryStream<Path> stream = Files.newDirectoryStream(dir,
                new MyFilter())) {
            for (Path entry : stream) {
                System.out.println(entry.getFileName());
            }
        } catch (IOException e) {
            e.printStackTrace();
```

```
        }
    }
}

class MyFilter implements DirectoryStream.Filter<Path> {
    public boolean accept(Path file) throws IOException {
        return (!Files.isDirectory(file));
    }
}
```

2. 文件管理

可以通过 Files 提供的方法创建文件,方法如下:

public static Path createFile(Path path,FileAttribute<?>… attrs) throws IOException

方法的第一个参数是要创建的文件,第二个参数设置新创建文件的属性。如果不指定属性,使用默认属性创建文件。如果文件已经存在,将抛出异常。

另外 Files 提供了两个创建临时文件的方法如下:

- public static Path createTempFile(String prefix,String suffix,FileAttribute<?> attrs)throws IOException:第一个参数指出临时文件的前缀,第二个参数指出临时文件的后缀,第三个参数指出文件属性。
- public static Path createTempFile (Path dir,String prefix,String suffix,FileAttribute<?>… attrs) throws IOException:在指定的文件夹中创建临时文件,第一个参数表示指定的文件夹,第二个参数指出临时文件的前缀,第三个参数指出临时文件的后缀,第四个参数指出文件的属性。

【例 5.38】 使用 Files 创建文件和临时文件。

```
package example5_38;

import java.io.IOException;
import java.nio.file.Files;
import java.nio.file.Path;
import java.nio.file.Paths;

public class FilesCreateFile {

    public static void main(String[] args) {
        Path path = Paths.get("e:\\newFile.txt");
        Path directory = Paths.get("E:\\");
        try {
            Files.createFile(path);
            Files.createTempFile("temp","txt");
            Files.createTempFile(directory,"temp","txt");
        } catch (IOException e) {
            e.printStackTrace();
        }
```

```
            }
        }
}
```

3. 链接和符号链接的管理

Files 提供了多个与链接、符号链接相关的操作,如果操作系统不支持,在调用这些方法的时候会出现异常。这些方法如下:

- public static boolean isSymbolicLink(Path path):判断参数指定的文件是否为快捷方式。
- public static Path createLink(Path link,Path existing) throws IOException:创建链接。
- public static Path createSymbolicLink(Path link,Path target,FileAttribute<?>… attrs):创建符号链接。
- public static Path readSymbolicLink(Path link) throws IOException:读取链接指向的目标文件,如果参数指定的文件不是一个快捷方式,将抛出一个 NotLinkException 异常。

【例 5.39】 使用 Files 创建链接和符号链接。

```java
package example5_39;

import java.io.IOException;
import java.nio.file.Files;
import java.nio.file.Path;
import java.nio.file.Paths;
import java.nio.file.attribute.FileAttribute;
import java.nio.file.attribute.PosixFileAttributes;
import java.nio.file.attribute.PosixFilePermission;
import java.nio.file.attribute.PosixFilePermissions;
import java.util.Set;

public class FilesLink {

    public static void main(String[] args) {
        Path path = Paths.get("e:\\myBook.txt");
        Path link1 = Paths.get("e:\\book1.link");
        Path link2 = Paths.get("e:\\book2.link");
        try {
            Files.createLink(link1,path);

            PosixFileAttributes attrs = Files.readAttributes(path,
            PosixFileAttributes.class);
            FileAttribute < Set < PosixFilePermission >> attr = PosixFilePermissions
            .asFileAttribute(attrs.permissions());
            Files.createSymbolicLink(link2,path,attr);
```

```
            } catch (IOException e) {
                e.printStackTrace();
            }
        }
    }
```

【注意】 如果系统不支持链接和符号链接在执行的时候会出错。

5.2.15 遍历文件夹

要遍历一个文件夹,首先要实现 FileVisitor 接口。该接口中定义了 4 个方法来描述遍历文件夹时的 4 个主要事件。

- FileVisitResult preVisitDirectory(T dir,BasicFileAttributes attrs) throws IOException：该方法在访问目录之前调用。
- FileVisitResult postVisitDirectory(T dir,IOException exc) throws IOException：该方法在访问目录之后调用。
- FileVisitResult visitFile(T file,BasicFileAttributes attrs) throws IOException：在访问文件的时候调用,文件的属性作为参数传递给该方法。
- FileVisitResult visitFileFailed(T file,IOException exc) throws IOException：当访问文件失败的时候调用该方法,异常对象会传给这个方法,在这个方法中可以抛出异常,也可以把异常显示到控制台,或者写入日志文件等。

在遍历文件夹的时候,如果遇到文件夹先调用 preVisitDirectory 方法,然后调用 postVisitDirectory 方法,如果遇到文件调用 visitFile 方法,且访问文件失败,会访问 visitFileFailed 方法。

如果不是 4 个方法都需要实现,可以继承 SimpleFileVisitor 类,该类实现了 FileVisitor 接口的 4 种方法。在继承 SimpleFileVisitor 之后根据需要覆盖 4 种方法中的一种或多种。

FileVisitor 接口的 4 种方法的返回值类型都是 FileVisitResult,该返回值可以对遍历的流程进行控制。FileVisitorResult 的值具体如下：

- CONTINUE：表示继续遍历文件。
- TERMINATE：终止遍历文件,什么方法都不会再调用。
- SKIP_SUBTREE：当 preVisitDirectory 方法返回这个值的时候,当前目录和它的子目录都会跳过。
- SKIP_SIBLINGS：当 preVisitDirectory 方法返回这个值的时候,当前的目录不会被访问,并且对应的 postVisitDirectory 方法也不会被访问。如果 postVisitDirectory 返回该值,当前目录的兄弟节点就不会被访问了。

【例 5.40】 通过继承 SimpleFileVisitor 遍历文件夹,如果是文件夹输出文件夹名字,如果是文件输出文件名字和文件大小。

```
package example5_40;

import java.io.IOException;
import java.nio.file.FileVisitResult;
```

```java
import static java.nio.file.FileVisitResult.*;
import java.nio.file.Path;
import java.nio.file.SimpleFileVisitor;
import java.nio.file.attribute.BasicFileAttributes;

public class MyFileVisitor extends SimpleFileVisitor<Path>{

    @Override
    public FileVisitResult preVisitDirectory(Path dir,
            BasicFileAttributes attrs) throws IOException {
        System.out.println(dir.toAbsolutePath());
        return CONTINUE;
    }

    @Override
    public FileVisitResult visitFile(Path file,BasicFileAttributes attrs)
            throws IOException {
        System.out.println(file.toAbsolutePath() + " 大小: " + attrs.size());
        return CONTINUE;
    }

}
```

要实现文件遍历,需要通过 Files 提供的方法。在 Files 类中提供了两种方法可以遍历文件夹。

- public static Path walkFileTree(Path start,FileVisitor<?super Path> visitor) throws IOException:第一个参数表示要访问的文件夹根目录,第二个参数是 FileVisitor 对象。
- public static Path walkFileTree(Path start,Set<FileVisitOption> options,int maxDepth,FileVisitor<?super Path> visitor) throws IOException:第一个参数表示要访问的文件夹目录,第二个参数表示设置的选项,第三个参数表示遍历的深度,第四个参数是 FileVisitor 对象。

下面的例子调用例 5.40 中的 MyFileVisitor 对 D 盘下的 java 目录进行遍历。

【例 5.41】 遍历文件夹。

```java
package example5_41;

import java.io.IOException;
import java.nio.file.Files;
import java.nio.file.Path;
import java.nio.file.Paths;

import example5_40.MyFileVisitor;

public class FilesWalk {
```

```java
    public static void main(String[] args) {
        Path path = Paths.get("d:\\java");
        try {
            Files.walkFileTree(path, new MyFileVisitor());
        } catch (IOException e) {
            e.printStackTrace();
        }
    }
}
```

【注意】 文件夹按照深度优先的顺序遍历,但是不能保证文件按照什么顺序被遍历。例如要删除文件夹,首先要删除文件夹中的文件夹,所以应该在 postVisitDirectory 方法中删除,而不能在 preVisitDirectory 方法中删除。如果要复制整个文件夹,应该在 preVisitDirectory 方法中复制。

5.2.16 实例:统计代码量

指定一个存储 Java 源文件的目录,然后统计该目录下面的 Java 文件及其代码量。

【例 5.42】 统计某个指定目录下的代码行。

```java
package example5_42;

import static java.nio.file.FileVisitResult.CONTINUE;

import java.io.IOException;
import java.nio.charset.Charset;
import java.nio.file.FileVisitResult;
import java.nio.file.Files;
import java.nio.file.Path;
import java.nio.file.Paths;
import java.nio.file.SimpleFileVisitor;
import java.nio.file.attribute.BasicFileAttributes;
import java.util.List;
import java.util.Scanner;

public class CodeLineCount {

    public static void main(String[] args) {
        Scanner in = new Scanner(System.in);
        System.out.println("请输入文件夹的位置: ");
        String pathName = in.nextLine();
        Path path = Paths.get(pathName);
        try {
            MyFileVisitor myFileVisitor = new MyFileVisitor();
            Files.walkFileTree(path, myFileVisitor);
            System.out.println("总的代码行为: " + myFileVisitor.getLineQuantity());
```

```
        } catch (IOException e) {
            e.printStackTrace();
        }
    }
}

class MyFileVisitor extends SimpleFileVisitor<Path> {
    int lineQuantity = 0;

    public int getLineQuantity() {
        return lineQuantity;
    }

    @Override
    public FileVisitResult visitFile(Path file,BasicFileAttributes attrs)
            throws IOException {
        String fileName = file.toString();
        int temp = LineCount.getCount(file);
        lineQuantity += temp;
        System.out.println(fileName + " --- " + temp);
        return CONTINUE;

    }
}

class LineCount {
    public static int getCount(Path path) {
        try {
            List<String> content = Files.readAllLines(path,
                    Charset.forName("gb2312"));
            return content.size();
        } catch (Exception e) {

        }

        return 0;
    }
}
```

5.2.17 实例：使用文件存储学生信息进行学生信息管理

在例 3.15 中完成的学生信息管理系统中，学生信息是保存在内存中，如果程序关闭，学生信息就丢失了，可以使用文件存储数据，这样就可以长久地存储学生信息。本实例在例 3.15 的基础上修改。

主要的改动是：在程序启动的时候需要从文件中加载数据，在程序退出的时候把更新后的数据重新写入到文件中。具体改动如下：

Student.java：让 Student 实现串行化接口，目的是在读写文件的时候可以使用对象流。

StudentManager.java：增加从文件中读取数据和把更新结果存储到文件的代码，并且在构造方法中调用 load 方法，三个方法如下：

```java
public StudentManager() {
    students = new Student[100];
    load();
}
public void load() {
    try (FileInputStream fis = new FileInputStream("e:\\student.txt");
            ObjectInputStream ois = new ObjectInputStream(fis);) {
        Student student;
        do{
            student = (Student) ois.readObject();
            students[count] = student;
            count++;
        }while(student!= null);
    } catch (Exception e) {
        //e.printStackTrace();
    }
}
public void persist() {
    try (FileOutputStream fos = new FileOutputStream("e:\\student.txt");
            ObjectOutputStream oos = new ObjectOutputStream(fos);) {
        for(int i = 0;i < count;i++){
            oos.writeObject(students[i]);
        }
    } catch (Exception e) {
        e.printStackTrace();
    }
}
```

Client.java 在程序退出的时候调用 StudentManager 的 persist 方法，增加了一个方法 exit，方法内容如下：

```java
public void exit(){
    manager.persist();
    out.println("Bye");
    System.exit(0);
}
```

【例 5.43】 使用文件存储学生信息实现学生信息管理。完整代码参见本书附赠光盘。

5.3 泛 型

在 4.8.4 节介绍了一个整数链表的实现，如果需要一个 double 类型的链表，就需要创建一个 double 类型的链表，同样可能还需要学生链表、图书链表等，能不能定义一个类型来表示所有这些链表呢？Java 中提供的泛型就可以解决这个问题。

5.3.1 泛型的定义

一个类中的成员变量和成员方法中使用的类型可能变化，例如之前提到的链表类，成员可以使用整数、可以使用 double、可以使用 Student，这时候就可以使用泛型，在声明类的时候使用一个特殊的标识表示这些变化的类型。

在定义泛型的时候，在类名后面添加"<标识>"。例如 4.8.4 节中的节点类，类名可以写成 Node<E>，使用 E 表示可能的类型，在类中出现元素类型的地方都使用 E 表示。

【例 5.44】泛型：元素类型为任意类型的节点类。

```
package example5_44;

public class Node<E> {
    private E value;                    //节点的值
    private Node<E> next;               //表示下一个元素
    public E getValue() {
        return value;
    }
    public void setValue(E value) {
        this.value = value;
    }
    public Node<E> getNext() {
        return next;
    }
    public void setNext(Node<E> next) {
        this.next = next;
    }
}
```

5.3.2 泛型的使用

在使用泛型的类定义对象的时候，需要明确元素的类型，在实例化对象的时候也需要明确元素的类型。例如：

```
Node<Integer> n1 = new Node<Integer>();
```

如果在使用 Node 类的时候没有指定元素类型，会报错：Node is a raw type. References to generic type Node<E> should be parameterized。下面的例子展示了基本用法。

【例 5.45】 泛型的使用。

```
package example5_45;

import example5_44.Node;

public class NodeTest {

    public static void main(String[] args) {
        Node<Integer> n1 = new Node<Integer>();
        Node<Integer> n2 = new Node<Integer>();
```

```
            n1.setValue(100);
            n2.setValue(200);
            n1.setNext(n2);
            n2.setNext(null);
            Node<Integer> temp = n1.getNext();
            System.out.println(temp.getValue());
        }
    }
```

5.3.3 复杂泛型

在 5.3.1 节定义的 Node 类的元素类型使用 E 表示，可以是任意类型，也可以对元素的类型进行限制。有时候会限制元素类型，例如只能是某个类的子类。这样在定义泛型的时候需要对元素类型进行限制。下面的例子展示了具体用法。

【例 5.46】 对泛型类型进行限制：数字链表。

```
package example5_46;

public class Node< E extends Number > {
    private E value;                    //节点的值
    private Node< E > next;             //表示下一个元素
    public E getValue() {
        return value;
    }
    public void setValue(E value) {
        this.value = value;
    }
    public Node< E > getNext() {
        return next;
    }
    public void setNext(Node< E > next) {
        this.next = next;
    }
    public static void main(String args[]){
        Node< Integer > n1 = new Node< Integer >();
    }
}
```

因为在定义泛型的时候要求元素类型是 Number 的子类，所以使用代码中的 Node<Integer> n1=new Node<Integer>()是正确的，但是 Node<String> n2=new Node<String>()就是错误的，编译的时候就会报错。

在 Java 7 中对泛型的使用进行了简化，在实例化泛型的时候可以不指定元素类型，元素类型可以根据引用类型决定。例如：

Node< Integer > n2 = new Node< Integer >();

可以简写成：

```
Node < Integer > n2 = new Node <>();
```

5.4 集合框架

可以使用数组组织多个同种类型的数据,但是数组中元素的个数是不能变化的,并且在进行一些操作的时候效率比较低,例如要删除数组中的某个元素,需要把后面的元素都向前移动。Java 中还提供了大量与集合有关的类方便对多值进行管理。

5.4.1 集合概述

Java 中提供的关于集合的类和接口很多,当需要管理多个对象的时候可以使用这些接口和类,这些接口和类大致分为三层。

第一层是接口,具体包括:
- Collection 接口:List 接口和 Set 接口的父接口。
- List 接口:组织有序数据,元素之间有相对位置。
- Set 接口:组织无序数据,元素之间没有先后顺序。
- Map 接口:组织映射数据,表示很多数据,每个数据都会包含两部分,一部分是数据,另一部分是键,每个数据称为键/值对(key/value)。

第二层是抽象类,为了减少用户在实现接口时的工作量,集合框架提供了一些对基本接口的抽象实现,包括:
- Collection 接口的抽象实现是 AbstractCollection。
- Set 接口的抽象实现是 AbstractSet。
- List 接口的抽象实现是 AbstractList。
- AbstractSequentialList 继承了 AbstractList。
- Map 接口的抽象实现是 AbstractMap。

第三层是实际要使用的类,这些类比较多,也是我们需要重点掌握的,在后面会详细介绍。

5.4.2 Collection 接口

最顶层接口就是 Collection,表示一个集合。因为是接口,所以主要考虑它的方法,这个接口中定义的方法是所有实现该接口的类都应该实现的。因为 Collection 描述的是集合,所以它的方法都是与集合操作相关的方法。

(1) 第一类方法,向集合中添加对象的方法。可以添加一个,可以添加多个,添加多个也就是把另一个集合的元素添加进来。下面的两个方法是添加元素的方法。
- public boolean add(Object o):向集合中添加参数指定的元素。
- public boolean addAll(Collection c):向集合中添加参数指定的所有元素。

(2) 第二类方法,从集合中删除元素的方法。可以删除一个,可以删除多个,还可以删除所有的元素,此外还有一个特殊的,删除某些元素之外的所有元素,所以对应的方法有以下 4 个。
- public boolean remove(Object o):删除指定的某个元素。

- public boolean removeAll(Collection c)：删除指定的多个元素。
- public void clear()：删除所有的元素。
- public boolean retainAll(Collection c)：只保留指定集合中存在的元素,其他的都删除,相当于取两个集合的交集。

(3) 第三类方法,判断集合中元素的方法如下。
- public boolean isEmpty()：用于判断集合是否是空的。
- public boolean contains(Object o)：判断是否包含指定的元素。
- public boolean containsAll(Collection c)：判断是否包含指定的多个元素。
- public int size()：用于获取集合中元素的个数。

(4) 第四类方法,与其他类型的对象进行转换的方法如下。
- public Iterator iterator()：转换成迭代器,方便集合中元素的遍历。
- public Object[] toArray()：转换成集合,也是方便集合中元素的遍历。

通常在管理集合的过程中使用集合本身提供的方法,但是遍历集合最好先转换成迭代器或者数组,这样访问比较方便,并且效率比较高。

(5) 第五类方法,比较通用的方法如下。
- public boolean equals(Object o)：判断是否与另外一个对象相同。
- public int hashCode()：返回集合的哈希码。

上面是 Collection 接口中的方法,直接继承这个接口的接口有 Set 和 List,下面分别进行介绍。

Collection 接口继承了 Iterable 接口,在对 Collection 对象进行遍历的时候可以使用 for-each 循环。

5.4.3 Set 接口和 SortedSort 接口

Set 接口表示集合,集合中的元素不允许重复,该接口与 Collection 接口基本一致,方法与 Collection 完全相同。如果希望集合中的数据能够排序可以使用 SortedSet 接口。

Set 接口中的元素是没有顺序的,SortedSet 继承了 Set 接口,但是 SortedSet 中的元素是按照升序排列的。排列的顺序既可以按照元素的自然顺序,也可以按照创建 SortedSort 时指定的 Comparator 对象。所有插入 SortedSort 中的元素必须实现 Comparator,实现 SortedSort 接口的类只有 TreeSet 类,Comparator 和 TreeSet 的用法将在后面介绍。

SortedSort 接口的主要方法如下。

(1) 第一类方法,得到相关的 Comparator 对象。

public Comparator comparator()：返回相关的 comparator 对象,如果按照自然排序,返回 null。

(2) 第二类方法,获取子集的方法。
- public SortedSort subSet(Object fromElement, Object toElement)：获取从 fromElement 到 toElement 的元素,包含 fromElement,不包含 toElement。
- public SortedSet headSet(Object toElement)：获取从开始到 toElement 的所有元素,不包含 toElement。
- public SortedSet tailSet(Object fromElement)：获取从 fromElement 开始到结束的

所有元素,包含 fromElement。

(3) 第三类方法,获取元素的方法。
- public Object first():获取第一个元素。
- public Object last():获取最后一个元素。

5.4.4 List 接口

List 接口继承了 Collection 接口,List 中的元素是有序的。List 就是通常所说的链表,是一种特殊的集合,集合中的元素是有序的,所以多了一些与顺序相关的方法。这里只介绍增加的方法。

(1) 第一种方法,在指定的位置上添加元素。
- public void add(int index,Object o):第一个参数表示要添加的元素的位置,从 0 开始。
- public boolean addAll(int index,Collection c):第一个参数表示位置,如果不指定位置,默认在最后添加。

(2) 第二种方法,删除指定位置的元素。

public Object remove(int index):参数用于指定要删除的元素的位置。

(3) 第三种方法,获取某个元素或者获取某些元素。
- public Object get(int index):获取指定位置的元素。
- public List subList(int fromIndex,int toIndex):获取从 fromIndex 到 toIndex 这些元素,包括 fromIndex,不包括 toIndex。

(4) 第四种方法,查找某个元素。
- public int indexOf(Object o):查找元素在集合中第一次出现的位置,并返回这个位置,如果返回值为 -1,表示没有找到这个元素。
* public int lastIndexOf(Object o):查找元素在集合中最后一次出现的位置。

(5) 第五种方法,修改元素的方法。

public Object set(int index,Object o):用第二个参数指定的元素替换第一个参数指定位置上的元素。

(6) 第六种方法,转换成有顺序的迭代器。
- public ListIterator listIterator():把所有元素都转换成有顺序的迭代器。
- public ListIterator listIterator(int index):从 index 开始的所有元素进行转换。

List 与 Set 相比,主要是增加了元素之间的顺序关系,并且允许元素重复。

5.4.5 Map 接口和 SortedMap 接口

Map 接口同样是包含多个元素的集合,但是比较特殊,因为它的每个元素包括两个部分:键(Key)和值(Value)。同一个 Map 对象中不允许使用相同的键,但是允许使用相同的值。所以 Map 接口隐含地有三个集合:键的集合、值的集合和映射的集合。

Map 和 List 有一些相同之处,List 中的元素是用位置确定的,元素虽然可以相同,但是位置不能相同,也就是不会出现某个位置两个元素的情况,而 Map 中的元素是通过键来确定的,如果把 List 中的位置信息看成键的话,List 也可以是一种特殊的 Map。

与 Collection 接口相比,Map 接口中主要增加了通过键进行操作的方法,就像 List 中增加了通过位置进行操作的方法一样。

(1) 第一类方法，添加元素的方法。
- public Object put(Object key,Object value)：第一个参数指定键，第二个参数指定值，如果键存在，则用新值覆盖原来的值，如果不存在添加该元素。
- public void putAll(Map m)：添加参数指定的所有映射。

(2) 第二类方法，获取元素的方法。

public Object get(Object key)：获取指定键所对应的值，如果不存在，返回 null。

(3) 第三类方法，删除元素的方法。

public Object remove(Object key)：根据指定的键删除元素，如果不存在该元素，返回 null。

(4) 第四类方法，与键集合、值集合和映射集合相关的操作。
- public Set entrySet()：获取映射的集合。
- public Collection values()：获取值的集合。
- public Set keySet()：返回所有键名的集合。

这三个方法的返回值不一样，因为 Map 中的值是允许重复的，而键是不允许重复的，当然映射也不会重复。Set 不允许重复，而 Collection 允许重复。

(5) 第五类方法，判断是否存在指定 Key 和 Value 的方法。
- public boolean containsValue(Object value)：判断是否存在值为 value 的映射。
- public boolean containsKey(Ojbect key)：判断是否存在键为 key 的映射。

Map 中的元素是无序的，如果希望对 Map 中的元素按照 Key 值进行排序，可以使用 SortedMap 接口。SortedMap 接口与 SortedSet 非常类似，实现该接口的类有 TreeMap，TreeMap 的用法将在后面介绍。

5.4.6 Iterator 接口和 Enumeration 接口

Iterator 接口和 Enumeration 接口的作用类似，Enumeration 接口是 Java 早期版本中的接口，在 Java 1.2 中使用了 Iterator 接口来代替 Enumeration 接口，修改了两个方法的名字，并且提供了删除元素的 remove 方法。

实现 Enumeration 接口的类能够产生一个对象序列，每次产生一个。提供的方法有如下两种。
- boolean hasMoreElements()：判断是否还有下一个元素。
- E nextElement()：得到下一个元素。

具体用法可以参见 5.4.16 节的例子。

Iterator 接口表示一些对象的集合，称为迭代器，主要用于对数组和集合进行遍历，接口中定义的方法如下：
- hasNext()用于判断是否有下一个元素，如果有，返回值为 true，否则返回值为 false。
- next()方法用于得到下一个元素，返回值是 Object 类型，需要强制转换成自己需要的类型。
- remove()用于删除元素，在实现这个接口的时候是可选的。

关于迭代器的使用，通常是通过集合对象提供的方法得到迭代器对象，在得到该对象之后,对它进行遍历。关于 Iterator 的具体用法可参考后面的例子。

5.4.7 HashSet 类

HashSet 是实现 Set 接口的一个类,具有以下的特点:
- 不能保证元素的排列顺序,顺序有可能发生变化。
- HashSet 不是同步的,如果多个线程同时访问一个 Set,只要有一个线程修改 Set 中的值,就必须进行同步处理。通常通过同步封装这个 Set 的对象来完成同步,如果不存在这样的对象,可以使用 Collections.synchronizedSet()方法完成。

Set s = Collections.synchronizedSet(new HashSet(…));

- 元素值可以是 null。

主要方法如下。

1. 构造方法

提供了 4 个构造方法:
- public HashSet();
- public HashSet(Collection<?extends E> c);
- public HashSet(int initialCapacity);
- public HashSet(int initialCapacity,float loadFactor)。

第一个方法创建初始化大小为 16,加载因子为 0.75 的默认实例,第二个方法是以已经存在的集合对象中的元素为基础创建新的 HashSet 实例,第三个方法根据指定的初始化空间大小创建实例,第四个方法在创建实例的时候不仅指出了初始化空间大小,同时也指出了加载因子。加载因子指的是当申请的空间不够用的时候,再申请多少空间,通常按照现有的空间乘以一个系数,这个系数就是加载因子。例如,原来有 100 个空间使用了,需要重新申请空间,如果加载因子是 0.75,则会新申请 75 个元素的空间。

【例 5.47】 分别采用 4 种方法来创建 HashSet 对象。

```
package example5_47;

import java.util.HashSet;

public class HashSetTest {

    public static void main(String[] args) {
        HashSet<String> set1 = new HashSet<String>();
        set1.add("元素 1");
        set1.add("元素 2");
        HashSet<String> set2 = new HashSet<String>(set1);
        HashSet<String> set3 = new HashSet<String>(10);
        HashSet<String> set4 = new HashSet<String>(10,0.8f);
    }

}
```

如果集合中的元素不是很多,通常采用第一种方式,如果明确知道集合中最终会有多少个元素就指定集合的初始大小。

2. 添加元素的方法

可以添加一个元素,也可以同时添加多个元素,添加多个也就是把另外一个集合的元素添加进来。下面的两个方法是添加元素的方法。

- public boolean add(Object o):向集合中添加参数指定的元素。
- public boolean addAll(Collection c):向集合中添加参数指定的所有元素。

例如:

```
set3.add("元素 5");
set3.add("元素 6");
set1.addAll(set3);
set1.add("元素 3");
```

3. 删除元素的方法

可以删除一个,可以删除多个,还可以删除所有的元素,此外还有一个特殊的、可删除某些元素之外的所有元素,所以对应的方法也有以下 4 个。

- public boolean remove(Object o):删除指定的某个元素。
- public boolean removeAll(Collection c):删除指定的多个元素。
- public void clear():删除所有的元素。
- public boolean retainAll(Collection c):只保留指定集合中存在的元素,其他的都删除,相当于取两个集合的交集。

下面的代码展示了具体用法:

```
set1.remove("元素 3");
set1.remove(set2);
```

第一个方法删除了"元素 3",第二个方法删除 set2 中的元素。

4. 查找元素的方法

HashSet 提供了判断元素是否存在的方法。

public boolean contains(Object o):如果包含则返回 true,否则返回 false。

5. 判断集合是否为空

public boolean isEmpty:如果集合为空返回 true,否则返回 false。

6. 遍历集合的方法

HashSet 提供了以下两种遍历集合的方法。

- public Iterator iterator():转换成迭代器,方便集合中元素的遍历。
- public Object[] toArray():转换成数组,也是方便集合中元素的遍历。

通常在管理集合的过程中使用集合本身提供的方法,但是遍历集合最好先转换成迭代器或者数组,这样访问比较方便,并且效率比较高。

【例 5.48】 使用 HashSet。

```
package example5_48;

import java.util.HashSet;
```

```java
import java.util.Iterator;

public class HashSetTest {
    public static void main(String[] args) {
        System.out.println("创建集合对象并添加元素");
        HashSet<String> names = new HashSet<>();
        names.add("张三");
        names.add("李四");
        names.add("刘海");
        HashSetTest test = new HashSetTest();
        System.out.println("集合中的元素包括:");
        test.print1(names);
        names.remove("张三");
        System.out.println("删除张三之后集合中的元素包括:");
        test.print2(names);
    }
    public void print1(HashSet<String> names){
        Object o[] = names.toArray();
        for(int i = 0; i < o.length; i++){
            System.out.println((String)o[i]);
        }

    }
    public void print2(HashSet<String> names){
        Iterator<String> i = names.iterator();
        while(i.hasNext()){
            String name = i.next();
            System.out.println(name);
        }
    }
}
```

运行结果:

```
创建集合对象并添加元素
集合中的元素包括:
张三
刘海
李四
删除张三之后集合中的元素包括:
刘海
李四
```

注意添加元素的顺序和输出元素的顺序不一致,Set 中的元素是无序的。

5.4.8 TreeSet 类

TreeSet 类能够对加入的元素进行排序,可以采用自然顺序,也可以指定 Comparator 对象,在创建 TreeSet 对象的时候可以通过构造方法指定排序规则。TreeSet 的实现能够保证插入、删除和查找操作的时间复杂度是 $\log(n)$。

【注意】 TreeSet 是非同步的,在多线程环境下面使用的时候,需要注意同步,可以使用 Collections.synchronizedSortedSet 方法得到同步的对象,下面的代码展示了用法:

SortedSet s = Collections.synchronizedSortedSet(new TreeSet(…));

TreeSet 的构造方法有如下几种:
- public TreeSet():创建一个空的集合,将按照元素的自然顺序进行排列。
- pulbic TreeSet(Collection<?extends E> c):使用一个集合创建 TreeSet 对象,元素按照自然顺序进行排序。
- public TreeSet(Comparator<?super E> comparator):创建一个空的 TreeSet 集合,并指定比较器,元素将按照比较器进行排序。
- public TreeSet(SortedSet<E> s):使用另外一个 SortedSet 创建 TreeSet 对象,包含参数指定的元素,并采用参数使用的排序规则。

TreeSet 的多数方法与 HashSet 方法相同。

【例 5.49】 TreeSet 的用法。

```java
package example5_49;

import java.util.Iterator;
import java.util.Set;
import java.util.TreeSet;

public class TreeSetTest {

    public static void main(String args[]) {
        Set<String> set = new TreeSet<>();
        set.add("1111");
        set.add("3333");
        set.add("4444");
        set.add("2");
        set.add("11");
        set.add("33");
        set.add("00");

        Iterator<String> i = set.iterator();
        while (i.hasNext()) {
            System.out.println(i.next());
        }
    }
}
```

运行结果：

```
00
11
1111
2
33
3333
4444
```

从运行结果可以看出输入的数据被排序了。

5.4.9 ArrayList 类

ArrayList 是以数组方式实现的链表，ArrayList 是非同步的，在多线程环境下使用需要同步。

构造方法有以下三种：

- ArrayList()：构造一个初始化空间为 10 的空的链表。
- ArrayList(Collection<?extends E> c)：使用一个已经存在的集合构造一个链表，集合中的元素在新的链表中的顺序由集合的 iterator 方法决定。
- ArrayList(int initialCapacity)：构造一个由参数指定初始化空间大小的链表。

下面的代码分别展示了三种用法。

【例 5.50】 ArrayList 的使用。

```
package example5_50;

import java.util.ArrayList;

public class ArrayListTest {
    public static void main(String[] args) {
        ArrayList<String> list1 = new ArrayList<>();
        list1.add("user1");
        list1.add("user2");
        ArrayList<String> list2 = new ArrayList<>(list1);
        ArrayList<String> list3 = new ArrayList<>(8);
    }
}
```

其中 list2 使用 list1 中的元素进行初始化。注意在使用 ArrayList 的时候应该指定元素的类型。这里使用了泛型。

其他的主要方法有如下几种。

1. 向集合中添加对象

可以在最后添加，也可以在指定的位置添加。可以添加一个，可以添加多个，添加多个也就是把另外一个集合的元素添加进来。

- public void add(int index,Object o)：第一个参数表示要添加的元素的位置,从 0 开始。
- public boolean addAll(int index,Collection c)：第一个参数表示位置,如果不指定位置,默认在最后添加。
- public boolean add(Object o)：在链表的最后添加参数指定的元素。
- public boolean addAll(Collection c)：在链表最后添加参数指定的所有元素。

下面的代码展示了这些方法的应用：

```
list1.add("user3");
list1.addAll(list2);
list1.add(0,"user0");
```

2. 删除元素

可以删除一个元素,也可以删除多个元素,还可以删除所有的元素,此外还有一个特殊的、删除某些元素之外的所有元素的方法,所以对应的方法也有以下 5 个。

- public boolean remove(Object o)：删除指定的某个元素。
- public boolean removeAll(Collection c)：删除指定的多个元素。
- public void clear()：删除所有的元素。
- public boolean retainAll(Collection c)：只保留指定集合中存在的元素,其他的都删除,相当于取两个集合的交集。
- public Object remove(int index)：参数用于指定要删除的元素的位置。

下面的代码删除了 user1：

```
list1.remove("user1");
```

【注意】 这里只删除了第一个出现的 user1。

3. 获取某个元素或者获取某些元素

可以获取某个位置的单个元素,也可以获取多个元素。

- public Object get(int index)：获取指定位置的元素。
- public List subList(int fromIndex,int toIndex)：获取从 fromIndex 到 toIndex 这些元素,包括 fromIndex,不包括 toIndex。

要获取第三个元素可以使用下面的代码：

```
String str = list1.get(2);
```

4. 查找某个元素

可以根据位置查找集合中的对象,也可以判断集合中是否有对象,以及是否是空的,元素的个数等。

- public int indexOf(Object o)：查找元素在集合中第一次出现的位置,并返回这个位置,如果返回值为－1,表示没有找到这个元素。
- public int lastIndexOf(Object o)：查找元素在集合中最后一次出现的位置。
- public boolean isEmpty()：用于判断集合是否是空的。
- public boolean contains(Object o)：判断是否包含指定的元素。
- public boolean containsAll(Collection c)：判断是否包含指定的多个元素。

- public int size()：用于获取集合中元素的个数。

下面的代码用于查找 user1 第一次出现和最后一次出现的位置：

```
System.out.println(list1.indexOf("user2"));
System.out.println(list1.lastIndexOf("user2"));
```

5. 修改元素

public Object set(int index,Object o)：用第二个参数指定的元素替换第一个参数指定位置上的元素。

下面的代码把第二个元素修改成 user4：

```
list1.set(1,"user4");
```

6. 转换成其他对象

- public ListIterator listIterator()：把所有元素都转换成有顺序的迭代器。
- public ListIterator listIterator(int index)：从 index 开始的所有元素进行转换。
- public Iterator iterator()：转换成迭代器，方便集合中元素的遍历。
- public Object[] toArray()：转换成集合，也是方便集合中元素的遍历。

7. ArrayList 的遍历

可以采用下面的三种方法进行遍历。

方法一：

```
for(int i = 0;i < list1.size();i++){
    System.out.println(list1.get(i));
}
```

方法二：

```
Object o[] = list1.toArray();
for(int i = 0;i < o.length;i++){
    String temp = (String)o[i];
    System.out.println(temp);
}
```

方法三：

```
Iterator<String> i = list1.iterator();
while(i.hasNext()){
    String temp = i.next();
    System.out.println(temp);
}
```

通常在管理集合的过程中使用集合本身提供的方法，但是遍历集合最好先转换成迭代器或者数组，这样访问比较方便，并且效率比较高。

5.4.10 实例：使用 ArrayList 实现学生信息管理系统

在例 5.43 中学生信息使用数组来表示，数组的长度设置为 100，如果学生人数超过 100 将出现异常，要想避免异常就需要动态调整数组的大小，这里可以采用 Java 中提供的

ArrayList 来实现,本实例采用 ArrayList 管理学生信息,只需要修改 StudentManager 类即可。

【例 5.51】 使用 List 表示学生信息实现学生信息管理。这里只给出修改后的 StudentManager 类的代码。

```java
package example5_51;

import java.io.FileInputStream;
import java.io.FileOutputStream;
import java.io.ObjectInputStream;
import java.io.ObjectOutputStream;
import java.util.ArrayList;
import java.util.List;

public class StudentManager {
    private List<Student> students;         //不能使用 set 方法,需要使用 get 方法

    public List<Student> getStudents() {
        return students;
    }

    public StudentManager() {
        students = new ArrayList<Student>();
        load();
    }

    /*
     * 根据学号查找学生
     */
    public Student findById(String sid) {
        for (int i = 0; i < students.size(); i++) {
            if (students.get(i).getSid().equals(sid)) {
                return students.get(i);
            }
        }
        return null;
    }

    /*
     * 根据学号删除学生
     */
    public boolean deleteStudent(String sid) {
        Student temp = findById(sid);
        if (temp == null) {
            return false;
        } else {
            students.remove(temp);
            return true;
        }
    }
```

```java
/*
 * 添加学生
 */
public boolean addStudent(Student student) {
    if (find(student) > -1) {
        return false;
    } else {
        students.add(student);
        return true;
    }
}


/*
 * 修改学生信息
 */
public boolean updateStudent(Student student) {
    int index = find(student);
    if (index == -1) {
        return false;
    } else {
        students.set(index, student);
        return true;
    }
}

/*
 * 判断一个学生对象是否存在. 如果存在,返回下标; 如果不存在,返回-1
 */
private int find(Student student) {
    for (int i = 0; i < students.size(); i++) {
        if (students.get(i).getSid().equals(student.getSid())) {
            return i;
        }
    }
    return -1;
}

/*
 * 从文件中加载学生信息
 */
public void load() {
    try (FileInputStream fis = new FileInputStream("e:\\student.txt");
            ObjectInputStream ois = new ObjectInputStream(fis);) {
        Student student;
        do{
            student = (Student) ois.readObject();
            students.add(student);
        }while(student!= null);
    } catch (Exception e) {
```

```
            //e.printStackTrace();
        }
    }
    /*
     * 把更新后的学生信息写入文件
     */
    public void persist() {
        try (FileOutputStream fos = new FileOutputStream("e:\\student.txt");
            ObjectOutputStream oos = new ObjectOutputStream(fos);) {
            for(Student student:students){
                oos.writeObject(student);
            }
            oos.flush();
        } catch (Exception e) {
            //e.printStackTrace();
        }
    }
}
```

5.4.11 LinkedList 类

LinkedList 的用法与 ArrayList 相似,只是实现方式不同,ArrayList 是采用数组方式实现的 List,而 LinkedList 是采用链表方式实现的 List,前者采用连续存储空间,后者采用非连续存储空间。如果集合元素在生成之后变化不大,使用 ArrayList,如果数据经常发生变化,应该使用 LinkedList。

【例 5.52】 使用 LinkedList 实现队列。

```
package example5_52;

import java.util.LinkedList;

public class Queue<E> {

    private LinkedList<E> elements = new LinkedList<>();

    /*
     * 入队
     */
    public void put(E o) {
        elements.addLast(o);
    }

    /*
     * 出队
     */
    public E get() {
```

```java
        E o = null;
        if (!isEmpty()) {
            o = elements.getFirst();
            elements.removeFirst();
        }
        return o;
    }

    /*
     * 判断队列是否为空
     */
    public boolean isEmpty() {
        return elements.size() == 0;
    }

    public static void main(String[] args) {
        Queue<String> q = new Queue<>();
        q.put("zhangsan");
        q.put("lisi");
        q.put("wangwu");

        while (!q.isEmpty()) {
            Object o = q.get();
            System.out.println(o);
        }

    }
}
```

5.4.12 Vector 类

Vector 类的用法与 ArrayList 非常类似。会随着元素的变化调整自身的容量。Vector 类提供了以下 4 种构造函数。

- public Vector()：默认的构造函数,用于创建一个空的数组。
- public Vector(Collection c)：根据指定的集合创建数组。
- public Vector(int initialCapacity)：指定数组的初始大小。
- public Vector(int initialCapacity,int increment)：指定数组的初始大小,并指定每次增加的容量。

Vector 也实现了 List 接口,与 ArrayList 的功能基本类似,采用数组来实现。不同的是,Vector 支持同步,在非多线程环境下面建议使用 ArrayList。

5.4.13 Hashtable 类

实现了 Map 接口,是同步的哈希表,不允许类型为 null 的键名和键值。哈希表主要用于存储一些映射关系。这个类比较特殊,与 Collection 中的其他类不太一样,首先它是同步的,另外它是继承自 java.util.Dictionary 类。

Hashtable 中的常用方法都是继承自 Map 接口。一个典型的应用就是在连接数据库的时候,需要提供各种参数,包括主机、端口、数据库 ID、用户名、口令等,可以把这些信息先存储在哈希表中,然后作为参数使用。

【例 5.53】 使用 Hashtable 存储数据库连接信息。

```
package example5_53;

import java.util.Hashtable;

public class HashtableTest {

    public static void main(String[] args) {
        Hashtable<String,String> db = new Hashtable<>();
        db.put("driverClass","com.mysql.jdbc.Driver");
        db.put("url","jdbc:mysql://localhost:3306/book");
        db.put("username","root");
        db.put("password","123456");

        String driverClass = db.get("driverClass");
        String url = db.get("url");
        String username = db.get("username");
        String password = db.get("password");
        System.out.printf("驱动:%s,url:%s,用户名:%s,口令:%s",driverClass,url,
username,password);
    }

}
```

5.4.14 HashMap 类

HashMap 类是基于 Hash 表的 Map 接口的实现。该类提供了所有的可选的映射操作,允许 null 值和 null 键。HashMap 类和 Hashtable 类的用法基本相同,只是 HashMap 不支持同步,并且允许 null 键和 null 值。这个类不能保证元素的顺序,特别是顺序有可能随着时间变化。

HashMap 使用了泛型,对于 Map 类型的集合,在定义对象的时候同时要指定 Key 的类型和 Value 的类型,下面的例子展示了用法:

```
HashMap<String,Object> user = new HashMap<String,Object>();
user.put("name","zhangsan");
user.put("sex","男");
user.put("id",135);
user.put("age",21);
```

HashMap 对象的遍历。假设 map 是 HashMap 的对象,对 map 进行遍历可以使用下面两种方式。

第一种:得到元素的集合,元素类型是 Map.Entry,包含了 key 和 value 两部分,可以通过 Map.Entry 的 getKey 和 getValue 方法得到 key 和 value。

```java
//得到元素集合,然后转换成数组
Object[] o = map.entrySet().toArray();
Map.Entry x ;
//对数组进行遍历
for(int i = 0;i < map.size();i++){
    //取出数组的每一个元素
    x = (Map.Entry)o[i];
    //获取该元素的 key
    Object key = x.getKey();
    //获取该元素的值
    Object value = x.getValue();
}
```

第二种：先得到所有元素的 Key 的集合,然后根据 key 得到每个 key 对应的 value。

```java
//先得到 key 的集合,然后转换成数组
Object[] o = map.keySet().toArray();
//对数组进行遍历
for(int i = 0;i < o.length;i++){
    //根据 key 得到具体的 value.
    Object value = map.get(o[i]);
}
```

【例 5.54】 使用 HashMap 表示学生信息。

```java
package example5_54;

import java.util.HashMap;
import java.util.Set;

public class HashMapTest {

    public static void main(String[] args) {
        HashMap< String,Object > student = new HashMap<>();
        student.put("sid","000001");
        student.put("sname","zhansan");
        student.put("age",22);

        Set < String > keys = student.keySet();
        for(String temp:keys){
            System.out.println(temp + ":" + student.get(temp));
        }
    }
}
```

运行结果：

```
sid:000001
age:22
sname:zhansan
```

Hashtable 是 Java 早期版本提供的接口,如果不在多线程环境下,建议使用 HashMap 类,如果在多线程环境下建议使用 ConcurrentHashMap 类。

5.4.15 TreeMap 类

TreeMap 按照树的方式组织数据,查询的速度比较快,在添加数据的时候会对数据进行排序,根据 key 的自然顺序排序,用法与 HashMap 类似。

【例 5.55】 TreeMap 的用法。

```java
package example5_55;

import java.util.Map;
import java.util.Set;
import java.util.TreeMap;

public class TreeMapTest {

    public static void main(String[] args) {
        TreeMap<Integer,String> strings = new TreeMap<>();
        strings.put(2,"红色");
        strings.put(4,"绿色");
        strings.put(3,"白色");
        strings.put(1,"黑色");

        Set<Map.Entry<Integer,String>> entries = strings.entrySet();
        for (Map.Entry<Integer,String> temp : entries) {
            System.out.println(temp.getKey() + " = " + temp.getValue());
        }
    }

}
```

运行结果:

```
1 = 黑色
2 = 红色
3 = 白色
4 = 绿色
```

从运行结果可以看出,显示的顺序与添加的顺序不同,并且输出结果按照 key 的大小排列。

5.4.16　Properties 类

Properties 类表示一组属性,Properties 对象的属性信息可以写入到输出流,也可以从输入流加载。Properties 中的 key 和 value 都是字符串。因为 Properties 继承自 Hashtable,可以使用 put 和 putAll 方法在 Properties 中存储信息,但是不建议这样使用,因为这样会在 Properties 中添加 key 或者 value 不是字符串的信息。添加属性信息的时候应该使用 setProperties 方法。如果属性中包含了非 String 类型的信息,在调用 store、save、propertyNames 或者 list 方法的时候会失败。Properties 是线程安全的,允许多线程并发访问。主要方法如下:

- public Enumeration<?> propertyNames():得到所有属性的名字。
- public synchronized void load(InputStream inStream) throws IOException:从输入流加载属性。
- public synchronized Object setProperty(String key, String value):添加属性,key 表示属性的名字,value 表示属性的值。
- public void list(PrintStream out):把属性输出到参数指定的输出流中。
- public void store(OutputStream out, String comments) throws IOException:通过参数指定的输出流输出,第二个参数是描述信息。
- public void store(Writer writer, String comments) throws IOException:功能与上一个方法类似,通过字符流输出。

Properties 可以通过 load 和 store 方法从文件中加载属性或者把属性写入到文件中,属性文件的格式为:

属性名=属性值

【例 5.56】　Properties 的用法。

```
package example5_56;

import java.io.FileInputStream;
import java.io.FileOutputStream;
import java.io.IOException;
import java.util.Enumeration;
import java.util.Properties;

public class PropertyTest {
    public static void main(String[] args) {
        Properties p = new Properties();
        try {
            //从属性文件中加载属性
            p.load(new FileInputStream("d:\\database.properties"));
            //添加属性
            p.setProperty("database","book");
            //把属性输出到输出流中
```

```java
            p.list(System.out);
            //得到属性名字
            Enumeration names = p.propertyNames();
            while (names.hasMoreElements()) {
                System.out.println(names.nextElement());
            }
            //把属性信息存储到文件中
            p.store(new FileOutputStream("d:\\database.properties"),
                    "The properties of mysql database.");
        } catch (IOException e) {
            e.printStackTrace();
        }
    }
}
```

【注意】 在运行程序之前需要先在 D 盘创建属性文件,文件名字是 database.properties。文件的内容如下:

```
driverClass = com.mysql.jdbc.Driver
url = jdbc:mysql://localhost:3306/book
username = root
password = 123456
```

运行之后属性文件中的内容如下:

```
# The properties of mysql database.
# Thu Nov 01 20:43:18 CST 2012
driverClass = com.mysql.jdbc.Driver
password = 123456
url = jdbc\:mysql\://localhost\:3306/book
database = book
username = root
```

带有 # 的行是注释。

5.4.17　Comparable 接口

在 2.7.6 节中,使用 Arrays 的 sort 方法可以对元素类型为基本数据类型的数组进行排序,那么能不能对元素类型不是基本数据类型的数组进行排序呢? 如果某个类型实现了 Comparable 接口,就可以通过 sort 方法对数组进行排序了。

实现该接口的类的对象之间可以进行比较,实现该接口意味着为这个类型的对象指定了排序规则。例如可以对学生进行排序,排序规则可以先按照班级,然后按照学号。

Comparable 接口定义了 compareTo 方法,参数是另外一个要比较的对象,如果返回值小于 0,表示小于另外一个对象,如果返回值为 0,表示两个对象相等,如果返回值大于 0,表示大于另外一个对象。下面的例子展示了 Student 类如何实现 Comparable 接口,先比较两个 Student 对象的班级然后再比较学号。

```java
class Student implements Comparable<Student>{
    …
    public int compareTo(Student anotherStudent) {
        if(className.compareTo(anotherStudent.getClassName())!= 0)
            return className.compareTo(anotherStudent.getClassName());
        else
            return studentId.compareTo(anotherStudent.getStudentId());
    }
}
```

实现了该接口之后,就可以使用 Arrays 的 sort 方法对数组进行排序了。下面的代码展示了如何通过 Arrays 的 sort 方法对 Student 对象数组进行排序。

【例 5.57】 Comparable 接口的使用。

```java
package example5_57;

import java.util.Arrays;

public class ComparableTest {

    public static void main(String[] args) {
        Student students[] = new Student[4];
        students[0] = new Student("软件 08510","0801101001","张三");
        students[1] = new Student("软件 08511","0801101101","李四");
        students[2] = new Student("软件 08510","0801101002","王璐");
        students[3] = new Student("软件 08511","0801101102","马范");
        Arrays.sort(students);
        for (int i = 0; i < students.length; i++) {
            System.out.println(students[i]);
        }
    }

}

class Student implements Comparable<Student> {
    private String className;
    private String studentId;
    private String studentName;

    /*
     * 先根据班级排序,然后根据学号排序
     */
    public int compareTo(Student anotherStudent) {
        if (className.compareTo(anotherStudent.getClassName()) != 0)
            return className.compareTo(anotherStudent.getClassName());
        else
            return studentId.compareTo(anotherStudent.getStudentId());
    }

    public Student(String className,String studentId,String studentName) {
```

```java
        this.studentId = studentId;
        this.studentName = studentName;
        this.className = className;
    }

    public String getClassName() {
        return className;
    }

    public void setClassName(String className) {
        this.className = className;
    }

    public String getStudentId() {
        return studentId;
    }

    public void setStudentId(String studentId) {
        this.studentId = studentId;
    }

    public String getStudentName() {
        return studentName;
    }

    public void setStudentName(String studentName) {
        this.studentName = studentName;
    }

    public String toString() {
        return className + " - " + studentId + " - " + studentName;
    }
}
```

如果 Student 类没有实现 Comparable 接口,在使用 Arrays 的 sort 对 Student 数组进行排序的时候会产生异常。

5.4.18 Comparator 接口

在上一节中通过实现 Comparable 接口可以为类指定一个排序规则,但是在有些应用中会根据需要采用多种排序方式,例如可能根据学号排序,也可能根据成绩排序。这时候可以通过提供多个比较器来完成要求。

要编写比较器可以实现 Comparator 接口,例如要对教师对象进行排序,可以根据年龄排序,可以根据部门排序,可以根据入职时间排序,每一种排序方法就可以实现为一个比较器,这样在对对象排序的时候指定一个比较器即可。

实现 Comparator 接口,需要实现 compare 方法,方法有两个参数,分别表示要比较的两个对象,方法的返回值是 int。如果返回值是负数表示第一个对象小于第二个对象。如果返回值是正数,表示第一个对象大于第二个对象;如果返回值是 0,表示第一个对象等于第二个对象。下面的代码实现了一个 StudentComparator,可以根据班级号和学号对学生进行比较操作。

```java
class StudentComparator implements Comparator<Student>{
    public int compare(Student o1,Student o2) {
        int n = o1.getClassName().compareTo(o2.getClassName());
        if(n == 0){
            return o1.getStudentId().compareTo(o2.getStudentId());
        }else{
            return n;
        }
    }
}
```

有了比较器之后,可以使用 Arrays 的 sort 方法对对象进行排序,使用如下方法:

public static <T> void sort(T[ ] a,Comparator<? super T> c)

第一个参数是待排序数组,第二个参数是比较器。

【例 5.58】 使用 Comparator 采用多种方式对学生进行排序。

```java
package example5_58;

import java.util.Arrays;
import java.util.Comparator;

public class ComparatorTest {

    public static void main(String[] args) {
        Student students[] = new Student[4];
        students[0] = new Student("软件 08510","0801101001","name1");
        students[1] = new Student("软件 08511","0801101101","name4");
        students[2] = new Student("软件 08510","0801101002","name3");
        students[3] = new Student("软件 08511","0801101102","name2");
        System.out.println("-------- 原始学生信息如下:");
        for (int i = 0; i < students.length; i++) {
            System.out.println(students[i]);
        }
        Arrays.sort(students,new IdComparator());
        System.out.println("-------- 根据学号排序后如下:");
        for (int i = 0; i < students.length; i++) {
            System.out.println(students[i]);
        }
        Arrays.sort(students,new NameComparator());
        System.out.println("-------- 根据姓名排序后如下:");
        for (int i = 0; i < students.length; i++) {
            System.out.println(students[i]);
        }
    }
}
```

```java
        }
    
    class IdComparator implements Comparator<Student> {
        @Override
        public int compare(Student s1, Student s2) {
            int n = s1.getClassName().compareTo(s2.getClassName());
            if (n == 0) {
                return s1.getStudentId().compareTo(s2.getStudentId());
            } else {
                return n;
            }
        }
    }
    
    class NameComparator implements Comparator<Student> {
        @Override
        public int compare(Student s1, Student s2) {
            return s1.getStudentName().compareTo(s2.getStudentName());
        }
    }
    
    class Student {
        private String className;
        private String studentId;
        private String studentName;
        
        public Student(String className, String studentId, String studentName) {
            this.studentId = studentId;
            this.studentName = studentName;
            this.className = className;
        }
        …//访问器方法
        public String toString() {
            return className + " - " + studentId + " - " + studentName;
        }
    }
```

5.4.19 Collections

在 2.7.6 节中介绍了通过 Arrays 提供的方法可以对数组进行管理,包括数组的排序、查找、复制等功能,集合框架中提供的 Collections 类的作用类似于 Arrays,能够对集合进行管理。

1. 对 List 对象进行排序

public static <T extends Comparable<?super T>> void sort(List<T> list):对 List 元素排序,要求链表中的元素继承 Comparable 接口。

public static <T> void sort(List<T> list,Comparator<?super T> c):根据第二个参数指定的 Comparator 对象对 List 元素排序。

2. 在 List 中查找元素

public static <T> int binarySearch(List<?extends Comparable<?super T>> list, T key)：采用折半查找的方法查找 key 在 List 中出现的位置。要求链表中的元素继承 Comparable 接口。如果查找不到则返回值是负数，结果是应该插入的位置加上 1，然后取反。类似于 Arrays 中的 binarySearch 方法。

public static <T> int binarySearch(List<?extends T> list, T key, Comparator<?super T> c)：根据第 3 个参数指定的 Comparator 在 List 中查找 key 所在的位置。

public static <T extends Object & Comparable<?super T>> T min(Collection<?extends T> coll)：求集合中的最小元素，要求集合中的元素实现 Comparable 接口。

public static <T> T min(Collection<?extends T> coll, Comparator<?super T> comp)：根据指定的比较器求集合中的最小元素。

public static <T extends Object & Comparable<?super T>> T max(Collection<?extends T> coll)：求集合中的最大元素，要求集合中的元素实现 Comparable 接口。

public static <T> T max(Collection<?extends T> coll, Comparator<?super T> comp)：根据指定的比较器求集合中的最大元素。

public static int indexOfSubList(List<?> source, List<?> target)：查找一个 List 在另外一个 List 中出现的位置。

public static int lastIndexOfSubList(List<?> source, List<?> target)：查找一个 List 在另外一个 List 中最后出现的位置。

3. 对 List 进行操作

public static void reverse(List<?> list)：反转链表。

public static void swap(List<?> list, int i, int j)：交换 List 中指定位置的元素。

public static <T> void fill(List<?super T> list, T obj)：使用指定的参数初始化 List。

public static <T> void copy(List<?super T> dest, List<?extends T> src)：复制 List。

public static <T> boolean replaceAll(List<T> list, T oldVal, T newVal)：使用第 3 个参数指定的值替换 List 中第 2 个参数指定的值。

4. 得到同步的对象

public static <T> Set<T> synchronizedSet(Set<T> s)：得到一个同步的 Set 对象。

public static <T> SortedSet<T> synchronizedSortedSet(SortedSet<T> s)：得到一个同步的 SortedSet 对象。

public static <T> List<T> synchronizedList(List<T> list)：得到一个同步的 List 对象。

public static <K,V> Map<K,V> synchronizedMap(Map<K,V> m)：得到一个同步的 Map 对象。

public static <K,V> SortedMap<K,V> synchronizedSortedMap(SortedMap<K,V> m)：得到一个同步的 SortedMap 对象。

5. 对象转换

public static <T> ArrayList<T> list(Enumeration<T> e)：把 Enumeration 对象

转换为 List 对象。

public static int frequency(Collection<?> c,Object o)：统计一个对象在 List 中出现的次数。

public static boolean disjoint(Collection<?> c1,Collection<?> c2)：如果参数指定的两个集合没有共同元素,则返回 true。

public static <T> boolean addAll(Collection<?super T> c,T… elements)：把可变参数指定的元素都添加到参数指定的集合中。

这些方法的使用与 Arrays 方法的使用类似,另外这些方法与 5.4 节中的其他内容相关,这里不再单独举例。

5.5 正则表达式

正则表达式提供了一种高级但不直观的字符串匹配和处理的方法。它描述了一种字符串匹配的模式,可以用来判断一个字符串是否满足某种格式,或者一个字符串是否含有某个子串等。在很多语言中都提供了正则表达式,语法上有很多内容是相同的,但是有细节方面的差别,本节介绍 Java 中对正则表达式的支持。

5.5.1 正则表达式概述

由于正则表达式比较抽象,先通过一个例子来展示一下什么是正则表达式,通过该实例来验证通过控制台输入的字符串是否是一个合适的邮政编码(邮政编码由 6 位数字组成)。

【例 5.59】 使用正则表达式验证输入的字符串是否为邮政编码。

```java
package example5_59;

import java.util.Scanner;
import java.util.regex.Matcher;
import java.util.regex.Pattern;

public class RegTest {

    public static void main(String[] args) {
        String reg = "^[0-9]{6}$";
        Scanner in = new Scanner(System.in);
        while (true) {
            Pattern pattern = Pattern.compile(reg);
            System.out.println("请输入一个邮编(-1 表示结束):");
            String temp = in.nextLine();
            if (temp.equals("-1")) {
                System.out.println("Bye");
                break;
            }
            Matcher matcher = pattern.matcher(temp);
            if (matcher.find()) {
```

```
            System.out.println("邮政编码格式正确！");
        } else {
            System.out.println("输入的不是一个合法的邮政编码！");
        }
    }
  }
}
```

运行结果：

```
请输入一个邮编(-1表示结束)：
ad12
输入的不是一个合法的邮政编码！
请输入一个邮编(-1表示结束)：
116021
邮政编码格式正确！
请输入一个邮编(-1表示结束)：
-1
Bye
```

main 方法中的^[0-9]{6}$ 就是正则表达式，表示长度为 6 的数字组成的字符串，其中^表示开始标志，$ 表示结束标志，[0-9]表示数字，{6}表示出现 6 次。使用 Pattern 类的对象来表示正则表达式，通过 Pattern 的 matcher 方法来匹配正则表达式和输入的字符串，匹配的结果保存在 Matcher 对象中，通过 Matcher 对象的方法获取匹配的结果。

正则表达式的使用主要是正则表达式本身的构造以及通过 Matcher 对象获取字符串匹配的结果。

5.5.2 选择字符

上一节的例子中使用[0-9]表示数字，也就是 0 到 9 这 10 个字符中的一个。正则表达式中使用[]来选择字符，有多种形式。

1. 从多个字符中选择一个

[abc]表示 abc 中的一个，[aeiou]表示元音字母中的一个，[张李]表示张或者李。

【例 5.60】 使用正则表达式判断字符串中是否包含张或者李。

```
package example5_60;

import java.util.regex.Matcher;
import java.util.regex.Pattern;

public class RegTest {
    public static void main(String[] args) {
        String reg = "[张李]";
        Pattern pattern = Pattern.compile(reg);
```

```java
        String[] names = { "张三","李四","王非" };
        for (String name : names) {
            Matcher matcher = pattern.matcher(name);
            System.out.println(name + "是否包含张或者李: " + matcher.find());
        }
    }
}
```

运行结果：

```
张三是否包含张或者李: true
李四是否包含张或者李: true
王非是否包含张或者李: false
```

2. 排除若干字符

在中括号中使用^排除一些字符,例如[^0]表示不包含0,[^123]表示不包含1或者2或者3。

3. 使用-表示字符序列

在中括号中可以使用-表示一组连续的字符串,例如[0-9]表示从 0 到 9 这 10 个字符中选择,[a-z]表示从 26 个小写字母中选择,[a-zA-Z]表示从 26 个小写字母和 26 个大写字母中选择。

4. 使用 && 对字符进一步限制

在中括号中可以使用 && 对字符进行进一步的限制。例如[a-z&&[o-t]]表示从小写字母中选择,并且这些小写字母应该从 o 到 t,这个正则表达式相当于[o-t]。看起来相当于写得更复杂了,但是[a-z&&[^aeiou]]表示除了元音字母之外的其他字母。

5. 其他字符

在中括号之外的字符表示自己,例如 abc 表示 abc 本身,"张三"表示"张三"。

5.5.3　特殊模式

对于一些常见的模式,Java 中提供了特殊符号来表示。

1. 通配符

. 表示任意字符,只要出现一个字符即可。

2. 表示数字和非数字

\d 表示数字,相当于[0-9]。

\D 表示非数字,相当于[^0-9]。

3. 表示字符

\w 表示数字、字母、下划线,相当于[a-zA-Z_0-9]。

\W 表示数字、字母、下划线之外的字符,相当于[^\w]。

4. 表示空白和非空白

\s 表示空白字符,相当于[\t\n\x0B\f\r]。

\S 表示空白字符之外的其他字符,相当于[^\s]。

【例 5.61】 使用正则表达式判断字符串中是否包含数字。

```java
package example5_61;

import java.util.regex.Matcher;
import java.util.regex.Pattern;

public class RegTest {
    public static void main(String[] args) {
        String reg = "[\\d]";
        Pattern pattern = Pattern.compile(reg);
        String[] strs = { "abc","ab2","12ab","33" };
        for (String str : strs) {
            Matcher matcher = pattern.matcher(str);
            System.out.println(str + "是否包含数字: " + matcher.find());
        }
    }
}
```

运行结果：

```
abc 是否包含张数字: false
ab2 是否包含张数字: true
12ab 是否包含张数字: true
33 是否包含张数字: true
```

注意[\\d]中使用了两个反斜杠，因为\d 表示数字，而用字符串表示\的时候需要使用转义字符写成\\。

5.5.4 转义字符

如果在正则表达式中出现特殊字符，需要对这些特殊字符进行转义处理，这些特殊字符包括：<([{\^-=$!|]})?*+.>。

转义处理可以采用以下两种方式。

（1）在字符前面加上反斜杠"\"，与字符串中的使用方式相同。

（2）把字符放在\Q 和\E 之间。

5.5.5 重复次数

在进行模式匹配的时候，可以指定模式出现的次数，可以使用模糊的次数，也可以指定确切的次数。假设 X 表示某个模式。

（1）X*，表示出现或者不出现都可以。

例如，[a-zA-Z]*：匹配任意大小写字母构成的字符串，也可以是空字符串。如"abc"。

（2）X?，表示不出现或者出现 1 次。

例如，[a-z0-9]?：匹配空字符串，或者一个小写字母或数字。

（3）X+，表示至少出现 1 次。

例如，[0-9]+：匹配任何由数字构成的字符串，该字符串至少包含一个字符。如"1234"。

(4) X{n}，表示出现 n 次。

例如，[0-9]{6}：表示长度为 6 的数字组成的字符串。

(5) X{n,}，表示至少出现 n 次。

例如，[0-9a-zA-Z]{6,}：表示由数字大小写字母组成的最小长度为 6 的字符串。

(6) X{n,m}，表示至少出现 n 次，最多可以出现 m 次。

例如，[\\d]{6,8}：表示 6 到 8 位的数字。

5.5.6 子表达式

可以把多个字符作为整体处理，使用小括号把多个字符括起来，就可以把多个字符作为整体来处理。例如，(abc)*xyz，可以匹配"xyz"、"abc xyz"、"abc abc xyz"等，这里的 * 表示"abc"作为整体可以出现任意次，也可以不出现。

5.5.7 指定字符串的开始和末尾

之前介绍的匹配都是判断字符串中是否包含某个模式，而很多时候要判断字符串是否完全匹配某个模式，这时候需要限定字符串的开始和结束，在模式中需要使用以下特殊字符。

^：表示某个字符串开始，^zhang 匹配以 zhang 开头的任意字符串，zhangsan 和 zhangfang 都可以匹配上。

$：表示某个字符串结束，cn$ 匹配以 cn 结束的任意字符串，如 sina.com.cn。

^和$可以同时使用，^[a-z]{6}$ 匹配 6 位到 8 位由小写字母组成的字符串，如 abcabc。

5.5.8 分支

在使用模式的时候可能会需要从多种情况中选择一种，例如考虑域名的时候，通常域名以 com、org、edu、cn 和 net 等结束，这时候就需要在模式中选择，使用"|"表示。例如 com|edu|net 表示匹配 com、edu 或 net。

【例 5.62】 使用正则表达式判断名字是不是叫长江或者黄河。

```
package example5_62;

import java.util.regex.Matcher;
import java.util.regex.Pattern;

public class RegTest {
    public static void main(String[] args) {
        String reg = "长江|黄河$";
        Pattern pattern = Pattern.compile(reg);
        String[] strs = { "宋长江","赵黄河","黄胜","刘长河","魏长江" };
        for (String str : strs) {
            Matcher matcher = pattern.matcher(str);
            System.out.println(str + " 叫长江或者黄河：" + matcher.find());
        }
    }
}
```

运行结果：

```
宋长江 叫长江或者黄河：true
赵黄河 叫长江或者黄河：true
黄胜 叫长江或者黄河：false
刘长河 叫长江或者黄河：false
魏长江 叫长江或者黄河：true
```

5.5.9 常见用法举例

下面给出几个常见的例子。

【例 5.63】 使用正则表达式判断 E-mail 格式。

```
^[a-zA-Z][a-zA-Z0-9_\-]*@([a-zA-Z0-9\-]+\.)+[a-z]{2,3}$
```

模式中包含的信息如下：
(1) ^和$表示要使用完全匹配，而不是包含；
(2) [a-zA-Z]表示以字母开头；
(3) [a-zA-Z0-9_\-]*表示由字母、数字、下划线或减号组成的字符串；
(4) @符号表示必须出现@符号；
(5) ([a-zA-Z0-9\-]+\.)+表示域名可以包含多个字符串，每个字符串由字母、数字和(或)减号组成，并且由"."结束；
(6) [a-z]{2,3}表示最后一级域名只能包含2个或3个小写字母。

【注意】 在使用时，在字符串中表示模式的时候，"\"要使用"\\"表示。

【例 5.64】 使用正则表达式判断电话号码格式。

```
^0[0-9]{2,3}-[0-9]{7,8}$
```

模式中包含的信息如下：
(1) ^和$表示要使用完全匹配，而不是包含；
(2) 0表示第一个号码必须是0；
(3) [0-9]{2,3}表示需要2位或者3位数字，与前面的0一起构成区号；
(4) "-"表示区号和电话号码之间用减号分隔；
(5) [0-9]{7,8}表示电话号码由7位或者8位数字组成。

【例 5.65】 使用正则表达式的其他例子。

```
^[a-zA-Z][a-zA-Z0-9_]*$：匹配以字母开头，由字母、数字和下划线组成的字符串，如"abc_123"。
^[a-zA-Z0-9]{6,}$：匹配由字母和数字组成、长度不少于6位的字符串，如"123456"。
^[0-9]{4}-[0-9]{2}-[0-9]{2}$：匹配格式为"xxxx-xx-xx"的字符串，要求x只能是数字.常用于匹配日期，如"2012-11-01"。
```

5.5.10 Pattern 和 Matcher

Pattern 用来描述正则表达式。没有提供 public 类型的构造方法,而是通过静态方法 compile 对字符串模式编译得到 Pattern 对象,参数是正则表达式,方法的定义如下:

public static Pattern compile(String regex)

Matcher 来解释正则表达式,并对字符串进行匹配。没有提供 public 构造方法,通过调用 Pattern 的 matcher 方法得到 Matcher 对象,参数是要判断的字符串,方法的定义如下:

public Matcher matcher(CharSequence input)

Matcher 类提供了多个方法来得到模式匹配的结果。
- public boolean find():表示是否匹配上。
- public String group():表示匹配上的内容。
- public int start():表示匹配上的字符串的开始位置,例如 abc 是正则表达式,要验证的字符串是 zybabcdse,start 方法返回 3。
- public int end():表示匹配上的字符串的结束位置,不包含该位置,对于上面的验证 end 返回 6。

【例 5.66】 使用正则表达式查找数字在字符串中出现的情况。

```
package example5_66;

import java.util.regex.Matcher;
import java.util.regex.Pattern;

public class RegTest {
    public static void main(String[] args) {
        String reg = "\\d";
        Pattern pattern = Pattern.compile(reg);
        String str = "122222";
        Matcher matcher = pattern.matcher(str);
        while (matcher.find()) {
            System.out.printf("匹配字符串是%s,从%d开始,到%d结束\n",matcher.group(),
                    matcher.start(),matcher.end());
        }
    }
}
```

运行结果:

```
匹配字符串是1,从0开始,到1结束
匹配字符串是2,从1开始,到2结束
匹配字符串是2,从2开始,到3结束
匹配字符串是2,从3开始,到4结束
匹配字符串是2,从4开始,到5结束
匹配字符串是2,从5开始,到6结束
```

5.6 枚举类型

枚举也是一种类型,本质上和类、接口一样。但是枚举类型的成员比较特殊,它的成员变量是一组固定的常量,通常不提供成员方法。枚举类型适合于只有有限个成员的类型,例如季节只有春夏秋冬 4 个值。

5.6.1 枚举类型的定义

在 Java 中,定义枚举类型使用 enum 关键字。所有枚举类型的父类都是 Enum。因为成员变量都是常量,所以通常都使用大写。

例如表示方向的枚举类型,它可以包含 4 个值:NORTH、SOUTH、WEST 和 EAST。

【例 5.67】 定义表示方向的枚举类型。

```
package example5_67;

public enum Direction {
    NORTH, SOUTH, WEST, EAST;
}
```

与普通类的成员变量不同,枚举类型中的成员变量没有修饰符,没有类型,也没有值。与普通类相同,在枚举类型中也可以提供方法。

5.6.2 枚举类型的访问

使用枚举类型定义变量,和使用其他引用类型定义变量相同。例如定义一个方向变量,可以使用:

Direction d;

不能通过枚举类型的名字来实例化对象,下面的代码是错误的:

Direction d = new Direction();

枚举类型可能的值就是枚举类型的成员变量,通过枚举类型的名字来访问。例如,要表示东方,可以使用下面的代码:

Direction d = Direction.EAST;

在任何使用引用类型的地方都可以使用枚举类型,下面的例子使用枚举类型作为方法的参数。

【例 5.68】 使用枚举类型。

```
package example5_68;

import example5_67.Direction;

public class EnumTest {
```

```
        public static void main(String[] args) {
            Direction d1 = Direction.SOUTH;
            Direction d2 = Direction.EAST;
            EnumTest test = new EnumTest();
            test.print(d1);
            test.print(d2);
        }
        public void print(Direction d){
            System.out.println(d);
        }
    }
```

枚举类型中提供了如下方法:
- public final String name 方法把枚举类型转换为字符串表示,类似于 toString 方法的功能。
- valueOf 方法把字符串转换为枚举类型,字符串的内容应该和枚举类型的某个成员的名字相同。
- values 方法把枚举类型的成员转换成枚举类型数组。

5.6.3 在 switch 中使用枚举类型

在 switch 语句中也可以使用枚举类型,与基本数据类型的用法相同。

【例 5.69】 在 switch 中使用枚举类型。

```
package example5_69;

import example5_67.Direction;
import static example5_67.Direction.*;

public class EnumTest {
    public static void main(String[] args) {
        Direction d1 = SOUTH;
        EnumTest test = new EnumTest();
        test.print(d1);
    }
    public void print(Direction d){
        switch(d){
        case EAST:System.out.println("东方");break;
        case WEST:System.out.println("西方");break;
        case SOUTH:System.out.println("南方");break;
        case NORTH:System.out.println("北方");break;
        }
    }
}
```

5.7 Annotation 元注释

Java 5 中提供了元注释(Annotation),它与 Java 语法中介绍的注释是不同的。Java 语法中介绍的注释是为了理解程序方便,在程序运行的时候会被忽略。元注释能够为类提供额外信息,程序在运行过程中可以利用这些信息。该功能非常重要,在企业级应用开发中,经常会使用专门的配置文件为程序提供额外信息,如果使用元注释则可以代替配置文件,简化程序的编写,在 Java EE5 及之后的版本中,大量地采用了元注释。下面分别介绍如何定义元注释、如何使用元注释和如何解析元注释。

5.7.1 定义 Annotation 元注释

Annotation 元注释的定义使用 interface 关键字,在 interface 前面使用@。例如:

public @interface Table{ … }

Table 是 Annotation 元注释的名字,就像接口名和类名一样。

在定义 Annotation 元注释的时候,主要定义以下三个方面的信息。

- 在什么时候起作用,可以在编译的时候起作用,也可以在运行的时候起作用。通过@Retention 指定,包括三个值。RetentionPolicy.SOURCE 表示在源代码中起作用,在编译的时候将被忽略。RetentionPolicy.CLASS 表示在编译的时候使用,但是在运行的时候将被忽略,默认情况是这个。RetentionPolicy.RUNTIME 表示需要编译,并且在运行的时候可以使用。
- 在什么地方使用,注释可以在类上使用,也可以在属性和方法上使用。通过@Target 指定,可以有多种选择。ElementType.TYPE 表示在类、接口或者 enum 上使用,ElementType.METHOD 表示在方法上使用,ElementType.FIELD 表示在属性上使用,ElementType.PARAMETER 表示在参数上使用,ElementType.CONSTRUCTOR 表示在构造方法上使用,ElementType.LOCAL_VARIABLE 表示在局部变量上使用,ElementType.ANNOTATION_TYPE 表示在注释上使用,ElementType.PACKAGE 表示在包上使用。在定义的时候也可以指出在多个地方使用。
- 可以注释什么内容,要注释的内容在 Annotation 注释内部编写,类似于接口中定义的属性。例如 String name()表示这个注释有属性 name。

【例 5.70】 创建 Table 注释。

```
package example5_70;

import java.lang.annotation.ElementType;
import java.lang.annotation.Retention;
import java.lang.annotation.RetentionPolicy;
import java.lang.annotation.Target;

@Retention(RetentionPolicy.RUNTIME)
```

```
@Target({ ElementType.TYPE })
public @interface Table {
    String name();
}
```

注释的名字是 Table，RetentionPolicy.RUNTIME 表示在运行的时候起作用，ElementType.TYPE 表示该注释用在类上，String name()表示有属性 name。在定义属性的时候可以为属性指定默认值，如果指定了默认值，在使用元注释的时候就可以不写默认值了。通过 default 为属性设置默认值。要为 name 设置默认值，可以使用：

```
String name() default("默认值");
```

5.7.2 使用 Annotation 元注释

在定义元注释的时候指定了元注释可以用在什么地方，在使用元注释的时候根据这个来确定。如果在定义的时候指定了 Target 是 TYPE，则注释需要使用在类上、接口或者 enum 类型上。使用@＋元注释名字即可。

【例 5.71】 使用元注释 Table。

```
package example5_71;

import example5_70.Table;

@Table(name = "user")
public class UserBean {
    private String id;
    private String name;
    //get 方法和 set 方法
}
```

本例中，在 UserBean 类上使用了@Table 注释，表示通过@Table 为类 UserBean 提供额外的信息，属性 name 的值是 user。因为在定义 Table 元注释的时候指定 Table 在类上起作用，所以写在了类定义的前面。

一个类上可以使用多个元注释。

5.7.3 解析 Annotation 注释

使用元注释为类提供额外信息，在运行的时候需要获取该信息来使用，元注释的解析与元注释使用的位置有关系，如果元注释用于类，则通过类定义来获取；如果用于成员变量，则通过成员变量来解析。在解析的时候需要使用反射机制，可以参考 4.7.2 节的内容。

根据注释所使用的位置，可以采用相应的方式获取注释信息。

1. 获取类上定义的注释

Class 上提供了两种方法来获取注释信息。

- public Annotation[] getAnnotations()：获取该类上定义的所有注释。
- public Annotation[] getDeclaredAnnotations()：获取在该类上声明的注释，不包括

从父类上继承的注释。

在接口上定义的注释的获取方式与类上定义的注释的获取方式相同。

2. 获取方法或者成员变量上定义的注释

方法上声明的注释通过 Method 提供的方法来获取,Method 提供的方法如下:

- public Annotation[] getAnnotations():获取该方法上定义的所有注释。
- public Annotation[] getDeclaredAnnotations():获取在该方法上声明的注释,不包括继承的注释。
- public Annotation[][] getParameterAnnotations():获取方法的参数上声明的注释。

成员变量上声明的注释通过 Field 类提供的方法获取,Field 类和 Method 类获取注释的方法相同,因为它们有共同的父类 AccessibleObject,而获取注释的方法来自 AccessibleObject。

获取 Annotation 对象之后,需要把 Annotation 对象转换为相应的类型,然后根据具体的注释类型提供的方法得到相应的信息。

下面的代码展示了如何解析 UserBean 上 Table 注释的内容,解析之后就可以根据这个值做进一步的处理。

【例 5.72】 解析元注释的信息。

```
package example5_72;

import java.lang.annotation.Annotation;

import example5_70.Table;
import example5_71.UserBean;

public class UserManager {
    private UserBean user;

    public static void main(String[] args) {
        System.out.println(new UserManager().getTable());
    }

    /*
     * 获取注释信息
     */
    public String getTable() {
        //得到所有注释
        Annotation[] annotations = UserBean.class.getAnnotations();
        //遍历
        for (Annotation annotation : annotations) {
            //看看是否有特定的注释
            if (annotation instanceof Table) {
                return ((Table) annotation).name();
            }
```

```
            }
            return null;
        }
    }
```

5.8 使用 ResourceBundle 访问资源文件

在程序中经常需要使用常量,如果直接写在程序里,改变这些字符串时必须重新编译,例如编写数据库应用的时候数据库驱动程序、连接数据库需要的基本信息 URL、用户名和口令等信息。为了修改方便,可以使用资源文件(Properties 文件)来保存这些信息,5.4.16 节介绍了如何通过 Properties 类读取属性文件。另外,Java 中提供了 ResourceBundle 类来方便对属性文件的访问。实际上 Java 在实现国际化和本地化的时候会采用 ResourceBundle 来完成更灵活的功能,关于国际化和本地化超出了本书的讨论范围。本节主要介绍如何编写 properties 文件,以及如何通过 ResourceBundle 访问属性文件。

5.8.1 properties 文件的编写

文件的后缀名为.properties。文件中每一行的格式为:key=value
例如:

```
database.driver = com.mysql.jdbc.Drvier
database.url = jdbc:mysql://localhost:3306:test
database.user = root
database.pass = root
```

在属性文件中可以使用注释,使用注释可以使用♯,例如:
♯如果采用其他数据库,需要修改这些信息

5.8.2 加载资源文件

使用 ResourceBundle 访问资源文件,主要包括以下两步。
(1) 加载资源文件到内存;
(2) 读取资源文件中的信息。
ResourceBundle 提供了静态方法 getBundle 来加载资源文件,参数是资源文件的名字,不使用后缀名,例如:

```
ResourceBundle resource = ResourceBundle.getBundle("messages");
```

参数为资源文件的名字,注意不用写后缀名。
要获取资源文件中的信息,通过 ResourceBundle 提供的 getString 方法,参数是资源文件中的某一行的 key 值。例如要获取上面写的驱动程序(database.driver = com.mysql.jdbc.Drvier),可以使用下面的代码:

```
String driverName = resource.getString("database.driver");
```

参数是 key,返回值是 value。

5.8.3 实例：从资源文件加载信息

使用资源文件存储连接数据库的基本信息，然后通过 ResourceBundle 读取信息并显示。

【例 5.73】 使用 ResourceBundle 获取资源文件信息。

```
资源文件：database.properties
database.driver = com.mysql.jdbc.Drvier
database.url = jdbc:mysql://localhost:3306:test
database.user = root
database.pass = root
源文件 ResourceBundle.java
package example5_73;

import java.util.ResourceBundle;

public class ResourceBundleTest {
    public static void main(String[] args) {
        ResourceBundle resource = ResourceBundle.getBundle("example5_73.database");
        String driverName = resource.getString("database.driver");
        String url = resource.getString("database.url");
        String user = resource.getString("database.user");
        String pass = resource.getString("database.pass");

        System.out.println("驱动程序: " + driverName);
        System.out.println("URL: " + url);
        System.out.println("用户名: " + user);
        System.out.println("口令: " + pass);
    }
}
```

运行结果：

```
驱动程序：com.mysql.jdbc.Drvier
URL: jdbc:mysql://localhost:3306:test
用户名：root
口令：root
```

第 6 章　高级应用

本章介绍 Java 在几个特定方面的应用，包括：
- 多线程。介绍 Java 如何对多线程提供支持，以及如何使用 Java 编写多线程应用。
- 网络编程。介绍如何通过 HTTP 协议访问 Web 应用，如何通过 Socket 编程实现 C/S 结构的应用程序。
- GUI。介绍如何编写图形用户界面。

6.1　多　线　程

随着计算机硬件的发展，多核 CPU 变得普及，如果程序能够并行运行，则可以充分利用多个 CPU 的计算能力，这就是多线程编程要解决的问题。

本节的主要内容包括：
- 关于进程、线程、多任务、多线程的概念。
- Java 中多线程的实现方式。
- 多线程的状态。
- 线程的并发控制。
- 使用 Java 提供的多线程机制实现生成者和消费者模型。

6.1.1　线程与进程

进程可以看成是一个运行中的程序，操作系统启动之后会加载大量的应用，可能有几十个应用，每个应用就是一个运行的程序，可以看成是一个进程。操作系统会为每个进程分配属于该进程的资源，主要是内存空间，同时也要分配 CPU 时间。

同一时刻在操作系统中会运行多个应用，每个应用完成特定的功能，例如一边上网一边听音乐，同时还可以让电脑处理数据，这就是多任务。多个任务同时执行，这是用户感觉到的，而实际上只有一个 CPU，或者有限个 CPU，这时由操作系统来负责协调这些进程，让这些线程交替使用电脑的资源，因为交换的速度非常快，所以对用户来说好像这些程序在同时运行。

线程称为轻量级的进程，与进程相同，线程也有自己的运行环境，但是创建一个新的线程需要的资源要比创建一个新的进程少。线程存在于进程中，每个进程最少有一个线程。线程分享进程的资源，包括内存和共享资源。例如程序中同时进行数据读取和数据处理，这样能够提高效率，这时候就需要两个线程。如果使用单线程，则必须先读入数据，然后再处理数据。

程序的多个部分能够同时运行,称为多线程。每个部分就是一个线程。

多线程能够带来很多好处,能够让程序同时做多件事情,尤其是这些事情使用不同资源的时候,它们互不影响,并行运行,这样可以极大地提高效率。

但是多线程也会带来问题,例如多个线程要访问共享资源,就要相互等待,否则可能造成错误,后面会详细介绍。

6.1.2 Java中多线程实现的方式

之前介绍的Java程序都是单线程的,程序开始执行之后按照特定的顺序执行,不存在程序的两部分代码同时执行的情况,main方法是程序的入口,通常称为主线程。多线程将使程序的多个部分的代码同时执行,使用多线程的时候,每个线程使用一个线程对象来表示,每个线程完成一个特定的功能。Java中提供了两种实现线程类的方式:

- 通过继承Thread类实现多线程;
- 通过实现Runnable接口实现多线程。

1. 通过继承Thread创建线程

继承Thread类实现线程类,需要重新实现run方法:

```
public class MyThread extends Thread{
    public void run(){
        //定义线程要执行的代码
    }
}
```

通过线程类创建线程对象:

```
Thread t = new MyThread();
Thread t = new MyThread("线程名字");
```

第二种方式为线程指定了一个名字。

线程的启动通过start方法实现,不用调用run方法。

【例6.1】 编写两个线程类,第一个线程负责输出数字,第二个线程输出小写字母。然后编写测试程序创建这两个线程对象,并启动线程。因为计算机的计算速度非常快,所以必须循环的次数足够多才能看到效果。

```
package example6_1;

public class ThreadTest {
    public static void main(String[] args) {
        System.out.println("主线程开始运行…");
        PrintNumber pn = new PrintNumber();
        pn.start();
        PrintLetter pl = new PrintLetter();
        pl.start();
        System.out.println("主线程运行结束…");
    }
}
```

```java
class PrintNumber extends Thread{
    public void run(){
        for(int i = 1;i < 1000000;i++){
            if(i % 10000 == 0)
                System.out.println(" ---- " + i);
        }
    }
}
class PrintLetter extends Thread{
    public void run(){
        for(int i = 0;i < 1000000;i++){
            if(i % 10000 == 0)
                System.out.println((char)('a' + i % 26));
        }
    }
}
```

通过对运行结果分析会发现主线程最先运行结束,每次运行的结果都不相同。

2. 使用 Runnable 实现多线程

通过实现 Runnable 接口实现多线程,同样需要实现 run 方法:

```java
public class MyThread2 implements Runnable{
    public void run(){
        ...
    }
}
```

这种情况下,仍然是通过 Thread 类创建线程,但是方式稍有不同:

```java
Thread tt = new Thread(new MyThread2());
```

线程的启动仍然是调用线程的 start 方法。

【例 6.2】 使用 Runnable 接口实现同时输出数字和字母。

```java
package example6_2;

public class RunnableTest {
    public static void main(String[] args) {
        System.out.println("主线程开始运行…");
        PrintNumber pn = new PrintNumber();
        Thread t1 = new Thread(pn);
        t1.start();
        PrintLetter pl = new PrintLetter();
        Thread t2 = new Thread(pl);
        t2.start();
        System.out.println("主线程运行结束…");
    }
}
```

```
class PrintNumber implements Runnable{
    public void run(){
        for(int i = 1; i < 1000000; i++){
            if(i % 10000 == 0)
                System.out.println(" ---- " + i);
        }
    }
}
class PrintLetter implements Runnable{
    public void run(){
        for(int i = 0; i < 1000000; i++){
            if(i % 10000 == 0)
                System.out.println((char)('a' + i % 26));
        }
    }
}
```

如果要创建同一个线程类的多个对象,通过继承 Thread 和通过实现 Runnable 接口的方式是不同的。假设 MyThead 继承了 Thread,MyRunnable 实现了 Runnable 接口。请看下面的代码:

```
MyThread t1 = new MyThread();
MyThread t2 = new MyThread();
MyRunnable r1 = new MyRunnable();
MyThread t3 = new Thread(r1);
MyThread t4 = new Thread(r1);
```

t1 和 t2 线程创建了两个 MyThread 对象,而 t3 和 t4 共享了 r1,只创建了 1 个 MyRunnable 对象。也就是说,采用继承 Thread 的方式,每个线程都对应一个线程对象,采用实现 Runnable 接口的方式,多个线程可以共享一个 Runnable 对象。

6.1.3 线程的名字

有时候为了区分运行中的多个线程,可以为线程命名。可以在创建线程对象的时候为线程命名,也可以通过 Thread 的方法设置线程的名字。

如果通过继承 Thread 实现多线程,则可以在继承的时候提供一个有参数的构造方法,然后调用父类的有参数的构造方法,参数表示线程的名字。例如:

```
class MyThread extends Thread {
    public MyThread(String name) {
        super(name);
    }
    ...
}
```

如果通过实现 Runnable 接口实现多线程,在使用 Runnable 对象作为参数创建 Thread 对象的时候可以指定名字,例如:

```
MyRunnable r = new MyRunnable();
Thread t3 = new Thread(r,"线程 3");
```

如果在创建线程对象的时候没有指定名字,可以通过 Thread 对象的 setName 方法设置线程的名字,方法的参数是线程的名字。

在程序中要获取线程的名字,分两种情况。如果是继承 Thread,在 run 方法中直接调用 getName 方法即可。如果是实现 Runnable 接口,则需要使用 Thread.currentThread() 得到当前线程,然后再调用 getName 方法得到线程的名字。

【例 6.3】 线程名字的使用。

```
package example6_3;

public class ThreadNameTest {
    public static void main(String[] args) {
        MyRunnable r = new MyRunnable();
        Thread t1 = new MyThread("线程 1");
        Thread t2 = new MyThread();
        t2.setName("线程 2");
        Thread t3 = new Thread(r,"线程 3");
        Thread t4 = new Thread(r);
        t4.setName("线程 4");
        t1.start();
        t2.start();
        t3.start();
        t4.start();
    }
}

class MyRunnable implements Runnable {
    public void run() {
        for (int i = 1; i < 11; i++)
            System.out.println(Thread.currentThread().getName() + " -- " + i);
    }
}

class MyThread extends Thread {
    public MyThread() {
    }

    public MyThread(String name) {
        super(name);
    }

    public void run() {
        for (int i = 1; i < 11; i++)
            System.out.println(getName() + " -- " + i);
    }
}
```

6.1.4 线程的优先级

默认情况下,一个程序的多个线程具有相同的优先级,也就是获得 CPU 的概率相同。在有些情况下,可能需要让某个线程获得更多的执行时间,这时候可以通过设置线程的优先级来调整每个线程获得 CPU 机会的大小。但是优先级高的程序不一定比优先级低的程序先运行或者先运行结束。尤其是计算机运行速度比较快的时候,设置优先级的作用不是很明显。

要设置线程的优先级,调用线程的 setPriority 方法,参数表示优先级。优先级的最小值是 1,最大值是 9,默认值是 5。

不同运行平台对线程的优先级的设置是有区别的,Java 虚拟机会把 Java 中设置的线程的优先级转换为不同平台上对应的线程的优先级。通常情况下,需要设置优先级的情况比较少。

【例 6.4】 线程的优先级。

```
package example6_4;

public class ThreadPriority implements Runnable{

    public static void main(String[] args) {
        Runnable r1 = new ThreadPriority();
        Runnable r2 = new ThreadPriority();
        Thread thread1 = new Thread(r1,"t1");
        thread1.setPriority(1);
        
        Thread thread2 = new Thread(r2,"t2");
        thread2.setPriority(9);
        thread1.start();
        thread2.start();
    }
    
    public void run(){
        for(int i = 0;i < 100;i++){
            System.out.println(Thread.currentThread().getName() + ":" + i);
        }
    }
}
```

运行效果很可能看不出优先级的作用,因为计算机的运行速度太快了,可能只需要获取一次 CPU 时间就可以执行完了。

6.1.5 让线程等待

根据需要可以让线程等待一段时间再执行,可以通过以下 4 种方式:
- 使用 sleep 让线程等待一段时间;
- 使用 yield 方法让线程让出执行机会;

- 使用 join 让线程等待；
- 使用 wait 方法让线程等待。

wait 方法与 notify 一起使用，在后面单独介绍，这里介绍前三个。

1. 使用 sleep 方法让线程等待一段时间

调用 Thread 的 sleep 方法让当前线程等待一段时间，参数指出等待的时间，单位为毫秒。sleep 方法需要使用 try…catch 处理异常。

【例 6.5】 使用 sleep 方法让线程休息。

```java
package example6_5;

public class ThreadSleep implements Runnable {
    public void run() {
        for (int k = 0; k < 5; k++) {
            if (k == 2) {
                try {
                    Thread.sleep(5000);
                } catch (Exception e) {
                }
            }
            System.out.print(" " + k);
        }
    }

    public static void main(String[] args) {
        Runnable r = new ThreadSleep();
        Thread t = new Thread(r);
        t.start();
    }
}
```

在程序运行之后，先输出 0,1，然后等待大概 5 秒之后，输出 2、3 和 4。

线程在 sleep 的时候也不会释放占用的资源，看下面的例子。

【例 6.6】 sleep 方法不释放资源。

```java
package example6_6;

public class ThreadSleep implements Runnable {
    public synchronized void run() {
        for (int k = 0; k < 5; k++) {
            if (k == 2) {
                try {
                    Thread.sleep(5000);
                } catch (Exception e) {
                }
            }
        }
    }
}
```

```
            System.out.println(Thread.currentThread().getName() + " : " + k);
        }
    }

    public static void main(String[] args) {
        Runnable r = new ThreadSleep();
        Thread t1 = new Thread(r,"t1_name");
        Thread t2 = new Thread(r,"t2_name");
        t1.start();
        t2.start();
    }
}
```

代码中 run 方法前面的 synchronized 用于同步,简单地说就是能够保证一个线程在执行这个方法的时候,其他要访问这个方法的线程需要等待,后面会详细介绍。

输出结果表示尽管 t1 线程在 sleep,run 方法仍然没有释放掉,t1 线程执行完之后,t2 线程再执行。

2. 使用 yield 方法让出一次执行权

yield()方法与 sleep()方法相似,只是它不能由用户指定线程暂停多长时间。sleep 方法可以使低优先级的线程得到执行的机会,当然也可以让同优先级和高优先级的线程有执行的机会。而 yield()方法只能使同优先级的线程有执行的机会。

【例 6.7】 使用 yield 方法让出执行权。

```
package example6_7;

public class ThreadYield {
    public static void main(String[] args) {
        Thread t1 = new MyThread();
        t1.setName("线程 A");
        Thread t2 = new MyThread2();
        t2.setName("线程 B");
        t1.start();
        t2.start();
    }
}
class MyThread extends Thread{
    public void run(){
        for(int i = 0;i < 100;i++){
            Thread.yield();
            Thread.yield();
            System.out.println(Thread.currentThread().getName() + i);
        }
    }
}
class MyThread2 extends Thread{
    public void run(){
```

```
            for(int i = 0;i < 100;i++){
                System.out.println(Thread.currentThread().getName() + i);
            }
        }
    }
```

如果执行运行一遍程序,有时候会看不出结果,如果多运行几次,从统计上来说,第二个线程先执行完的次数要多。如果删除 MyThread 类中的 run 方法中的 yield 代码,则第一个线程先执行结束的次数要多。

3. 使用 join 方法让某个线程先执行完

尽管可以通过让一个线程等待、让出执行权、休息,但是还是不能保证另外一个线程先执行完,需要要求某个线程必须执行完,当前线程才能继续执行,可以使用 join 方法。先看下面的代码。

【例 6.8】 没有使用 join 的情况。

```
package example6_8;

public class ThreadJoin extends Thread{
    public static int a = 0;

    public void run() {
        for (int k = 0; k < 5; k++) {
            a = a + 1;
        }
    }

    public static void main(String[] args) {
        Runnable r = new ThreadJoin();
        Thread t = new Thread(r);
        t.start();
        System.out.println(a);
    }
}
```

原本希望在执行完线程之后在 main 方法中输出 a 的值,但是上面的代码无论如何执行都很难让输出结果为 5。要想让处理结果为 5,必须让 t 线程执行完,然后再执行后面的代码。这样的需求可以通过 join 方法实现。改写后的代码如下。

【例 6.9】 使用 join 改变线程的执行顺序。

```
package example6_9;

public class ThreadJoin extends Thread{
    public static int a = 0;

    public void run() {
```

```
            for (int k = 0; k < 5; k++) {
                a = a + 1;
            }
        }

        public static void main(String[] args) {
            Runnable r = new ThreadJoin();
            Thread t = new Thread(r);
            t.start();
            try {
                t.join();
            } catch (InterruptedException e) {
            }
            System.out.println(a);
        }
    }
```

运行结果为 5。

6.1.6 实例：实现人能够同时说话和开车

编写 Person 类表示人，Person 类具有说话（speak）和开车（Drive）的功能，让 Person 类支持多线程，即能够在开车的同时说话。

【例 6.10】 Person 可以同时说话和开车。

```
package example6_10;

import static java.lang.System.out;

public class Person implements Runnable {

    int speakNo = 0;
    int driveNo = 0;

    private boolean canStop = false;           //是否停止线程

    public static void main(String[] args) {
        Person person = new Person();

        Thread t1 = new Thread(person, "speak");   //第二个参数给出线程的名字
        Thread t2 = new Thread(person, "drive");

        t1.start();
        t2.start();

        try {
            Thread.sleep(1000);
        } catch (InterruptedException e) {
```

```java
            e.printStackTrace();
        }
        person.setCanStop(true);
    }

    public void run() {
        while (true) {
            String name = Thread.currentThread().getName();
            if (name.equals("speak")) {
                speak();
            } else {
                drive();
            }
            if (canStop) {
                break;
            }
        }
    }

    public void drive() {
        out.println("正在----------开车!" + driveNo++);
        try {
            Thread.sleep(5);
        } catch (InterruptedException e) {
        }
    }

    public void speak() {
        out.println("正在说话!" + speakNo++);
        try {
            Thread.sleep(5);
        } catch (InterruptedException e) {
        }
    }

    public boolean isCanStop() {
        return canStop;
    }

    public void setCanStop(boolean canStop) {
        this.canStop = canStop;
    }
}
```

6.1.7 资源同步

多线程机制允许程序的多部分代码同时执行,但是这样也带来了其他问题,例如当两个线程同时访问一个资源的时候可能出错,考虑下面的问题。众所周知,火车站的多个售票窗

口可以卖相同的票,假设某一时刻,有两个人分别从两个窗口购买从北京到大连的同一天的火车票,可能会执行下面的代码:

```
…
int tickets = getTickets();        (1)
setTickets(tickets - 1);           (2)
…
```

假设 A 线程和 B 线程分别表示两个售票窗口,可能的执行过程如下:

A 线程执行(1),B 线程执行(1),A 线程执行(2),B 线程执行(2)

这种情况在多线程中是有可能会发生的,造成的结果就是卖了两张票,而剩余的票数只减少了一张。这种问题可以通过资源同步来解决。

资源同步可以使用关键字 synchronized,相当于对资源加锁,加锁之后其他代码就不能访问了,只有等当前代码执行完之后并解锁,其他的代码才能访问。synchronized 可以用在对象上,也可以用在方法上,还可以用在一段代码上。下面的代码展示了如何在对象上使用同步。

【例 6.11】 在对象上加锁。

```java
package example6_11;

public class SynchronizeDemo {

    public static void main(String[] args) {
        TicketManager tm = new TicketManager();
        Thread t1 = new Seller(tm,"A 窗口");
        Thread t2 = new Seller(tm,"B 窗口");
        t1.start();
        t2.start();
    }
}

class Seller extends Thread {
    TicketManager tm;

    public Seller(TicketManager tm,String name) {
        super(name);
        this.tm = tm;
    }

    public void run() {
        while (true) {
            synchronized (tm) {
                int temp = tm.getCount();
                if (temp == 0)
                    break;
                temp -- ;
```

```java
                System.out.println(Thread.currentThread().getName()
                        + "卖了一张票!还剩下" + temp + "张票!");
                tm.setCount(temp);
                try {
                    sleep(100);
                } catch (InterruptedException e) {
                }
            }
        }
    }
}

class TicketManager {
    int count = 100;

    public int getCount() {
        return count;
    }

    public void setCount(int count) {
        this.count = count;
    }
}
```

把锁加在对象上带来的问题是当对象加锁的时候,同一个时刻只能有一个线程访问对象,而其他线程不能访问,减少了可以并行运行的代码。

也可以把锁加在方法上。例如多个人会多次使用同一副刀叉吃饭,吃饭的时候要先使用刀然后使用叉,吃饭的过程中不允许其他人使用刀和叉,刀叉属于被管理的共享资源。这时候就需要把获取刀叉吃饭的代码加锁。

【例 6.12】 在方法上加锁。

```java
package example6_12;

public class SynchronizeDemo {

    public static void main(String[] args) {
        Manager manager = new Manager();
        Thread t[] = new Thread[5];
        for(int i = 0;i < 5;i++){
            t[i] = new Person(manager,"第" + (i+1) + "个人");
            t[i].start();
        }
    }
}

class Person extends Thread {
    Manager manager;
```

```java
    public Person(Manager manager,String name) {
        super(name);
        this.manager = manager;
    }

    public void run() {
        for(int i = 0;i < 10;i++) {
            manager.eat();
            try {
                sleep(100);
            } catch (InterruptedException e) {
            }
        }
    }
}

class Manager {
    public synchronized void eat(){
        String threadName = Thread.currentThread().getName();
        System.out.println(threadName + ":用刀");
        System.out.println(threadName + ":---- 用叉");
    }
}
```

可以将 Manager 的 eat 方法的 synchronized 去掉再查看运行结果。

6.1.8 wait 和 notify

某个线程在执行过程中发现需要的资源不可用的时候,就需要等待,每个类都提供了 wait 方法,该方法是从 Object 类继承来的,调用 wait 方法之后可以让当前线程处于等待状态。处于等待状态的线程自己不能继续执行,必须等待其他线程唤醒它,其他线程通过 notify 或者 notifyAll 方法来唤醒,这两个方法也是在 Object 类中定义的,notify 唤醒某个线程,notifyAll 唤醒所有线程。

下面以经典的生产者和消费者问题为例介绍 wait 和 notify 的使用。假设生成者的产品要放到仓库中,消费者需要从仓库中消费商品,而仓库中只能存放 10 件商品,当仓库中存储的商品等于 10 的时候就不能生产了,当仓库中没有商品的时候,就不能消费了。

【例 6.13】 生产者和消费者问题。

```java
Store类表示仓库
package example6_13;

public class Store {
    /*
     * 表示库存,quantity 的值会影响生产者和消费者,
     * 有产品才可以消费,仓库没有满才可以生产
     * 初始为 0,最大为 10
```

```java
        */
        private int quantity = 0;

        public int getQuantity() {
            return quantity;
        }

        public void put() {
            quantity++;
        }

        public void get(){
            quantity -- ;
        }
}
```
Producer 类：表示生产者
```java
package example6_13;

import static java.lang.System.out;

public class Producer extends Thread{
    private Store store;
    private boolean canStop = false;
    public void setCanStop(boolean canStop) {
        this.canStop = canStop;
    }
    public Producer(Store store, String name){
        super(name);
        this.store = store;
    }

    public void run() {
        while(true){
            if(canStop)
                break;
            synchronized(store){
                //等待仓库有空位置
                while(store.getQuantity() == 10){
                    try{
                        store.wait();
                    }catch(InterruptedException e) {
                        e.printStackTrace();
                    }
                }

                //生产产品
                String threadName = Thread.currentThread().getName();
                out.println(threadName + "生产了一个商品!");
                store.put();
```

```java
                    //唤醒其他等待者
                    store.notifyAll();
                }

                try {
                    Thread.sleep(50);
                } catch (InterruptedException e) {
                    e.printStackTrace();
                }
            }
        }
    }
}
```
Consumer 类：表示消费者，代码与生产者类似，参见本书所附光盘．
Main 类：控制程序

```java
package example6_13;

public class Main {

    public static void main(String[] args) {
        Store store = new Store();
        Producer t1 = new Producer(store,"producer1");
        Producer t2 = new Producer(store,"producer2");
        Consumer t3 = new Consumer(store,"consumer1");
        Consumer t4 = new Consumer(store,"consumer2");

        t1.start();
        t2.start();
        t3.start();
        t4.start();

        try {
            Thread.sleep(3000);
        } catch (InterruptedException e) {
            e.printStackTrace();
        }

        t1.setCanStop(true);
        t2.setCanStop(true);
        t3.setCanStop(true);
        t4.setCanStop(true);
    }
}
```

6.2 网络编程

现在的生活已经离不开网络，看新闻可能会使用新浪、网易，买东西会使用京东、淘宝，聊天会使用 QQ 等，使用邮箱发送和接收邮件。Java 中提供了对各种网络编程的支持。

6.2.1 网络编程概述

网络程序是相对于单机程序而言的,网络程序的运行依赖于网络。根据客户端的情况,可以把网络程序分为 B/S 结构和 C/S 结构,B/S 表示浏览器/服务器(Browser/Server),C/S 表示客户端/服务器(Client/Server)。C/S 结构除了服务器端的程序之外,还需要编写专门的客户端,例如多个人一起玩的联网游戏,聊天使用的 QQ 客户端。而 B/S 结构的程序只需要编写服务器端的程序,客户端使用通用的浏览器。

对于 C/S 结构的程序来说,在开发的时候既需要编写服务器端的程序,也需要编写客户端的程序,客户端和服务器端需要通信,Java 中提供的 Socket 编程可以用于开发此类应用。在这类应用中,客户端和服务器端通常需要先建立连接,然后发送和接收数据,交互完成之后需要断开连接。6.2.4 节将对 Socket 编程进行介绍,6.2.5 节通过一个聊天室程序加深对 Socket 编程的理解。

对于 C/S 结构的程序来说,还有一类比较特殊,客户端和服务器端之间通信的时候不需要建立连接而是直接交互,Java 中提供的数据报编程可以用于开发此类应用。6.2.6 节将对数据报编程进行介绍,6.2.7 节通过一个例子加深对数据报编程的理解。

对于 B/S 结构的程序来说,客户端通常采用通用的浏览器,流行的浏览器包括 IE 和 FireFox 等,主要是开发服务器端的程序,Java 中的 Web 开发技术,包括 JSP 和 Servlet 等能够编写服务器端的程序,Java Web 开发在专门的课程中介绍。如果读者对 Web 开发感兴趣,可以参考 Java Web 开发相关的教程。推荐读者阅读由清华大学出版社出版的《Java Web 开发教程——入门与提高篇(JSP+Servlet)》。

在有些应用中可能不想使用浏览器访问 Web 应用,希望编写专门的程序来访问 Web 应用,这与 Socket 编程不同,与 Web 应用交互使用 HTTP 协议,是无状态的。Java 中提供的 HTTP 编程相关的类可以提供对 Web 应用的访问。6.2.2 节介绍如何使用这些类访问 Web 应用,6.2.3 节通过实例加深对这些类的理解。

Java 中除了提供与网络访问相关的技术之外,还提供了专门的接口来访问专门的服务,例如 JDBC 是访问数据库的标准的 API,JNDI 是访问命名和目录服务的标准接口,JavaMail 是访问邮件服务器的标准 API 等。这些技术可以在 JavaEE 中学习,推荐读者阅读由电子工业出版社出版的《Java EE 实用教程——基于 WebLogic 和 Eclipse(第 2 版)》。

综上所述,Java 中提供的网络编程相关的技术如图 6.1 所示。

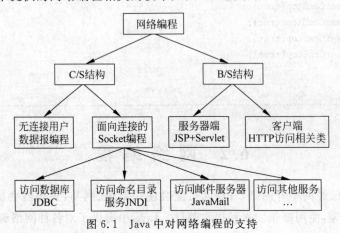

图 6.1 Java 中对网络编程的支持

6.2.2 使用 URLConnection 访问 Web 应用

对于 Web 应用的访问，Java 中提供的类包括如下两个。

- URL：表示要访问的网页的地址。
- URLConnection：表示客户端与 Web 应用之间的连接，建立连接之后就可以读取从来自服务器的数据。

URL 表示一个网址，与具体网站的 IP 地址或者域名关联，URL 的构造方法：

```
public URL(String url)
```

参数 url 表示要访问的网址，例如可以根据网址 http://www.sina.com.cn 创建一个 URL 对象：

```
URL url = new URL("http://www.sina.com.cn");
```

如果要在 Java 程序中连接 Web 应用，可以使用 Java 提供的 URLConnection，使用 URL 的 openConnection 方法创建一个连接，然后可以通过该连接访问网页的内容。例如：

```
URLConnection urlConn = url.openConnection();
```

为了下载网页内容，需要通过连接对象创建输入流对象，使用 URLConnection 的 getInputStream 方法，为了读取方便，可以转换为缓冲字符流。例如：

```
BufferedReader reader = new BufferedReader(new InputStreamReader(
    urlConn.getInputStream()));
```

con 的 getInputStream 得到的是字节方式的输入流，InputStreamReader 完成字节流与字符流之间的转换，BufferedReader 把字符流转换为缓冲流，可以提高访问的效率。

下面的例子把下载后的网页存储到本地硬盘上，根据需要可以对网页内容做进一步处理。

【例 6.14】 使用 URLConnection 下载百度首页。

```
package example6_14;

import java.io.BufferedReader;
import java.io.BufferedWriter;
import java.io.FileWriter;
import java.io.InputStreamReader;
import java.net.URL;
import java.net.URLConnection;

public class URLConnectionDemo {
    public static void main(String[] args) {
        String urlStr = "http://www.baidu.com";
        try {
            //创建 URL 对象表示百度首页地址
            URL url = new URL(urlStr);
```

```java
        //打开网站链接
        URLConnection con = url.openConnection();
        //创建输入流对象
        BufferedReader reader = new BufferedReader(new InputStreamReader(
                con.getInputStream()));
        //创建输出流对象
        BufferedWriter writer = new BufferedWriter(new FileWriter(
                "D:\\baidu.html"));
        String s;
        while ((s = reader.readLine()) != null) {
            writer.write(s + "\n");
        }
        writer.flush();
        writer.close();
        reader.close();
    } catch (Exception e) {
    }
  }
}
```

程序执行后在 D 盘生成一个文件,名字为 baidu.html,内容就是百度首页对应的 html 代码。

使用 URLConnection 的基本过程如下:

(1) 创建 URLConnection 对象。根据要访问的网站创建 URL 对象：URL url = new URL(urlStr)。然后通过 URL 的 openConnection 创建连接对象：URLConnection con = url.openConnection()。

(2) 设置请求方式。使用 URLConnection 类向服务器发送请求,可以采用两种方式：GET 方式与 POST 方式。可以设置请求方式,使用 setRequestMethod 方法,请求的方法可以是"POST",可以是"GET",默认是 GET,下面的代码把请求方式设置为 POST：con.setRequestMethod("POST")。

二者的区别在于：

- GET 请求主要用于获取服务器的资源,可以获取静态页面,如果需要向服务器传递信息,可以把参数信息放在 URL 字符串后面,传递给 servlet,例如：url?id=111,问号后面的内容就是要向服务器传递的信息,id 是名字,111 是对应的值。
- POST 主要是向服务器提交信息,与 GET 方式不同之处在于 POST 的参数不是放在 URL 字符串里面,而是放在 HTTP 请求的正文内。

(3) 设置属性。如果采用 POST 方式,需要向服务器传递参数信息,也可以接收来自服务器的消息。

发送消息：通常需要把 URLConnection 对象转换为 HttpURLConnection 对象：HttpURLConnection httpCon = (HttpURLConnection) con。通过 HttpURLConnection 对象的 setDoOutput 方法进行设置,参数为 true,如果不设置,默认值为 false：httpCon.setDoOutput(true)。采用 POST 请求,则不能使用缓存,设置 useCaches 属性为 false：httpCon.setUseCaches(false)。发送消息的时候可以通过 setRequestProperty 方法设置一

些其他属性。

接收消息：如果要从服务器接收信息，需要设置 doInput 属性，默认情况下为 true，所以通常不用设置，如果不需要接收信息，可以使用：httpCon.setDoInput(false)。

（4）建立连接。可以调用 connect 方法进行连接：httpCon.connect()。因为 getOutputStream 也会建立与服务器的连接，所以在开发中也可以不调用 connect()方法。

（5）发送消息。要向服务器发送信息，需要获取输出流对象，通过 getOutputStream 方法得到输出流对象：OutputStream outStrm＝con.getOutputStream()。可以对 OutputStream 对象进行封装，要发送对象，可以转换成 ObjectOutputStream 对象：ObjectOutputStream objOutputStrm＝new ObjectOutputStream(outStrm)。然后通过 ObjectOutputStream 输出流对象的 writeObject 方法向服务器发送信息：objOutputStrm.writeObject(new String ("我是测试数据"))。这些信息会先保存在缓冲区，调用 flush 方法可以把对象写入流：objOutputStrm.flush()。flush 之后可以关闭输出流，关闭输出流之后不能再向对象输出流写入任何数据，先前写入的数据存在于内存缓冲区中：objOutputStm.close()。

（6）接收信息。要接收信息需要创建输入流对象：InputStream inStrm＝httpConn.getInputStream()。调用 getInputStream 方法把准备好的 HTTP 请求正式发送到服务器。当调用 getInputStream()方法之后，对服务器的 HTTP 请求就结束了。然后通过输入流对象接收服务器的响应信息。

【注意】

（1）HttpURLConnection 的 connect()方法只是建立了一个与服务器的 TCP 连接，并没有真正发送 HTTP 请求。无论是 POST 还是 GET，HTTP 请求实际上直到 HttpURLConnection 的 getInputStream()方法被调用才正式发送出去。

（2）在用 POST 方式发送 URL 请求时，对 connection 对象的配置必须要在 connect()方法被调用之前完成。而对输出流的写操作，必须在输入流的读操作之前。因为在创建输入流对象的时候把输出流中的信息发送到了服务器。

URLConnection 通过 HTTP 协议与网站服务器交互。请求包括两部分：HTTP 请求头和正文。所有关于此次 HTTP 请求的配置都在 HTTP 请求头里定义，请求的具体内容在请求的正文中。connect()函数会根据 HttpURLConnection 对象的配置值生成 HTTP 头信息，因此在调用 connect 函数之前，就必须把所有的属性设置好。在 HTTP 头后面紧跟着的是 HTTP 请求的正文，正文的内容是通过 outputStream 输出流写入的，实际上 outputStream 不是一个网络流，充其量是个字符串流，往里面写入的东西不会立即发送到网络，而是存在于内存缓冲区中，在 outputStream 流关闭的时候，根据输入的内容生成 HTTP 正文。

HttpURLConnection 是基于 HTTP 协议的，其底层通过 Socket 通信实现，所以需要设置超时，URLConnection 提供了如下两个方法。

- setConnectTimeout：设置连接主机超时，单位是毫秒。
- setReadTimeout：设置从主机读取数据超时，单位是毫秒。

6.2.3 实例：提取网页中感兴趣的内容

本节的例子是从当当网查找某一本书的价格，按照书号查询。在现实世界中，有很多实际的应用。例如比价网,对于同一件商品可以到不同的网站上提取价格信息进行比较。另外一个典型的例子:"去哪儿网"能够从多家航空公司网站查找机票价格。

【例 6.15】 根据书号查询图书在当当网的价格。

```java
package example6_15;

import java.io.BufferedReader;
import java.io.IOException;
import java.io.InputStream;
import java.io.InputStreamReader;
import java.net.URL;
import java.net.URLConnection;

public class PriceCompareDemo {
    public static void main(String[] args) {
        ServerInfo dangdang = new ServerInfo("http://search.dangdang.com/?key=",
                "<span class=\"price_n\">&yen;",
                "</span>");
        String isbn = "9787560619330"; //9787302191773";
        double price = dangdang.find(isbn);
        System.out.printf("当当的价格是: %8.2f",price);
    }
}
class ServerInfo{
    protected String url = null;
    String prefix = null;
    String end = null;
    public ServerInfo(String url,String prefix,String end){
        this.url = url;
        this.prefix = prefix;
        this.end = end;
    }
    private String getResult(String key){
        return url + key;
    }

    public double find(String key){
        URL url = null;
        URLConnection con = null;
        BufferedReader reader = null;
        try {
            //创建 URL 对象表示要访问的网站地址
            url = new URL(getResult(key));
            //打开网站链接
            con = url.openConnection();

            InputStream inputStream = con.getInputStream();
            //创建输入流对象
            reader = new BufferedReader(new InputStreamReader(inputStream));
```

```java
            String s;
            while ((s = reader.readLine()) != null) {
                if(s.indexOf(prefix)>= 0){
                    return getPrice(s);
                }
            }
            return -1;
        } catch (Exception e) {
            e.printStackTrace();
            return -1;
        }finally{
            try {
                reader.close();
            } catch (IOException e) {
            }
        }
    }
    private double getPrice(String info){
        int index = info.indexOf(prefix);
        int index2 = info.indexOf(end,index);
        String price = info.substring(index + prefix.length(),index2);
        try{
            return Double.parseDouble(price);
        }catch(Exception e){
            return -1;
        }
    }
}
```

ServerInfo 构造方法中的三个参数分别表示查询页面的地址,表示价格的数字前面的标签和表示价格的数字后面的标签。如果网站的地址和网页内容发生变化,该程序可能无法正常运行。

6.2.4 Socket 通信

使用 Socket 通信通常包括两个程序:客户端程序和服务器端程序。

服务器端程序的工作过程如下:

(1) 创建 ServerSocket 对象,创建对象的时候需要指出端口,该对象对参数指定的端口进行监听。

(2) 调用 ServerSocket 对象的 accept()方法监听客户端的请求,如果没有来自客户端的请求,则一直等待下去,如果有来自客户端的请求,accept 方法返回一个 Socket 对象,与客户端的交互通过该对象完成,这个 Socket 对象占用一个新的端口,与客户端的通信会在这个新的端口上进行。

(3) 通过 Socket 对象得到输入流对象,接收来自客户端的信息。通过 Socket 对象得到输出流对象,通过输出流对象向客户端发送信息。

(4) 调用 Socket 对象的 close 方法关闭与客户端之间的连接,调用 ServerSocket 的

close 方法关闭监听端口。

客户端程序的工作过程如下：

（1）创建 Socket 对象，在创建 Socket 对象的时候需要指出服务器端的主机和端口，主机是运行服务器端程序的电脑的 IP 地址或者域名，端口是服务器端 ServerSocket 所监听的端口。

（2）调用 Socket 对象的 connect 方法建立与服务器端的连接。

（3）通过 Socket 对象得到输入流对象，接收来自服务器端的信息。通过 Socket 对象得到输出流对象，通过输出流对象向服务器端发送信息。

（4）调用 Socket 对象的 close 方法关闭与服务器之间的连接。

在运行的时候需要先启动服务器端程序，然后启动客户端程序。下面的例子展示了 Socket 编程的基本原理。

【例 6.16】 Socket 编程：服务器端处于监听状态，客户端先连接到服务器端，然后从键盘接收信息，发送到服务器端，服务器端接收消息之后对客户端响应，客户端再接收服务器端的响应信息。当客户端接收键盘的消息是 bye 的时候，客户端退出，服务器端也退出。

```java
服务器端：Server.java
package example6_16;

import java.io.BufferedReader;
import java.io.BufferedWriter;
import java.io.IOException;
import java.io.InputStreamReader;
import java.io.OutputStreamWriter;
import java.io.PrintWriter;
import java.net.ServerSocket;
import java.net.Socket;

public class Server {
    public static void main(String[] args) throws IOException {
        ServerSocket ss = new ServerSocket(8888);
        Socket s = null;
        BufferedReader in = null;
        PrintWriter out = null;
        try {
            s = ss.accept();
            System.out.println("有客户端请求连接,客户端 ip 地址:"
                    + s.getInetAddress().getHostAddress() + ",远程端口:"
                    + s.getPort() + ",本地端口:" + s.getLocalPort());
            in = new BufferedReader(new InputStreamReader(
                    s.getInputStream()));           //得到输入流对象
            out = new PrintWriter(new BufferedWriter(
                    new OutputStreamWriter(s.getOutputStream())),true);   //得到输出流
            while (true) {
                String str = in.readLine();         //接收客户端信息
                if (str.equalsIgnoreCase("bye"))
                    break;
```

```java
                System.out.println("接收的客户端数据:" + str);
                out.println("服务器响应:" + str);        //向客户端发送信息
            }
            System.out.println("服务器退出");
        } finally {
            if(out!= null)
                out.close();
            if(in!= null)
                in.close();
            if(s!= null)
                s.close();
            if(ss!= null)
                ss.close();
        }
    }
}
```

客户端: Client.java

```java
package example6_16;

import java.io.BufferedReader;
import java.io.BufferedWriter;
import java.io.IOException;
import java.io.InputStreamReader;
import java.io.OutputStreamWriter;
import java.io.PrintWriter;
import java.net.Socket;

public class Client {
    public static void main(String[] args) throws IOException {
        Socket s = new Socket("127.0.0.1",8888);
        BufferedReader in = null;
        PrintWriter out = null;
        try {
            in = new BufferedReader(new InputStreamReader(
                    s.getInputStream()));
            out = new PrintWriter(new BufferedWriter(
                    new OutputStreamWriter(s.getOutputStream())),true);
            while (true) {
                //从键盘接收数据
                BufferedReader inkey = new BufferedReader(
                        new InputStreamReader(System.in));
                System.out.print("从键盘输入数据:");
                String str = inkey.readLine();              //读取一行
                out.println(str);                           //发送数据到客户端
                if (str.equalsIgnoreCase("bye"))
                    break;
                String msg = in.readLine();                 //接收客户端的数据
                System.out.println("从服务器收到数据:" + msg);
            }
            System.out.println("客户端退出");
```

```java
        } finally {
            if(out!= null)
                out.close();
            if(in!= null)
                in.close();
            if(s!= null)
                s.close();
        }
    }
}
```

6.2.5 实例：聊天室

服务器端负责消息的转发，当客户端连接的时候，服务器把这个消息转发给聊天室中的所有成员，当客户端发送消息的时候，把这个消息也转发给所有成员。

服务器端的程序采用多线程的方式：一个线程监听客户端的请求，另一个线程负责向所有客户端发送消息，对应每个客户端的线程来接收每个客户端信息。

客户端程序采用多线程的方式：一个线程负责从键盘接收数据向服务器发送，另一个线程负责从服务器端接收数据。

【例 6.17】 简单网络聊天室。

```java
源文件：Server.java
package example6_17;

import java.io.BufferedReader;
import java.io.BufferedWriter;
import java.io.IOException;
import java.io.InputStreamReader;
import java.io.OutputStreamWriter;
import java.io.PrintWriter;
import java.net.ServerSocket;
import java.net.Socket;
import java.util.ArrayList;
import java.util.List;
import java.util.PriorityQueue;
import java.util.Queue;
import java.util.Scanner;

public class Server extends Thread {
    ServerSocket ss = null;
    //表示客户端
    private List<Socket> clients;
    //发送信息的线程
    SenderThread sendThread;
    private MessageManager messageManager;

    public Server() {
```

```java
        clients = new ArrayList<>();
        messageManager = new MessageManager(clients);
        sendThread = new SenderThread(messageManager);
        sendThread.start();
    }

    public void run() {
        try {
            ss = new ServerSocket(8888);
        } catch (Exception e) {
            System.out.println("端口被占用!");
            return;
        }
        Socket s = null;
        BufferedReader in = null;
        while (true) {
            try {
                s = ss.accept();
                clients.add(s);
                ReaderThread readerThread = new ReaderThread(s,messageManager,
                        clients);
                readerThread.start();
            } catch (Exception e) {
                e.printStackTrace();
            }
        }
    }

    public void stopServer() {
        messageManager.addMessage("服务器要关闭了!");
        notifyAll();
        try{
            ss.close();
        }catch(Exception e){}
        for (Socket s : clients) {
            try {
                s.close();
            } catch (Exception e) {
            }
        }
    }

    public static void main(String[] args) throws IOException {
        Server server = new Server();
        server.start();
        Scanner in = new Scanner(System.in);
        while (true) {
            String str = in.nextLine();
            if (str.equals("exit")) {
```

```java
                in.close();
                server.stopServer();
                System.exit(0);
            } else {
                System.out.println("无效指令!");
            }
        }
    }
}

class SenderThread extends Thread {
    private MessageManager messageManager;

    public SenderThread(MessageManager messageManager) {
        this.messageManager = messageManager;
    }

    public void run() {
        messageManager.sendMessage();
    }
}

class ReaderThread extends Thread {
    int count = 0;
    MessageManager messageManager;
    Socket s;
    String name;
    private List<Socket> clients;

    ReaderThread(Socket s, MessageManager messageManager,
            List<Socket> clients) {
        this.s = s;
        this.messageManager = messageManager;
        this.clients = clients;
    }

    public void run() {
        try (BufferedReader in = new BufferedReader(new InputStreamReader(
                s.getInputStream()));) {
            while (true) {
                String msg = in.readLine();
                if(count == 0){
                    name = msg;
                    messageManager.addMessage(name + "进入了聊天室!");
                    count++;
                }else if (msg.equals("bye")) {
                    messageManager.addMessage(name + "退出了聊天室!");
                    break;
                } else {
```

```java
                    messageManager.addMessage(name + "说：" + msg);
                }
            }
        } catch (Exception e) {
            e.printStackTrace();
        } finally {
            try {
                s.close();
            } catch (IOException e) {
            }
            clients.remove(s);
        }
    }
}
class MessageManager{
    private Queue<String> msgQueue;
    private List<Socket> clients;
    public MessageManager(List<Socket> clients){
        msgQueue = new PriorityQueue<>();
        this.clients = clients;
    }
    public synchronized void addMessage(String msg){
        System.out.println("addMessage方法:" + msg);
        msgQueue.add(msg);
        notifyAll();
    }

    public synchronized void sendMessage() {
        while (true) {
            if (msgQueue.size() > 0) {
                String msg = msgQueue.poll();
                System.out.println("发送一条消息:" + msg);

                for (Socket s : clients) {
                    try {
                        PrintWriter out = new PrintWriter(new BufferedWriter(
                                new OutputStreamWriter(s.getOutputStream())),true);
                        out.println(msg);
                        out.flush();
                    } catch (Exception e) {
                        e.printStackTrace();
                    }
                }
            } else {
                try {
                    wait();
                } catch (InterruptedException e) {
                }
            }
```

```java
                }
            }
        }
源文件: Client.java
package example6_17;

import java.io.BufferedReader;
import java.io.BufferedWriter;
import java.io.IOException;
import java.io.InputStreamReader;
import java.io.OutputStreamWriter;
import java.io.PrintWriter;
import java.net.Socket;
import java.util.Scanner;

public class Client {
    public static void main(String[] args) throws IOException {
        Socket s = new Socket("127.0.0.1",8888);
        ReceiveThread t1 = new ReceiveThread(s);
        t1.start();
        Scanner in = new Scanner(System.in);
        try(PrintWriter out = new PrintWriter(new BufferedWriter(
                new OutputStreamWriter(s.getOutputStream())),true)) {
            System.out.println("请输入您的代号: ");
            String name = in.next();
            out.print(name);
            out.flush();
            String msg = null;
            while (true) {
                //从键盘接收数据,然后发送到服务器
                msg = in.nextLine();
                out.println(msg);
                out.flush();
                if(msg.equals("bye"))
                    System.exit(0);
            }
        } finally {
            //in.close();
        }
    }
}
class ReceiveThread extends Thread{
    Socket s;
    public ReceiveThread(Socket s){
        this.s = s;
    }
    public void run(){
        try(BufferedReader in = new BufferedReader(new InputStreamReader(
                s.getInputStream()));) {
```

```
                while (true) {
                    String msg = in.readLine();
                    if(msg == null)
                        continue;
                    if(msg.equals("bye")){
                        System.out.println("服务器停止服务!");
                        System.exit(0);
                    }else{
                        System.out.println(msg);
                    }
                }
            } catch(Exception e){
                e.printStackTrace();
            }
        }
    }
```

6.2.6 用户数据报通信

用户数据报协议（User Data Protecol，UDP）是一种无连接的客户/服务器通信协议。它不保证数据报会被对方完全接收，也不保证它们抵达的顺序与发出时一样，但它的速度要比 TCP/IP 协议快得多，因为不需要建立连接，也不用确认数据收到。所以，对于某些不需要保证数据完全准确的场合，或是数据量很大的场合（比如声音、视频等），通常采用 UDP 通信。另外，在局域网中，数据丢失的可能性很小，也常采用 UDP 通信。

与 Socket 编程类似，在 Socket 编程中需要创建 Socket 对象，UDP 编程中需要创建 DatagramSocket 对象。不同的是，UDP 通信不需要建立连接，需要创建的是 DatagramPacket 对象，这个数据报包含 IP 地址、端口号和数据内容。

1. 使用 UDP 发送数据包

使用 UDP 发送数据的过程如下：

（1）创建 DatagramSocket 对象。

（2）创建 DatagramPacket 对象。

（3）调用 DatagramSocket 的方法发送 DatagramPacket 对象。

下面分别描述这三个过程。

（1）创建 DatagramSocket 对象。DatagramSocket 是创建、收发数据报的 socket 对象，Java 使用 DatagramPacket 来代表数据报，DatagramSocket 接收和发送的数据都是 DatagramPacket 对象。使用 DatagramSocket 发送数据报时，DatagramSocket 并不知道将该数据报发送到哪里，而是由 DatagramPacket 自身决定数据报的目的。创建 DatagramSocket 使用下面的构造方法：

public DatagramSocket() throws SocketException

（2）创建 DatagramPacket 对象。可以使用下面的构造方法：

DatagramPacket(byte buf[],int length,InetAddress addr,int port)：以一个包含数据的数组来创建 DatagramPacket 对象，创建该 DatagramPacket 时还指定了 IP 地址和端口，

IP 地址和端口指定了该数据报的目的地,要发送的数据放在 buffer 中。

DatagramPacket(byte[] buf,int offset,int length,InetAddress address,int port):创建一个用于发送的 DatagramPacket 对象,多指定了一个 offset 参数,指出要发送的数据从什么位置开始。

(3) 发送数据。发送数据时,可以使用 DatagramSocket 的 send(DatagramPacket data) 方法。发送的端口、目的地址和数据都在 data 中。

2. 使用 UDP 接收数据

使用 UDP 接收数据的过程如下:

(1) 创建 DatagramSocket 对象。

(2) 创建 DatagramPacket 对象。

(3) 接收数据。

下面分别描述这三个过程。

(1) 创建 DatagramSocket 对象。使用下面的构造方法:

```
public DatagramSocket(int port) throws SocketException
```

其中,参数 port 指定接收时的端口。还可以使用下面的构造方法:

```
DatagramSocket(int port,InetAddress addr)
```

其中 port 表示接收的端口,addr 表示接收的主机地址。

(2) 创建 DatagramPacket 对象。创建 DatagramPacket 对象使用下面的构造方法:
DatagramPacket(byte buf[],int length):以一个空数组来创建 DatagramPacket 对象,该数组的作用是接收 DatagramSocket 中的数据,length 表示数组的长度。

DatagramPacket(byte [ ] buf, int offset, int length):以一个空数组来创建 DatagramPacket 对象,并指定接收到的数据放入 buf 数组中时从 offset 开始,最多放 length 个字节。

(3) 接收数据。接收数据时,可以使用 receive(DatagramPacket data) 方法,获取的数据报将存放在 data 中。receive() 方法将一直等待,直到收到一个数据报为止。

当数据报的接收者接收到一个 DatagramPacket 对象后,可以通过 DatagramPacket 提供的方法获取数据报的相关信息:

- getData() 方法。获取数据报中的数据,该方法又可以返回 DatagramPacket 对象里封装的字节数组,另外也可以直接访问创建 DatagramPacket 对象时传入的字节数组。
- getAddress() 方法。返回 InetAddress 对象,表示数据报的发送者所在的主机的 IP 地址(如果是在发送数据的时候,这个地址表示数据报的目的地)。
- getPort() 方法。返回端口号,表示数据报的发送者所在的主机的端口号(如果是在发送数据的时候,这个地址表示数据报的目的端口)。
- getSocketAddress()。返回 SocketAddress 对象,包含 IP 地址和端口,表示数据报的发送者对应的 SocketAddress(如果是在发送数据的时候,该方法返回此数据报的目标 SocketAddress)。

下面的程序使用 DatagramSocket 实现客户端与服务器端之间的交互。使用 UDP 协议编写网络程序,客户端和服务器端几乎相同。客户端与服务器端的唯一区别在于:服务器所在IP地址、端口是固定的,所以客户端可以直接将该数据报发送给服务器,而服务器则需要根据接收到的数据报来决定客户端的地址。

【例6.18】 使用UDP发送和接收数据。

```
服务器端:
package example6_18;

import java.net.DatagramPacket;
import java.net.DatagramSocket;

public class Server {
    //监听端口
    public static final int PORT = 8888;
    //接收的每个数据报的最大值为1K
    private static final int LENGTH = 1024;
    //定义该客户端使用的 DatagramSocket
    private DatagramSocket socket = null;
    byte[] buff = new byte[LENGTH];
    //接收数据的 DatagramPacket 对象
    private DatagramPacket inPacket = new DatagramPacket(buff,LENGTH);

    public Server() {
        try {
            //创建一个客户端 DatagramSocket
            socket = new DatagramSocket(PORT);
            while (true) {
                socket.receive(inPacket);
                String temp = new String(inPacket.getData(),0,
                    inPacket.getLength());
                if (temp.equals("bye")) {
                    System.out.println("服务器端退出!");
                    break;
                }
                System.out.println("接收到: " + temp);
            }
        } catch (Exception e) {
            e.printStackTrace();
        } finally {
            if (socket != null)
                socket.close();
        }
    }

    public static void main(String[] args) {
        new Server();
    }
}
```

客户端：
```java
package example6_18;

import java.net.DatagramPacket;
import java.net.DatagramSocket;
import java.net.InetAddress;
import java.util.Scanner;
public class Client {
    //数据报要发往的服务器的端口和IP地址
    public static final int PORT = 8888;
    public static final String IP = "127.0.0.1";
    private DatagramSocket socket = null;
    private DatagramPacket outPacket = null;

    public Client() {
        try {
            //创建DatagramSocket对象,使用随机端口
            socket = new DatagramSocket();
            //使用指定的端口和IP创建DatagramSocket对象
            outPacket = new DatagramPacket(new byte[0],0,
                    InetAddress.getByName(IP),PORT);
            //创建键盘输入流
            System.out.println("请输入信息：");
            Scanner in = new Scanner(System.in);
            //循环接收键盘输入信息
            while (in.hasNextLine()) {
                System.out.println("请输入信息：");
                //接收输入
                String temp = in.nextLine();
                if (temp.equals("bye")) {
                    System.out.println("客户端退出!");
                    break;
                }
                byte[] buff = temp.getBytes();
                //把接收的信息添加到DatagramPacket中
                outPacket.setData(buff);
                //发送数据报
                socket.send(outPacket);
            }
        } catch (Exception e) {
            e.printStackTrace();
        } finally {
            if (socket != null)
                socket.close();
        }
    }

    public static void main(String[] args) {
        new Client();
    }
}
```

6.3 GUI

图形用户界面应用程序接口(Graphics User Interface,GUI)是 Java 提供的用于开发图形应用的 API。相对于之前学习的命令行方式的应用程序,图形类应用看起来更漂亮,用户操作起来更简单方便。

Java 基类(JFC)是关于 GUI 组件和服务的完整集合,大大简化了 Java 应用的开发和部署。提供了一整套应用程序开发包,可以帮助开发人员设计复杂的、具有交互功能的应用程序。

JFC 作为 Java 2 SDK 的一个组成部分,主要包括 5 种 API:AWT、Java 2D、Accessibility、Drag and Drop、Swing。

- AWT 包括了一些基本组件和容器,能够构建简单的 GUI 应用程序。
- Java 2D 是一种图形 API,它为 Java 应用程序提供了高级的二维(2D)图形图像处理类的集合。Java 2D API 扩展了 java.awt 和 java.awt.image 包,提供了丰富的绘图风格、定义了复杂形状的机制,以及各种方法和类来精确调节绘制过程。该 API 还包括了一套扩展字体集合。
- Accessibility API 提供了一套高级工具,可以辅助开发使用非传统输入和输出方式的应用程序。它提供了一个辅助技术接口,如屏幕阅读器、屏幕放大器、听觉文本阅读器等。
- Drag and Drop 技术提供了 Java 和本地应用程序之间的互用性,用来在 Java 应用程序和不支持 Java 技术的应用程序之间交换数据。
- Swing 是为基于窗体应用程序的开发而设计的。提供了整套丰富的组件和工作框架,以指定如何展示独立于平台的 GUI 视觉效果。这些 GUI 组件是使用 Java 语言编写的,可以保证可移植性。Swing 是轻量级的,是 AWT 的替换技术。

本节主要介绍 Swing 的基本用法和一部分图形 API。

6.3.1 Swing 快速上手

使用 Swing 包中的组件构建 GUI 应用程序的一般过程包括以下几个步骤:
(1) 创建窗口。
(2) 设置窗口的布局方式。
(3) 创建组件。
(4) 把组件添加到窗口中。
(5) 为组件添加事件处理。
(6) 显示窗口。

下面以一个简单的计算器为例介绍 Swing 编程的基本过程,计算器的效果如图 6.2 所示。

图 6.2 简单计算器

用户可以在前两个输入框中输入数字并选择中间的加减乘除,单击"计算"按钮后,在第三个输入框中可以显示计算结果。计算器的实现过程如下:

(1) 创建窗口对象。调用 JFrame 的构造方法,并且把窗口的标题设置为"简单计算器"。创建窗口的代码如下:calculator=new JFrame("简单计算器")。

(2) 设置窗口的布局方式。窗口中的组件一个挨着一个排列,当调整窗口大小的时候,组件之间的相对位置还会变化,这种布局称为流式布局方式,通常都会为窗口设置布局方式。设置窗口布局方式的代码如下:calculator.setLayout(new FlowLayout())。

(3) 创建组件。窗口中用到两个按钮、三个输入框和一个组合下拉列表框。它们分别是 JButton、JTextField 和 JComboBox 的对象。下面的三行代码分别创建了一个输入框、一个组合下拉列表框和按钮:

```
value1 = new JTextField(10);
operator = new JComboBox<>(listData);
clear = new JButton("清空");
```

JTextField 构造方法中的 10 表示输入框的宽度,JComboBox 构造方法中的参数表示列表中的选项,JButton 中的"清空"表示按钮上的文字。

(4) 把组件添加到窗口中。把组件添加到窗口中主要调用窗口的 add 方法,对于不同的布局方式调用的 add 方法也不同。对于流式布局方式,直接使用下面的方法添加:calculator.add(clear);,其他元素的添加过程相同。对于流式布局方式来说,按照从左到右的顺序排列组件,所以添加组件的先后顺序对于组件的排列是有影响的。

(5) 为组件添加事件处理。这里有两个按钮,我们希望在单击"计算"的时候,能够把计算结果显示在第三个输入框中。当单击"清空"按钮的时候,能够把三个输入框的内容都清空。添加事件处理包括两个方面:一方面,编写处理代码,通常需要实现某个接口,这里实现 ActionListener 接口,实现接口中的 public void actionPerformed(ActionEvent e)方法,在这个方法中编写处理代码;另一方面,需要把按钮与处理代码关联起来,通过下面的代码:ok.addActionListener(this);this 表示实现了 ActionListener 接口的类的对象。这样当单击 OK 按钮的时候将调用事件处理方法。

(6) 显示窗口。创建窗口以及在窗口中添加元素之后,就可以显示窗口了。显示窗口主要是调用 calculator.setVisible(true)方法,同时可以设置所创建的窗口的位置和大小等。

例 6.19 是简单计算器的完整代码。

【例 6.19】 简单计算器。

```
package example6_19;

import java.awt.FlowLayout;
import java.awt.event.ActionEvent;
import java.awt.event.ActionListener;

import javax.swing.JButton;
import javax.swing.JComboBox;
import javax.swing.JFrame;
```

```java
import javax.swing.JTextField;

public class FirstDemo implements ActionListener{
    private JFrame calculator;
    private JTextField value1;
    private JTextField value2;
    private JTextField result;
    private JComboBox<String> operator;

    private JButton ok;
    private JButton clear;

    private String listData[] = { "+","-","*","/" };

    public void init() {
        //创建窗口,该窗口是主窗口,窗口的标题是"简单计算器"
        calculator = new JFrame("简单计算器");
        //设置窗口的布局方式
        calculator.setLayout(new FlowLayout());

        //创建单行的文本编辑框,表示两个操作数和存储执行结果
        value1 = new JTextField(10);
        value2 = new JTextField(10);
        result = new JTextField(10);
        //表示操作符
        operator = new JComboBox<>(listData);
        operator.setSelectedIndex(0);
        //实例化两个按钮
        ok = new JButton("计算");
        clear = new JButton("清空");

        //把组件添加到窗口中
        calculator.add(clear);
        calculator.add(value1);
        calculator.add(operator);
        calculator.add(value2);
        calculator.add(ok);
        calculator.add(result);

        //为组件添加事件处理代码
        ok.addActionListener(this);
        clear.addActionListener(this);

        //显示窗口
        calculator.pack();
        //calculator.setSize(300,300);
        calculator.setLocationRelativeTo(null);
        calculator.setVisible(true);
    }
```

```java
            public static void main(String args[]) {
                FirstDemo swing = new FirstDemo();
                swing.init();
            }

            @Override
            public void actionPerformed(ActionEvent e) {
                if(e.getSource() == ok){                  //计算
                    String v1 = value1.getText();          //得到输入框的值
                    String v2 = value2.getText();
                    int a1 = Integer.parseInt(v1);
                    int a2 = Integer.parseInt(v2);
                    switch(operator.getSelectedIndex()){//根据选中的选项分别进行计算
                    case 0:result.setText(String.valueOf(a1 + a2));break;
                    case 1:result.setText(String.valueOf(a1 - a2));break;
                    case 2:result.setText(String.valueOf(a1 * a2));break;
                    case 3:result.setText(String.valueOf(a1/a2));break;
                    }
                }else{                                     //清空
                    value1.setText("");
                    value2.setText("");
                    result.setText("");
                }
            }
        }
```

从上面的例子可以看出，在编写 GUI 程序的时候主要涉及下面几个方面。

（1）容器类。容器类用来组织其他的组件，程序中的 JFrame 就是一个特殊的容器，其他的组件都要添加到容器中。JPanel 是另一个比较常用的容器，可以把多个组件添加到 JPanel 中，然后把 JPanel 作为一个整体添加到窗口中。6.3.2 节将对 JFrame 和 JPanel 的用法进行介绍。

（2）组件类。接收用户输入信息的 JTextField、JTextArea，让用户选择的 JList、JComboBox，显示信息的 JLable，用户单击使用的 JButton 等，这些组件都能完成特定的功能，都要添加到容器中。这些组件将在 6.3.4 节中介绍。

（3）布局方式。把多个组件添加到一个容器中的时候需要设定组件在界面中的布局方式。关于布局方式将在 6.3.3 节中介绍。

（4）辅助类。用于控制组件和容器的显示特性，例如组件中文字的颜色和字体等，组件的边框格式等。这些辅助类将在 6.3.5 节中介绍。

（5）事件处理。完成用户与系统的交互功能，例如单击按钮让程序执行计算等。关于事件处理将在 6.3.6 节中介绍。

GUI 编程中常用的类如图 6.3 所示。

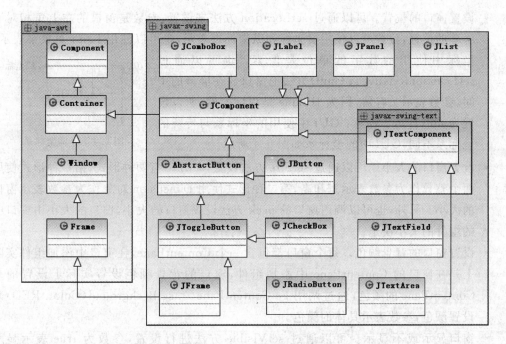

图 6.3　GUI 编程中常用的类

6.3.2　容器类

顾名思义,容器类就是能够包含其他组件的类。分两种类型:顶层容器和中间层容器。顶层容器包括 JFrame、JApplet、JWindow 和 JDialog,这些容器类不能再添加到其他容器中,通常表示独立的窗口。中间层容器可以包含其他组件,容器自身也可以作为组件添加到容器中,JPanel 就是典型的中间层容器,可以把相关的组件使用 JPanel 组织在一起,然后把 JPanel 对象作为整体添加到容器中。JApplet 用于编写运行在浏览器中的小应用程序,它的运行比较特殊,将在 6.3.13 节中专门介绍,下面介绍其他几个容器的使用。

1. JFrame

创建 GUI 程序,首先要创建一个窗口,创建窗口就要用到 JFrame。JFrame 的使用可以采用两种形式:第一种方式是编写自己的窗口类来继承 JFrame 类,然后添加各种组件;第二种方式直接创建 JFrame 对象,然后为 JFrame 对象添加各种组件。第一种方式更常用。

JFrame 表示窗口,窗口包含的基本元素包括窗口的标题和窗口右上角的三个按钮(最小化、最大化和关闭按钮),窗口生成之后,可以最小化和最大化窗口,可以通过边框调整窗口的大小,可以关闭窗口,如果希望窗口不能调整大小,可以调用窗口的 setResizable(false) 方法。

对于 JFrame 来说主要的操作包括:

- 设置窗口的标题。可以通过 JFrame 的构造方法来提供,也可以通过它的 setTitle 方法进行设置:

```
JFrame f1 = new JFrame("窗口测试!");    //通过构造方法设置
f1.setTitle("窗口测试 2");               //通过 setTitle 方法设置
```

- 设置窗口的位置。可以通过 setLocation 方法来设置,参数是窗口的左上角相对于屏幕的位置,位置可以使用横坐标和纵坐标来表示,也可以使用 Point 对象来表示,坐标中使用的数字的单位是像素。也可以通过 setLocationRelativeTo(null)方法把窗口放在屏幕的中间,参数表示父容器,因为 JFrame 是顶层容器,所以设置为 null 即可。注意:GUI 中使用的坐标系与传统的坐标系不同,GUI 中的坐标系如图 6.4 所示。

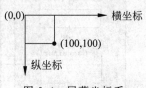

图 6.4 屏幕坐标系

- 设置窗口的大小。可以通过 setSize 方法设置,setSize 有两种形式,第一种形式使用两个整数作为参数表示宽和高,第二种形式使用 Dimension 对象作为参数表示窗口的大小。另外,也可以调用窗口的 pack 方法设置窗口的大小,窗口的大小由窗口中的组件的大小决定。
- 设置窗口的背景颜色。每个窗口都包含一个 ContentPane,在窗口中添加组件实际上是在窗口的 ContentPane 中添加组件,窗口的背景颜色设置实际上设置的是 ContentPane 的颜色,通过调用 getContentPane().setBackground(Color.RED)来设置颜色,参数表示具体的颜色。
- 窗口显示或不显示。可以通过 setVisible 方法进行设置,参数为 true 表示显示窗口。

【例 6.20】 JFrame 的使用。

```java
package example6_20;

import javax.swing.JFrame;

public class JFrameTest {
    public static void main(String[] args) {
        JFrame f1 = new JFrame("窗口测试!");
        f1.setTitle("窗口测试 2");
        f1.setLocation(100,100);
        f1.setSize(500,500);
        f1.getContentPane().setBackground(Color.RED);
        f1.setResizable(false);
        f1.setVisible(true);
    }
}
```

2. JWindow

JWindow 也是一个顶层容器类,可以显示在桌面的任意位置。与 JFrame 不同的是,JWindow 没有标题栏、边界和窗口管理按钮(最大化、最小化和关闭按钮),不能调整窗口的大小,不能移动窗口的位置。其他方面的用法与 JFrame 基本相同,可以设置布局方式,可以添加组件,可以设置窗口的大小、位置、背景颜色等。通常可以使用不同的 JWindow 完成不同的交互任务,通过主窗口来切换这些 JWindow 窗口。下面的例子展示了 JWindow 的基本用法。

【例 6.21】 JWindow 的用法。MyWindow 表示一个包含了两个按钮的窗口,通过参数可以设置窗口的大小和背景颜色。主窗口类 JWindowTest 包含两个按钮,可以通过两个按钮分别显示两个 MyWindow 对象。

主窗口类:
```java
package example6_21;

import java.awt.Color;
import java.awt.FlowLayout;
import java.awt.event.ActionEvent;
import java.awt.event.ActionListener;

import javax.swing.JButton;
import javax.swing.JFrame;

public class JWindowTest extends JFrame implements ActionListener{
    JFrame frame1;              //主窗口
    JButton bt1;                //按钮1,单击之后显示小窗口
    JButton bt2;                //按钮2,单击之后显示大窗口
    MyWindow window1;           //表示小窗口
    MyWindow window2;           //表示大窗口
    public static void main(String[] args) {
        new JWindowTest();
    }
    public JWindowTest(){
        frame1 = new JFrame();
        frame1.setLayout(new FlowLayout());
        bt1 = new JButton("显示小窗口");
        bt2 = new JButton("显示大窗口");
        frame1.add(bt1);
        frame1.add(bt2);
        bt1.addActionListener(this);
        bt2.addActionListener(this);
        window1 = new MyWindow(200,200,Color.RED);
        window2 = new MyWindow(400,400,Color.BLUE);
        frame1.setSize(300,300);
        frame1.setLocationRelativeTo(null);
        frame1.setVisible(true);

    }
    @Override
    public void actionPerformed(ActionEvent e) {
        if(e.getSource() == bt1){
            window1.setVisible(true);
            window2.setVisible(false);
        }else{
            window2.setVisible(true);
            window1.setVisible(false);
        }
```

```
    }
}
类 MyWindow.java:
package example6_21;

import java.awt.Color;
import java.awt.FlowLayout;

import javax.swing.JButton;
import javax.swing.JWindow;

public class MyWindow extends JWindow{
    private JButton bt1;
    private JButton bt2;
    public MyWindow(int width,int height,Color color){
        this.setSize(width,height);
        this.setLocation(200,200);
        this.setLayout(new FlowLayout());
        bt1 = new JButton("第一个按钮");
        bt2 = new JButton("第二个按钮");
        this.add(bt1);
        this.add(bt2);
        this.getContentPane().setBackground(color);
    }
}
```

3. JDialog

JDialog 的用法与 JFrame 的用法基本类似，是创建交互窗口的主要类。可以创建自定义的窗口，也可以使用系统提供的标准对话框，系统提供的标准对话框可以通过调用 JOptionPane 的方法来得到。在使用对话框的时候，可以使用模态对话框也可以使用非模态对话框，使用模态对话框的时候，在关闭这个对话框之前，其他的窗口不能接收输入。

Java 最常用的三种标准对话框：提示消息框，用于提示用户信息，例如操作的结果；确认框，让用户选择确定或者取消，例如删除时候的确认；简单输入对话框，提示用户输入某个信息，然后来接收。

三种对话框可以通过 JOptionPane 的相应方法创建，生成每种对话框的方法都有多个，下面给出最简单的形式，其他形式参考帮助文档。

生成提示消息框，showMessageDialog（Component parentComponent,Object message），第一个参数表示这个对话框在哪个窗口中显示，第二个参数表示要显示的提示信息。生成的提示消息框如图 6.5 所示。

生成确认消息框，showConfirmDialog（Component parentComponent,Object message），第一个参数表示这个对话框在哪个窗口中显示，第二个参数表示给用户的提示信息。生成的确认消息框包括"是"、"否"、"取消"三个按钮，用户选择之后，选择的结果会作为方法的返回值返回给调用者。默认的确认消息框如图 6.6 所示。

图 6.5 消息提示对话框

生成简单输入对话框，String showInputDialog(Object message)，方法的参数是给用户的提示信息，在输入对话框中有一个输入框，用户可以输入信息，输入之后该信息会作为showInputDialog 方法的返回值返回给调用者。默认的输入对话框如图 6.7 所示。

图 6.6　确认消息对话框

图 6.7　输入信息对话框

如果要使用自定义的对话框，用法与 JFrame 基本相同。在显示自定义对话框的时候可以设置为模态的，这样在关闭对话框之前不能访问其他窗口。要创建自定义对话框，可以使用 public JDialog(Frame owner,boolean modal)，第一个参数表示对话框所属的父窗口，第二个参数表示对话框是否是模态的。

【例 6.22】　JDialog 的使用。在主窗口中设置了 5 个按钮和 1 个标签。当单击这 5 个按钮的时候分别显示消息提示对话框、确认对话框、简单输入对话框、模态的自定义对话框和非模态的自定义对话框，在各种对话框中进行的操作结果会显示在标签中。

```java
package example6_22;

import java.awt.Dialog.ModalityType;
import java.awt.GridLayout;
import java.awt.event.ActionEvent;
import java.awt.event.ActionListener;

import javax.swing.JButton;
import javax.swing.JDialog;
import javax.swing.JFrame;
import javax.swing.JLabel;
import javax.swing.JOptionPane;

public class JDialogTest extends JFrame implements ActionListener{
    private JButton message = new JButton("显示消息对话框");
    private JButton confirm = new JButton("显示确认对话框");
    private JButton input = new JButton("接收输入信息对话框");
    private JButton addUser = new JButton("输入用户信息");
    private JButton addUser2 = new JButton("输入用户信息");
    private JLabel infor = new JLabel();
    public JLabel getInfor() {
        return infor;
    }
    public static void main(String[] args) {
        new JDialogTest();
    }
    public JDialogTest(){
        message.addActionListener(this);
        confirm.addActionListener(this);
```

```java
            input.addActionListener(this);
            addUser.addActionListener(this);
            addUser2.addActionListener(this);
            this.setLayout(new GridLayout(3,2));
            this.add(message);
            this.add(confirm);
            this.add(input);
            this.add(addUser);
            this.add(addUser2);
            this.add(infor);
            this.pack();
            this.setLocationRelativeTo(null);
            this.setVisible(true);
        }
        @Override
        public void actionPerformed(ActionEvent e) {
            Object source = e.getSource();
            if(source == message){
                JOptionPane.showMessageDialog(this,"普通消息提示窗口!");
            }else if(source == confirm){
                int selected = JOptionPane.showConfirmDialog(this,"确定要删除吗?");
                if(selected == JOptionPane.CANCEL_OPTION){
                    infor.setText("用户取消了");
                }else if(selected == JOptionPane.OK_OPTION){
                    infor.setText("用户确定了");
                }else if(selected == JOptionPane.NO_OPTION){
                    infor.setText("用户选择了 NO");
                }else{
                    infor.setText("用户关闭窗口");
                }
            }else if(source == input){
                String inputText = JOptionPane.showInputDialog("请输入学号：");
                infor.setText("学号为：" + inputText);
            }else if(source == addUser){
                JDialog dialog = new AddUser(this,true);
                dialog.setVisible(true);
            }else{
                JDialog dialog = new AddUser(this,false);
                dialog.setVisible(true);
            }
        }
    }
```

自定义对话框：
```java
package example6_22;

import java.awt.GridLayout;
import java.awt.event.ActionEvent;
import java.awt.event.ActionListener;
```

```java
import javax.swing.JButton;
import javax.swing.JDialog;
import javax.swing.JLabel;
import javax.swing.JTextField;

public class AddUser extends JDialog implements ActionListener{
    private JDialogTest parent;
    private JButton ok;
    private JButton cancel;
    private JLabel idLabel;
    private JLabel nameLabel;
    private JTextField id;
    private JTextField name;
    private void init(){
        ok = new JButton("确定");
        cancel = new JButton("取消");
        ok.addActionListener(this);
        cancel.addActionListener(this);
        idLabel = new JLabel("用户ID: ");
        nameLabel = new JLabel("用户名: ");
        id = new JTextField();
        name = new JTextField();
        this.setLayout(new GridLayout(3,2));
        this.add(idLabel);
        this.add(id);
        this.add(nameLabel);
        this.add(name);
        this.add(ok);
        this.add(cancel);
        this.pack();
    }
    public AddUser(JDialogTest parent,boolean model){
        super(parent,model);
        this.parent = parent;
        init();
    }
    @Override
    public void actionPerformed(ActionEvent e) {
        if(e.getSource() == ok){
            parent.getInfor().setText("用户ID为: " + id.getText() + ",用户名为: " + name.getText());
            this.setVisible(false);
        }else{
            parent.getInfor().setText("用户取消了操作");
            this.setVisible(false);
        }
    }
}
```

4. JPanel

JPanel 属于中间层容器,本身不能作为独立的窗口使用,可以把其他的组件添加到 JPanel 中,然后把 JPanel 对象作为整体添加到其他容器中,这时候 JPanel 就像其他组件一样。下面通过例子展示 JPanel 的用法。

【例 6.23】 JPanel 用法:使用按钮输入信息的简单计算器。

```java
package example6_23;

import java.awt.GridLayout;
import java.awt.event.ActionEvent;
import java.awt.event.ActionListener;

import javax.swing.JButton;
import javax.swing.JFrame;
import javax.swing.JOptionPane;
import javax.swing.JPanel;
import javax.swing.JTextField;

public class Calculator extends JFrame implements ActionListener {
    private JTextField result;
    private JPanel buttonPanel;
    private JButton btns[] = new JButton[16];

    public static void main(String[] args) {
        new Calculator();
    }

    public void actionPerformed(ActionEvent e) {
        JButton temp = (JButton) e.getSource();
        if (temp.getText().equals(" = ")) {         //计算过程
            String input = result.getText();
            try{
                result.setText(result.getText() + " = " + ProcessInput.process(input));
            }catch(Exception exception){
                JOptionPane.showMessageDialog(this,"输入信息不合法");
            }
        } else { //输入过程
            result.setText(result.getText() + temp.getText());
        }
    }

    public Calculator() {
        //创建按钮
        for (int i = 0; i < 10; i++) {
            btns[i] = new JButton(String.valueOf(i));
        }
        String labels[] = { " + "," - "," * ","/","."," = " };
        for (int i = 10; i < 16; i++) {
```

```java
            btns[i] = new JButton(labels[i - 10]);
        }
        
        //创建显示输入信息和结果的输入框
        result = new JTextField();
        result.setEditable(false);
        
        //创建 Panel 管理按钮
        buttonPanel = new JPanel();
        buttonPanel.setLayout(new GridLayout(4,4));
        for (int i = 0; i < 16; i++) {
            btns[i].addActionListener(this);
            buttonPanel.add(btns[i]);
        }
        
        //设置窗口属性
        this.setLayout(new GridLayout(2,1));
        this.add(result);
        this.add(buttonPanel);
        this.setSize(300,300);
        this.setLocationRelativeTo(null);
        this.setVisible(true);
    }
}

class ProcessInput {
    public static double process(String input) throws IllegalArgumentException {
        double v1;
        double v2;
        int index = -1;
        String op;
        if ((index = input.indexOf(" + ")) != -1) {
            op = " + ";
        }else if((index = input.indexOf(" - ")) != -1){
            op = " - ";
        }else if((index = input.indexOf(" - ")) != -1){
            op = " * ";
        }else{
            op = "/";
        }
        try{
            v1 = Double.parseDouble(input.substring(0,index));
            v2 = Double.parseDouble(input.substring(index + 1));
        }catch(Exception e){
            throw new IllegalArgumentException();
        }
        switch(op){
        case " + ":return v1 + v2;
        case " - ":return v1 - v2;
```

```
            case " * ":return v1 * v2;
            case "/":return v1/v2;
            }
            return 0;
        }
    }
```

运行效果如图 6.8 所示。

6.3.3 布局方式

在容器中添加多个组件的时候需要设置组件在容器中的布局方式,常用的布局方式有 FlowLayout、GridLayout、BorderLayout 和 CardLayout,也可以不设置布局方式。设置容器的布局方式使用 setLayout 方法即可,方法的参数是具体的布局方式。

1. FlowLayout

FlowLayout 称为流式布局方式,容器中的组件按照从上到下、从左到右排列,当窗口的大小发生变化的时候,组件在容器中的相对位置也会发生变化。例 6.19 使用的布局方式就是 FlowLayout,运行的效果如图 6.9 所示,当窗口的大小发生变化的时候,布局会随着发生变化,图 6.9 是一种变化效果。

图 6.8 简单计算器

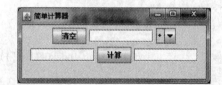

图 6.9 采用 FlowLayout 布局方式的计算器

使用 FlowLayout 的时候,向容器中添加组件的顺序将影响组件在容器中的位置。

要把 JFrame 对象 f 的布局方式设置为 FlowLayout,可以使用 f.setLayout(new FlowLayout())。向容器中添加组件的方法是 add。具体用法参见例 6.19。

JPanel 的默认布局方式就是 FlowLayout。

2. GridLayout

GridLayout 称为网格布局方式,整个容器被划分成若干行、若干列的表格,每个表格中放一个组件。向容器中添加的组件会按照添加的顺序被放在某个表格中,按照从上到下、从左到右的顺序添加。例 6.23 中使用了 GridLayout 布局方式,JFrame 的布局方式是 2 行 1 列,JPanel 的布局方式是 4 行 4 列。

对于 GridLayout 布局方式,当窗口的大小发生变化的时候,窗口中的组件的大小会随着变化,但是组件的相对位置不会发生变化。要设置 JFrame 对象 f 的布局方式为 4 行 4 列的 GridLayout 布局方式,使用 f.setLayout(new GridLayout(4,4))。向容器添加组件的时候使用 add 方法,参数是要添加的组件。具体用法参加例 6.23。

3. BorderLayout

BorderLayout 把窗口分成 5 部分,成为东西南北中,分别使用 BorderLayout.EAST、BorderLayout.WEST、BorderLayout.SOUTH、BorderLayout.NORTH 和 BorderLayout.CENTER 表示,在向容器添加组件的时候需要指出添加的位置。例如在窗口 f 的左边添加一个按钮 b,可以使用 f.add(b,BorderLayout.WEST)。当窗口的大小发生变化的时候,组件的相对位置不会发生变化。图 6.10 展示了有 5 个按钮的窗口采用 BorderLayout 布局方式的显示效果。

图 6.10　BorderLayout 布局方式

【例 6.24】 BorderLayout 布局方式:按照 BorderLayout 的方式显示 5 个按钮。

```java
package example6_24;

import java.awt.BorderLayout;

import javax.swing.JButton;
import javax.swing.JFrame;

public class BorderLayoutTest extends JFrame{
    JButton btns[] = new JButton[5];
    public static void main(String[] args) {
        new BorderLayoutTest();
    }
    public BorderLayoutTest(){
        setLayout(new BorderLayout(3,2));
        for(int i = 0;i < 5;i++){
            btns[i] = new JButton("按钮" + (i+1));
        }
        this.add(btns[0],BorderLayout.SOUTH);
        this.add(btns[1],BorderLayout.NORTH);
        this.add(btns[2],BorderLayout.EAST);
        this.add(btns[3],BorderLayout.WEST);
        this.add(btns[4],BorderLayout.CENTER);
        this.setLocationRelativeTo(null);
        this.pack();
        this.setVisible(true);
    }
}
```

BorderLayout 构造方法中的两个参数分别表示组件之间横向距离和纵向距离,如果不设置,默认值为 0,表示组件之间没有空隙。

4. CardLayout

使用 CardLayout 布局方式的时候,容器中可以包含多个组件,但是每个时刻只显示其中的一个组件。组件之间的切换可以使用 CardLayout 的相应方法。
- next 方法：显示下一个元素。
- previous 方法：显示前一个元素。
- first 方法：显示第一个元素。
- last 方法：显示最后一个元素。

元素按照添加到容器中的顺序进行排列，first 表示添加的第一个元素，last 表示添加的最后一个元素。next 和 previous 是相当于当前显示的元素而言的。

如果在把元素添加到容器中的时候，指定了名字，则在切换元素的时候也可以按照名字进行切换，例如在 Panel 对象 p 中添加了元素 b, p.add(b,"b1")，则可以通过 CardLayout 对象 layout 的 show 方法来显示 b, 使用 layout.show(pane,"b1")。

【例 6.25】 CardLayout 布局方式的用法：在窗口中添加 5 个按钮，每次只显示一个，单击按钮的时候显示下一个按钮。

```java
package example6_25;

import java.awt.CardLayout;
import java.awt.event.ActionEvent;
import java.awt.event.ActionListener;
import javax.swing.JButton;
import javax.swing.JFrame;

public class CardLayoutTest extends JFrame implements ActionListener {
    JButton btns[] = new JButton[5];

    public static void main(String[] args) {
        new CardLayoutTest();
    }

    public CardLayoutTest() {
        setLayout(new CardLayout());
        for (int i = 0; i < 5; i++) {
            btns[i] = new JButton("按钮" + (i + 1));
            this.add(btns[i]);
            btns[i].addActionListener(this);
        }
        this.setLocationRelativeTo(null);
        this.setSize(200, 200);
        this.setVisible(true);
    }

    public void actionPerformed(ActionEvent e) {
        CardLayout layout = (CardLayout) (this.getContentPane().getLayout());
        layout.next(getContentPane());
    }
}
```

5. 不使用布局方式

也可以不采用 Java 提供的布局管理器,这种情况下需要编程人员自己来管理组件在容器中的布局。组件的位置通过组件的 setBounds 方法来设置,4 个参数分别表示组件的横坐标、纵坐标、宽度和高度。把组件添加到容器调用 add 方法即可。不使用布局管理器,需要通过 setLayout(null) 来设置,如果不设置,容器会使用默认的布局管理器。不使用布局管理器,用户可以更灵活地设置页面的布局,但是需要自己计算具体位置。

【例 6.26】 不使用布局方式。

```java
package example6_26;

import javax.swing.JButton;
import javax.swing.JFrame;

public class UseNoLayout extends JFrame {
    JButton btns[] = new JButton[5];

    public static void main(String[] args) {
        new UseNoLayout();
    }

    public UseNoLayout() {
        setLayout(null);
        this.setLocationRelativeTo(null);
        this.setSize(300,300);
        for (int i = 0; i < 5; i++) {
            btns[i] = new JButton("按钮" + (i + 1));
            btns[i].setBounds(30 * i, 40 * i, 90, 30);
            this.add(btns[i]);
        }
        this.setVisible(true);
    }
}
```

运行效果如图 6.11 所示。

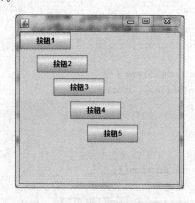

图 6.11 不使用布局管理器

6.3.4 基本组件

Swing 提供的组件非常多，这里只介绍几个常用的组件，包括按钮、标签、文本域、多行文本框、复选框、单选按钮、组合下拉列表框和列表框。

1. 按钮

按钮使用 JButton 表示，通常用于接收用户的输入信息，用户单击之后会执行一些操作。按钮上可以显示文字，也可以显示图标，还可以同时显示文字和图标。图 6.12 中的"确定"和"取消"按钮使用了文字，而左移按钮使用了图片，右移按钮使用图片的同时使用了文字。对应按钮的不同形式，JButton 提供了多个构造方法。

图 6.12　各种按钮

- JButton()：无参数的构造方法，可以在创建按钮之后设置图标和文字，设置文字通过 setText 方法，设置图标可以使用 setIcon 方法。
- JButton(String text)：设置按钮上的文字，按钮上的文字也可以在创建按钮之后通过 setText 方法设置。
- JButton(Icon icon)：设置按钮上的图标，按钮上的图标也可以在创建按钮之后通过 setIcon 方法设置。
- JButton(String text, Icon icon)：创建按钮的时候同时设置按钮上的文字和图标。

按钮上的图片和文字可以通过按钮提供的 getText 和 getIcon 方法获取。

创建按钮对象之后，可以把按钮添加到容器中，添加方式和具体的布局方式有关，与添加其他对象的方法相同。

另外，需要为按钮添加事件处理，例 6.19 中使用了按钮的事件处理，关于事件处理将在 6.3.6 节中详细介绍。

【例 6.27】 JButton 的使用。

```java
package example6_27;

import javax.swing.Icon;
import javax.swing.ImageIcon;
import javax.swing.JButton;
import javax.swing.JFrame;

public class JButtonDemo extends JFrame {
    public static void main(String[] args) {
        new JButtonDemo();
    }

    public JButtonDemo() {
        JButton okButton = new JButton();
        okButton.setText("确定");
        JButton cancelButton = new JButton("取消");
```

```
            Icon right = new ImageIcon(getClass().getResource("right.gif"));
            Icon left = new ImageIcon(getClass().getResource("left.gif"));
            JButton leftButton = new JButton(left);
            JButton rightButton = new JButton("右移",right);
            setLayout(null);
            this.setLocationRelativeTo(null);
            this.setSize(260,260);

            okButton.setBounds(30,40,90,30);
            add(okButton);
            cancelButton.setBounds(60,80,90,30);
            add(cancelButton);
            leftButton.setBounds(90,120,90,30);
            add(leftButton);
            rightButton.setBounds(120,160,120,30);
            add(rightButton);
            this.setVisible(true);
        }
    }
```

运行效果如图 6.12 所示。

2. 标签

标签主要向用户展示信息,可以使用文字也可以使用图标,一般不需要用户进行处理,在 Swing 中标签使用 JLabel 来表示。对于标签的使用主要是创建标签对象,设置标签显示的内容,有时候也会获取标签上的内容。创建标签的主要方法如下:

- JLabel():无参数的构造方法,创建之后设置文字或者图标,设置文字使用 setText 方法,设置图标使用 setIcon 方法。
- JLabel(String text):创建标签,参数指定了标签显示的文字。
- JLabel(Icon icon):创建标签,参数指定了标签显示的图标。

另外 JLabel 还提供了指定标签内容对齐方式的构造方法,以及能够同时设置文字和图标的构造方法。

可以通过 getIcon 和 getText 方法获取标签的文本或者图片。

【例 6.28】 JLabel 的使用。

```
package example6_28;

import java.awt.FlowLayout;

import javax.swing.Icon;
import javax.swing.ImageIcon;
import javax.swing.JFrame;
import javax.swing.JLabel;

public class JLabelDemo extends JFrame {
    public static void main(String[] args) {
```

```
            new JLabelDemo();
    }

    public JLabelDemo() {
        setLayout(new FlowLayout());
        JLabel nameLabel = new JLabel();
        nameLabel.setText("用户名：");
        JLabel passLabel = new JLabel("口令");
        Icon left = new ImageIcon(getClass().getResource("left.gif"));
        JLabel leftLabel = new JLabel(left);
        add(nameLabel);
        add(passLabel);
        add(leftLabel);
        pack();
        setLocationRelativeTo(null);
        setVisible(true);
    }
}
```

运行效果如图 6.13 所示。

3. 文本域

图形用户界面方便了用户与系统的交互，用户经常需要把自己的信息提交给系统，并且这些信息不能通过简单的选择，这时候可以使用文本域组件，使用 JTextField 表示。

图 6.13 JLabel 的效果

JTextField 是一个非常常用的组件，主要作用是接收用户从键盘或者其他标准输入设备输入的信息。

JTextField 提供的常用构造方法如下：

- JTextField()：无参数的构造方法，文本域的宽度设置为 0，内容为空。
- JTextField(int columns)：参数指定文本域的宽度。
- JTextField(String text)：参数指定默认的文本。
- JTextField(String text, int columns)：第一个参数指定默认的文本，第二个参数确定文本域的宽度。

要设置文本域的内容通过 setText(String text) 方法来设置，要获取文本域的信息使用 getText() 来获取。

【例 6.29】 JTextField 用法：添加学生信息界面。

```
package example6_29;

import java.awt.GridLayout;

import javax.swing.JButton;
import javax.swing.JFrame;
import javax.swing.JLabel;
import javax.swing.JTextField;
```

```java
public class JTextFieldDemo extends JFrame {
    public static void main(String[] args) {
        new JTextFieldDemo();
    }

    public JTextFieldDemo() {
        setLayout(new GridLayout(3,2));
        JLabel nameLabel = new JLabel("姓名：");
        JTextField name = new JTextField(20);
        JLabel idLabel = new JLabel("学号：");
        JTextField id = new JTextField(20);
        JButton ok = new JButton("确定");
        JButton cancel = new JButton("取消");
        add(nameLabel);
        add(name);
        add(idLabel);
        add(id);
        add(ok);
        add(cancel);
        pack();
        setLocationRelativeTo(null);
        setVisible(true);
    }
}
```

运行效果如图 6.14 所示。

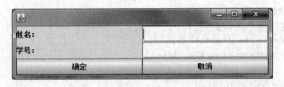

图 6.14 学生信息添加界面

4. 多行文本域

前面介绍了文本域，主要用于接收用户的输入信息，但是只有一行，很多时候需要输入大量的信息，这时候需要使用多行文本域，多行文本域使用 JTextArea 表示。用法与 JTextField 类似，因为 JTextArea 可以有多行，所以 JTextArea 增加了与行相关的操作。JTextArea 提供的构造方法有如下几种：

- JTextArea()：无参数的构造方法，创建对象之后可以设置相关属性。
- JTextArea (int rows,int columns)：有两个参数，第一个指定文本域有多少行，第二个指定文本域有多少列。
- JTextArea (String text)：参数指定文本域的初始内容。
- JTextArea (String text,int rows,int columns)：有三个参数，第一个参数确定文本区域的内容，第二个参数指定文本域有多少行，第三个参数指定文本域有多少列。

在创建 JTextArea 之后，可以通过 JTextArea 提供的方法修改这些属性，常用的方法有如下几种：
- getText()：返回文本域中的内容。
- getText(int offset,int length)：获取文本域中的部分内容。
- getRows()：获取文本域的行数。
- getColumns()：获取文本域的列数。
- setText(String)：设置初始值。
- setRows(int rows)：设置文本域的行数。
- setColumns(int columns)：设置文本域的列数。
- append(String text)：在文本域后面添加内容。
- insert (String text,int pos)：在参数指定的位置插入内容。

【例 6.30】 JTextArea 的用法。

```java
package example6_30;

import java.awt.FlowLayout;

import javax.swing.JFrame;
import javax.swing.JLabel;
import javax.swing.JTextArea;

public class JTextAreaDemo extends JFrame {
    public static void main(String[] args) {
        new JTextAreaDemo();
    }

    public JTextAreaDemo() {
        setLayout(new FlowLayout());
        JLabel label = new JLabel("备注");
        JTextArea content = new JTextArea();
        content.setRows(3);
        content.setColumns(20);
        content.setText("多行文本域初始化内容");
        content.append(" 新增加内容");
        content.insert(" 插入的内容 ",10);
        add(label);
        add(content);
        pack();
        setLocationRelativeTo(null);
        setVisible(true);
    }
}
```

运行结果如图 6.15 所示。

5. 复选框

复选框的功能是让用户在两个状态之间进行选择。单独使用的时候表示状态,例如开和关。通常情况下多个复选框在一起使用,让用户在多个选项中选择。下面

图 6.15 JTextArea 的用法

先介绍单个复选框的使用。

Java中复选框是JCheckbox的对象,JCheckbox类位于javax.swing包中。JCheckbox提供了多个构造方法,最常用的构造方法如下:
- JCheckBox():无参数的构造方法,通常在创建之后需要设置其他属性。
- JCheckBox(String text):text表示复选框显示的提示信息。
- JCheckBox(Icon icon):icon表示复选框的图片。
- JCheckBox(String text,boolean selected):text表示复选框显示的提示信息,selected表示复选框初始状态是否选中。
- JCheckBox(Icon icon,boolean selected):icon表示复选框的图片,selected表示复选框初始状态是否选中。
- JCheckBox(String text,Icon icon,boolean selected):text表示复选框显示的提示信息,icon表示复选框的图片,selected表示复选框初始状态是否选中。

```
JCheckbox b1 = new JCheckbox("音乐",false);
```

复选框上显示的文本、图标和是否选中状态可以通过setText方法、setIcon方法和setSelected方法进行设置。对于复选框来说主要是获取复选框的状态,通过isSelected方法获取复选框的状态。

【例6.31】 单个复选框的使用。

```
package example6_31;

import java.awt.FlowLayout;
import java.awt.event.ActionEvent;
import java.awt.event.ActionListener;

import javax.swing.JCheckBox;
import javax.swing.JFrame;
import javax.swing.JLabel;

public class JCheckBoxDemo extends JFrame implements ActionListener{
    JLabel info = new JLabel("请单击复选框");
    JCheckBox checked = new JCheckBox("是否接收新闻",false);
    public static void main(String[] args) {
        new JCheckBoxDemo();
    }
    public JCheckBoxDemo() {
        setLayout(new FlowLayout());
        checked.addActionListener(this);
        add(checked);
        add(info);
        pack();
        setLocationRelativeTo(null);
        setVisible(true);
    }
```

```
public void actionPerformed(ActionEvent e) {
    if(checked.isSelected()){
        info.setText("选中");
    }else{
        info.setText("没有选中");
    }
}
```

运行结果如图 6.16 所示,图 6.16 为初始状态,图 6.17 为选中时候的状态,图 6.18 为取消选中的状态。

图 6.16 复选框初始状态　　图 6.17 复选框选中状态　　图 6.18 复选框取消选中状态

多数时候复选框是成组出现的,用户在多个选项中选择多个。

6. 单选按钮

如果要设置用户只能在多个选项中选择一个,可以使用单选按钮,每次用户只能选择其中的一个,多个选项之间是互斥的。

Java 中单选按钮的实现是使用一组 JRadioButton 对象,但是它们属于同一个 ButtonGroup,这样能够保证多个选项中只能有一个被选中。

单个选项使用 JRadioButton 表示,JRadioButton 提供了多个构造方法,常用的有如下几个:

- JRadioButton():无参数的构造方法,通常在创建之后需要设置其他属性。
- JRadioButton(String text):text 表示单选按钮显示的提示信息。
- JRadioButton(Icon icon):icon 表示单选按钮的图片。
- JRadioButton(String text,boolean selected):text 表示复选框显示的提示信息,selected 表示单选按钮初始状态是否选中。
- JRadioButton(Icon icon,boolean selected):icon 表示单选按钮的图片,selected 表示单选按钮初始状态是否选中。
- JRadioButton(String text,Icon icon,boolean selected):text 表示单选按钮显示的提示信息,icon 表示单选按钮的图片,selected 表示单选按钮初始状态是否选中。

判断某个按钮是否选中可以通过 isSelected 方法进行判断。但是单选按钮通常都是成组出现,需要用户在多个选项中选择一个。需要使用 ButtonGroup 把多个按钮组织在一起,然后通过 ButtonGroup 得到选中的项。假设两个单选按钮的名字是 r1 和 r2,把 r1 和 r2 组织在其中的代码如下:

```
ButtonGroup group = new ButtonGroup();
group.add(r1);
group.add(r2);
```

要想知道哪个按钮被选中了，可以调用 ButtonGroup 的 getSelection 方法。

【例 6.32】 单选按钮的使用。

```java
package example6_32;

import java.awt.FlowLayout;
import java.awt.event.ActionEvent;
import java.awt.event.ActionListener;

import javax.swing.ButtonGroup;
import javax.swing.JFrame;
import javax.swing.JLabel;
import javax.swing.JRadioButton;

public class JRadioButtonDemo extends JFrame implements ActionListener{
    JLabel info = new JLabel("请选择性别");
    JRadioButton male = new JRadioButton("男",true);
    JRadioButton female = new JRadioButton("女",false);
    ButtonGroup group = new ButtonGroup();
    public static void main(String[] args) {
        new JRadioButtonDemo();
    }
    public JRadioButtonDemo() {
        setLayout(new FlowLayout());
        male.setActionCommand("先生");
        female.setActionCommand("女士");
        group.add(male);
        group.add(female);
        male.addActionListener(this);
        female.addActionListener(this);
        add(male);
        add(female);
        add(info);
        pack();
        setLocationRelativeTo(null);
        setVisible(true);
    }
    public void actionPerformed(ActionEvent e) {
        info.setText(group.getSelection().getActionCommand());
    }
}
```

运行结果如图 6.19 和图 6.20 所示，图 6.19 和图 6.20 分别是选择两个单选按钮的结果。

图 6.19 选择第一个单选按钮

图 6.20 选择第二个单选按钮

7. 组合下拉列表框

组合下拉列表框的作用与单选按钮的作用基本相同，都是允许用户在多个选项中选择其中的一个，并且只能选择一个。不同的是一组单选按钮占用的地方要比下拉列表框占用的地方大，选项比较少的时候应该使用单选按钮，选项比较多的时候应该使用组合下拉列表框，组合下拉列表框使用 JComboBox 来实现。

JComboBox 可以让用户在多个选项中选择之外，还可以让用户输入，同时具有选择和输入两个功能。要使用 JComboBox 首先需要创建 JComboBox 对象，常用的构造方法如下：

- public JComboBox()：创建一个默认的对象，然后可以通过 addItem 方法为下拉列表框添加选项。
- public JComboBox(E[] items)：数组类型的参数指定组合下拉列表框的选项，还可以通过 addItem 添加其他选项，参数使用了泛型，表示可以把任何对象作为选项来使用。
- public JComboBox(Vector<E> items)：选项使用 Vector 对象表示而不是使用数组表示，用法与上面的构造方法类似。

为了创建 JComboBox 对象，通常需要把选项先组织成数组或者 Vector 对象。下面的代码创建了用于选择颜色的组合下拉列表框，颜色使用数组来表示。

```
String[] colors = new String[]{"红色","蓝色","白色","黑色","黄色"};
JComboBox colorComboBox = new JComboBox(colors);
```

在实现一些功能的时候可能需要动态修改选项，JComboBox 提供了相应的方法：

- 可以通过 JComboBox 的 addItem 方法为组合下拉列表框添加选项，例如为 colorComboBox 添加一个粉色，可以使用下面的代码：

  ```
  colorComboBox.addItem("粉色");
  ```

- 也可以在某个位置插入一个选项，使用 insertItemAt(Object item, int index)，第一个参数表示要插入的选项，第二个参数表示要插入的位置。
- 直接从选项列表中删除一个选项，使用 removeItem(Object object) 方法，参数表示要删除的选项。
- 按照位置删除选项列表中的一个选项，使用 removeItem(int index) 方法，参数指出要删除第几个选项。

默认情况下这个组合下拉列表框是不能编辑的，如果允许用户输入选项之外的内容，需要设置 JComboBox 对象为可编辑，使用 setEditable(true) 方法，之后就可以选择也可以输入。

用户选择之后要想获得用户的选择信息使用 getSelectedItem 方法，该方法返回选中的选项，然后调用相应的方法。也可以通过 getSelectedIndex 得到被选中的选项的索引号。

【例 6.33】 组合下拉列表框的使用。

```
package example6_33;

import java.awt.FlowLayout;
import java.awt.event.ItemEvent;
```

```java
import java.awt.event.ItemListener;
import javax.swing.JComboBox;
import javax.swing.JFrame;
import javax.swing.JLabel;

public class JComboBoxDemo extends JFrame implements ItemListener{
    JLabel info = new JLabel("请选择颜色");
    String[] colors = new String[]{"红色","蓝色","白色","黑色","黄色"};
    JComboBox colorComboBox = new JComboBox(colors);
    public static void main(String[] args) {
        new JComboBoxDemo();
    }
    public JComboBoxDemo() {
        setLayout(new FlowLayout());
        colorComboBox.addItem("粉色");
        colorComboBox.addItemListener(this);
        add(info);
        add(colorComboBox);
        pack();
        setLocationRelativeTo(null);
        setVisible(true);
    }
    @Override
    public void itemStateChanged(ItemEvent e) {
        info.setText(colorComboBox.getSelectedItem().toString());
    }
}
```

运行结果如图 6.21 所示。

8. 列表框

列表框与组合下拉列表框类似,在图形用户界面中经常用到列表框,可以从中选择一项或者多项,可以删除也可以添加列表中的选项。列表可以向用户展示信息,也可以让用户从中进行选择,选择其中的一项或者多项,列表框使用 JList 来表示。

图 6.21 组合下拉列表框

JList 提供了多个构造方法,常用的构造方法如下:

- JList():无参数的构造方法,创建之后可以通过 JList 提供的方法添加选项。
- JList(final Vector<?extends E> listData):参数是 Vector 对象,封装列表框中的选项,也可通过 JList 提供的方法增加或者删除 JList 中的选项。
- JList(final E[] listData):参数是数组,表示列表框中的选项,也可以通过 JList 提供的方法增加或者删除 JList 中的选项。

JList 允许单选也允许多选,可以通过方法 setSelectionMode 进行设置,参数值及其含义如下:

- ListSelectionModel.SINGLE_SELECTION:单选,每次只能选择一个。
- ListSelectionModel.SINGLE_INTERVAL_SELECTION:多选,但是被选中的多

个必须是连续的。
- ListSelectionModel.MULTIPLE_INTERVAL_SELECTION：多选。

JList中选项的排列方式也可以通过setLayoutOrientation方法设置，有以下三种排列方式。

- JList.HORIZONTAL_WRAP：多行多列的方式，先第一行，然后第二行，以此类推。
- JList.VERTICAL_WRAP：多行多列的方式，先第一列，然后第二列，以此类推。
- JList.VERTICAL：单列的方式，是默认的排列方式，从上到下，如果选项多，可以使用滚动条。

可以设置每个选项占用的空间，使用setFixedCellWidth和setFixedCellHeight分别设置宽和高。

可以设置列表框中被选中的项，可以有以下多种方式。

- setSelectedIndex(int index)：根据索引号设置。
- setSelectedIndices(int[] indices)：同时设置多个被选中的选项，在允许多选的情况下使用。
- setSelectedValue(Object anObject, boolean shouldScroll)：第一个参数设置被选中的对象，第二个参数如果为true，则会滚动到相应的选项。
- setSelectionInterval(int anchor, int lead)：设置连续的多个选项被选中，第一个参数表示要选择的第一个选项，第二个参数表示要选择的最后一个选项。
- addSelectionInterval(int anchor, int lead)，增加几个被选择的选项，第一个参数表示要选择的第一个选项，第二个参数表示要选择的最后一个选项。

要获取被选择的选项，可以使用下面的方法。

- int getSelectedIndex()：得到被选择项的索引号。
- int getMinSelectionIndex()：得到被选择项中的最小索引号。
- int getMaxSelectionIndex()：得到被选择项中的最大索引号。
- int[] getSelectedIndices()：得到所有的被选择项的索引号。
- Object getSelectedValue()：得到被选择的选项。
- Object[] getSelectedValues()，得到所有被选择的选项。

【例6.34】 列表框的使用。

```
package example6_34;

import java.awt.FlowLayout;
import javax.swing.JFrame;
import javax.swing.JLabel;
import javax.swing.JList;
import javax.swing.event.ListSelectionEvent;
import javax.swing.event.ListSelectionListener;

public class JListDemo extends JFrame implements ListSelectionListener{
```

```
    JLabel info = new JLabel("请选择用户");
    String[] users = new String[]{"zhangsan","lisi","wangwu","liuliu","huangfei"};
    JList<String> userList = new JList<String>(users);
    public static void main(String[] args) {
        new JListDemo();
    }
    public JListDemo() {
        setLayout(new FlowLayout());
        userList.addListSelectionListener(this);
        add(info);
        add(userList);
        pack();
        setLocationRelativeTo(null);
        setVisible(true);
    }
    @Override
    public void valueChanged(ListSelectionEvent e) {
        info.setText(userList.getSelectedValue());
    }
}
```

运行结果如图 6.22 所示。

6.3.5 辅助类 Color、Font

在图形用户界面应用中，有些类不单独出现，为其他类服务，本节介绍 Color 和 Font 的用法。

图 6.22 列表框的使用

1. Color

图形用户界面由不同的组件组成，为了使界面美观，其中的组件往往采用不同的颜色设置，颜色使用 Color 对象表示。Color 对象的使用有以下两种方法。

第一种方法：使用颜色常量，系统提供了若干种颜色常量，可以把这些值直接赋给颜色对象，例如 Color c=Color.green，常用的颜色都提供了常量表示。

第二种方法：使用组成颜色的红绿蓝三部分分量来构造颜色，Color 提供了多种构造方法，下面列出几个常用的。

- Color(float r, float g, float b)：分别根据红、绿、蓝分量构建颜色，参数的值在 0 和 1 之间。
- Color(int r, int g, int b)：分别根据红、绿、蓝分量构建颜色，参数的值在 0 和 255 之间。
- Color (int rgb)：参数是对三个分量的编码，包含了三个颜色分量的信息。

【例 6.35】 Color 的使用。

```
package example6_35;

import java.awt.Color;
```

```java
import java.awt.FlowLayout;
import java.awt.event.ItemEvent;
import java.awt.event.ItemListener;

import javax.swing.JButton;
import javax.swing.JComboBox;
import javax.swing.JFrame;

public class ColorDemo extends JFrame implements ItemListener{
    JButton confirm = new JButton("确定");
    String[] colorNames = new String[]{"红色","蓝色","绿色"};
    Color[] colors = new Color[]{Color.RED,Color.BLUE,Color.GREEN};
    JComboBox<String> colorList = new JComboBox<String>(colorNames);
    public static void main(String[] args) {
        new ColorDemo();
    }
    public ColorDemo() {
        setLayout(new FlowLayout());
        colorList.addItemListener(this);
        add(colorList);
        add(confirm);
        pack();
        setLocationRelativeTo(null);
        setVisible(true);
    }
    @Override
    public void itemStateChanged(ItemEvent e) {
        confirm.setBackground(colors[colorList.getSelectedIndex()]);
    }
}
```

2. Font

在图形用户界面中，不仅可以控制组件的颜色，同样也可以控制文字的字体。本节我们介绍如何控制组件的字体。

Java 中使用 Font 表示字体，包括所使用的字体、样式和文字大小。可以使用下面的构造方法创建 Font 对象。

public Font(String name,int style,int size)，第一个参数表示字体，例如宋体；第二个参数表示式样，例如斜体；第三个参数表示字体大小，使用整数表示。

字体与系统提供的支持有关，可以通过下面的代码获取当前系统能够提供的字体。

GraphicsEnvironment. getLocalGraphicsEnvironment( ). getAvailableFontFamilyNames( )，返回的是字符串数组。

字体的样式使用 Font. PLAIN、Font. BOLD 和 Font. ITALIC 表示，分别表示普通文本、粗体和斜体，它们的值分别使用 0、1 和 2 表示。

创建 Font 对象之后，需要设置字体的时候调用 setFont 方法设置即可，例如要设置标签对象 label 的字体，可以使用 label. setFont(font)。

【例 6.36】 Font 的使用,当用户选择字体、式样或者大小的时候,下面的文字内容为选中的字体、选中的类型以及选中的大小。

```java
package example6_36;

import java.awt.Font;
import java.awt.GraphicsEnvironment;
import java.awt.GridLayout;
import java.awt.event.ItemEvent;

import javax.swing.JFrame;
import javax.swing.JLabel;
import javax.swing.JList;
import javax.swing.JPanel;
import javax.swing.event.ListSelectionEvent;
import javax.swing.event.ListSelectionListener;

public class FontDemo extends JFrame implements ListSelectionListener {
    JList<String> fontList;      //字体列表,系统提供的各种字体
    JList<String> styleList;     //样式列表,斜体或者黑体等
    JList<Integer> sizeList;     //字体大小
    JLabel label;
    JPanel p1;
    JPanel p2;

    public FontDemo() {
        this.setLayout(new GridLayout(2,1));
        p1 = new JPanel();
        p2 = new JPanel();

        //获取系统字体,显示在列表框中
        String fontNames[] = GraphicsEnvironment.getLocalGraphicsEnvironment()
                .getAvailableFontFamilyNames();
        fontList = new JList<String>(fontNames);
        fontList.setSelectedIndex(0);
        fontList.addListSelectionListener(this);

        //创建样式列表,并设置列表中的内容为各种样式
        String styleNames[] = new String[] { "普通","粗体","斜体" };
        styleList = new JList<String>(styleNames);
        styleList.setSelectedIndex(0);
        styleList.addListSelectionListener(this);

        //定义常用的字体大小,并显示在列表中
        Integer sizes[] = { 12,14,16,18,24,36 };
        sizeList = new JList<Integer>(sizes);
        sizeList.setSelectedIndex(0);
        sizeList.addListSelectionListener(this);
```

```java
        //设置p1的布局方式为1行3列的网格形式,并把3个列表添加到p1上面
        p1.setLayout(new GridLayout(1,3));
        p1.add(fontList);
        p1.add(styleList);
        p1.add(sizeList);

        label = new JLabel("This is a test!");
        //把标签添加到面板p2上
        p2.add(label);
        this.add(p1);
        this.add(p2);
        //把p1、p2添加到窗口中
        this.pack();
        this.setVisible(true);
    }

    public static void main(String[] args) {
        new FontDemo();
    }

    @Override
    public void valueChanged(ListSelectionEvent e) {
        String fontName = fontList.getSelectedValue();
        int size = sizeList.getSelectedValue();
        int style = styleList.getSelectedIndex();
        Font font = new Font(fontName,style,size);
        label.setFont(font);
    }
}
```

6.3.6 事件处理

在图形用户界面中,系统会根据用户的操作进行响应,这个过程需要使用事件处理。

早期的Java使用层次事件模型来处理图形用户界面中的事件,从而完成对用户的响应。在JDK 1.1及其后续版本中对事件处理机制进行了修改,使用代理模型对事件进行处理。下面首先介绍事件处理由哪些部分组成,有哪些常用的事件。

1. 事件处理的三要素

一个完整的事件处理由三部分组成。

- 事件:表示事件本身,包含了事件的发生者,事件的类型,发生的位置等信息。
- 事件源:表示事件的发出者,动作发生在哪个对象上面,这个对象就是事件源。
- 事件处理器:对发生的事件进行处理,要对事件进行什么样的处理,需要编写相应的事件处理器。

事件、事件源和事件处理器之间的关系如图6.23所示。当对事件源进行操作的时候,系统会产生一个事件对象,该对象中包含了与事件相关的信息,然后调用事件处理器对产生的事件进行处理。例如在某个按钮上单击鼠标,系统会给提示信息,按钮就是事件源,产生

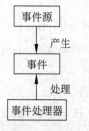

图 6.23 事件处理的组成部分

的是鼠标单击事件,系统提示信息是在事件处理器中编写的。

从编码的角度来说,需要编写事件处理器,为不同的事件编写不同的事件处理器,然后在事件源上注册事件处理器,而事件是由系统生成的,在某个事件源上执行某个操作之后,系统会生成相应的事件,并把事件传递给事件处理器进行处理。事件对象中包含了该事件对象的属性信息,这些信息包含了处理该事件所用到的所有信息。

事件处理器的编写和在组件上注册事件处理器的代码与具体的事件有关。在例 6.36 中,当用户选择不同的字体、式样或者大小的时候,下面的文字会随着变化。处理变化的代码就是事件处理器,因为要处理选项值发生变化的事件,所以编写的事件处理器需要实现 ListSelectionListener 接口,该接口提供的方法能够处理列表框值发生变化的事件,需要实现的具体方法是 public void valueChanged(ListSelectionEvent e),参数就是要处理的事件,在方法的实现过程中可以通过 ListSelectionEvent 对象获取事件信息。

为了让事件处理器起作用,需要把这个事件处理器注册在某个组件上,例如希望用户在选择字体、式样和大小之后,下面的文字随着变化,需要在这三个 JList 对象中注册事件处理器,这样当用户在 JList 上操作的时候就会触发事件处理器。前面的很多例子都用到了事件处理。

通常事件使用 XXXEvent 表示,事件处理器通常需要实现 XXXListener,在组件上注册事件处理器通常调用组件的 addXXXListener 方法。

2. 事件类型

JDK 提供了多种类型的事件,事件类存在于 java.awt.event 和 javax.swing.event 包中。早期 AWT 类库中涉及的事件都在 java.awt.event 包中,这些类继承自 java.awt.AWTEvent,而 java.util.EventObject 是 AWTEvent 的父类。javax.swing.event 包中的事件类是在 Swing 编程中加入的,这些类也继承自 EventObject 类。两个包中存在大量的事件类和事件监听接口,面对如此多的事件类型和事件处理接口,在具体的应用中应如何选择呢?

图 6.24 编写事件处理的基本流程

图 6.24 描述了为组件添加事件处理代码的基本过程,以 Button 为例,下面详细介绍。

(1) 确定事件源,要为哪个组件添加事件处理代码,这里以 Button 为例。

(2) 查看组件有哪些 addXXXListener 方法,Button 类中提供的相应方法有 addActionListener(ActionListener l)、addComponentListener(ComponentListener l)、addFocusListener(FocusListener l)、addHierarchyBoundsListener(HierarchyBoundsListener l) 等,这里没有全部列出,然后根据需求确定需要处理什么事件,再选择相应的方法,例如选择 addActionListener(ActionListener l)。

(3) 根据 addXXXListener 方法确定要处理的事件,上面选择了 addActionListener 方

法,要处理的事件就是 ActionEvent。

(4) 根据要处理的事件确定需要实现的 Listener,要处理的事件是 ActionEvent,所以要实现 ActionListener 接口。有的事件和多个 Listener 对应,例如 MouseEvent,这时候需要根据 add 方法找到相应的 Listener。

(5) 实现接口中的方法,事件处理的代码都在这里编写。

在具体实现的时候需要实现 ActionListener 接口的相应方法,然后通过按钮的 addActionListener 方法建立按钮与事件处理代码之间的关系。

3. 多监听者

一个组件可以有多个监听者,可以同时与多个事件处理类关联,需要同时实现多个事件处理接口,实现接口中的方法。例如可以监听鼠标的进入和退出事件,同时还可以监听鼠标的拖拽,可以实现 MouseMotionListener 和 MouseListener,MouseMotionListener 中定义了 mouseDragged 和 mouseMoved 方法,MouseListener 定义了 mouseEntered、mouseExited、mousePressed、mouseReleased 和 mouseClicked 方法。下面的代码展示了用法。

【例 6.37】 当鼠标进入窗口以及退出窗口的时候提示用户信息,当鼠标在窗口拖动的时候提示鼠标的位置。

```java
package example6_37;

import java.awt.BorderLayout;
import java.awt.event.MouseEvent;
import java.awt.event.MouseListener;
import java.awt.event.MouseMotionListener;

import javax.swing.JFrame;
import javax.swing.JLabel;
import javax.swing.JTextField;

public class EventHandDemo extends JFrame implements MouseMotionListener,
        MouseListener {
    private JTextField textField;

    public EventHandDemo() {
        this.setTitle("多监听者实例");
        setLayout(new BorderLayout());
        add(new JLabel("单击并拖动鼠标"),BorderLayout.NORTH);
        textField = new JTextField(30);
        add(textField,BorderLayout.SOUTH);
        addMouseMotionListener(this);
        addMouseListener(this);
        setSize(300,200);
        setVisible(true);
    }
    public void mouseDragged(MouseEvent e) {
        String s = "鼠标正在移动: X = " + e.getX() + " Y = " + e.getY();
        textField.setText(s);
```

```
    }
    public void mouseEntered(MouseEvent e) {
        String s = "鼠标进入";
        textField.setText(s);
    }

    public void mouseExited(MouseEvent e) {
        String s = "鼠标已经离开了";
        textField.setText(s);
    }

    public void mouseMoved(MouseEvent e) {}
    public void mousePressed(MouseEvent e) {}
    public void mouseClicked(MouseEvent e) {}
    public void mouseReleased(MouseEvent e) {}
    public static void main(String args[]) {
        new EventHandDemo();
    }
}
```

4. 事件适配器和匿名类

如果需要对某个事件进行处理,需要实现该事件所对应的事件处理接口,需要实现该接口中的所有方法。但有时候只需要使用其中的一个方法,然而其他方法也需要全部写出来,虽然不写任何代码,例如例 6.37 中的 mouseMoved 和 mousePressed 方法。为了方便使用,可以构造一个类来实现这个接口,实现接口中的所有方法,但是方法中不写任何处理代码。这些类称为事件适配器。这样在编写事件处理器的时候可以直接继承事件适配器。事件适配器的好处在于,当用户需要处理某个事件的时候,并且只希望使用其中的一个方法,用户可以直接继承事件适配器,然后覆盖希望使用的方法,非常方便。

下面的代码统计鼠标单击的次数,使用了 MouseListener 的事件适配器 MouseAdapter。

【例 6.38】 统计鼠标单击次数。

```
package example6_38;

import java.awt.FlowLayout;
import java.awt.event.MouseAdapter;
import java.awt.event.MouseEvent;

import javax.swing.JFrame;
import javax.swing.JLabel;

public class EventAdapterDemo extends MouseAdapter{
    private int count = 0;
    JFrame frame ;
    JLabel label;
    public void mouseClicked(MouseEvent event){
```

```
            count++;
            label.setText("单击次数为" + count);
        }
        public static void main(String[] args){
            new EventAdapterDemo();
        }
        public EventAdapterDemo(){
            frame = new JFrame("显示单击次数");
            frame.setLayout(new FlowLayout());
            label = new JLabel("单击次数为 0");
            frame.getContentPane().add(label);
            frame.setSize(100,100);
            frame.setVisible(true);
            frame.addMouseListener(this);
        }
    }
```

如果事件处理器只是在一个位置使用，则可以使用匿名类。匿名类可以使用继承父类的方式，也可以采用实现接口的方式。修改例 6.38 的代码，使用匿名类代替原来的继承 MouseListener 的方式。

【例 6.39】 使用匿名类统计鼠标单击次数。

```java
package example6_39;

import java.awt.FlowLayout;
import java.awt.event.MouseAdapter;
import java.awt.event.MouseEvent;

import javax.swing.JFrame;
import javax.swing.JLabel;

public class EventAdapterDemo{
    private int count = 0;
    JFrame frame ;
    JLabel label;
    public static void main(String[] args){
        new EventAdapterDemo();
    }
    public EventAdapterDemo(){
        frame = new JFrame("显示单击次数");
        frame.setLayout(new FlowLayout());
        label = new JLabel("单击次数为 0");
        frame.getContentPane().add(label);
        frame.setSize(100,100);
        frame.setVisible(true);
        frame.addMouseListener(new MouseAdapter(){
            public void mouseClicked(MouseEvent event){
```

```
                count++;
                label.setText("单击次数为" + count);
            }
        });
    }
}
```

6.3.7 菜单

在图形用户界面应用程序中,经常要使用菜单,系统的常用功能在菜单中都能找到,图 6.25 显示的是一个记事本的菜单。本节内容将介绍如何为 GUI 程序创建菜单,涉及三个方面的内容:

- 如何编写菜单;
- 如何把菜单添加到窗口;
- 如何为菜单添加事件。

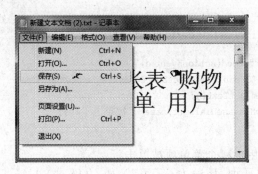

图 6.25 菜单的组成

1. 如何编写菜单

菜单的编写涉及 JMenuBar、JMenu 和 JMenuItem 三个类。JMenuBar 表示整个菜单条,菜单条中可以包含多个 JMenu。JMenu 表示菜单条上的菜单,例如 File 菜单、Edit 菜单和 Help 菜单。JMenuItem 表示菜单项,多个菜单项组成一个菜单,例如 New 菜单项、Save 菜单项等,每个菜单项表示一个具体的功能。

编写菜单的过程为:先创建菜单条,然后创建菜单,把菜单添加到菜单条上,最后创建菜单项,把菜单项添加到菜单上。

创建菜单条的代码:

```
JMenuBar mb = new JMenuBar();
```

创建菜单并添加到菜单条上的代码:

```
JMenu m1 = new JMenu("File");
mb.add(m1);
```

JMenu 的构造方法中的参数表示在菜单上显示的信息,JMenuBar 的 add 方法把 JMenu 对象添加到 JMenuBar 上。

创建菜单项并添加到菜单的代码：

```
JMenuItem mt1 = new JMenuItem("New");
m1.add(mt1);
```

JMenuItem 的构造方法中的参数表示在菜单项上显示的信息，JMenu 的 add 方法把 JMenuItem 对象添加到 JMenu 上。

通过这些操作就可以创建一个菜单，接下来是要把这个菜单显示在窗口上。

2．把菜单添加到窗口中

把菜单添加到窗口中可以调用窗口的方法 setJMenuBar，参数是 JMenuBar 对象。假设窗口对象是 f1，菜单条对象是 mb，则把 mb 添加到 f1 的代码如下：

```
f1.set.JMenuBar(mb);
```

3．为菜单项添加事件处理代码

为了在单击具体菜单项的时候系统有响应，需要为菜单项添加事件处理代码。

要为菜单项添加事件处理代码，要实现 ActionListener 监听器，然后把这个监听器注册到菜单项上即可。

实现 ActionListener 的 actionPerformed 方法：

```
public void actionPerformed(ActionEvent e) {
    JMenuItem item = (JMenuItem)e.getSource();
    String name = item.getText();
    JOptionPane.showMessageDialog(f,name + "被单击了!");
}
```

代码中使用消息框提示用户哪个菜单项被单击了。

为菜单项添加事件处理，使用 JMenuItem 的 addActionListener 方法，下面的代码为 mt1 添加监听器：

```
mt1.addActionListener(this);
```

当前类实现了 ActionListener 接口。

4．实例

为窗口添加了一个菜单条，包含三个菜单 File、Edit 和 Help，然后分别在 File、Edit 和 Help 菜单中添加了菜单项，并为每个菜单项都添加事件处理代码。

【例 6.40】 创建菜单。

```
package example6_40;

import java.awt.FlowLayout;
import java.awt.event.ActionEvent;
import java.awt.event.ActionListener;
import java.awt.event.WindowAdapter;
import java.awt.event.WindowEvent;

import javax.swing.JFrame;
```

```java
import javax.swing.JMenu;
import javax.swing.JMenuBar;
import javax.swing.JMenuItem;
import javax.swing.JOptionPane;

public class MenuDemo implements ActionListener{
    JFrame f = null;
    public MenuDemo() {
        //创建窗口
        f = new JFrame("菜单的使用");
        //设置窗口的布局方式
        f.setLayout(new FlowLayout());
        //创建菜单条
        JMenuBar mb = new JMenuBar();
        //创建菜单
        JMenu m1 = new JMenu("File");
        JMenu m2 = new JMenu("Edit");
        JMenu m3 = new JMenu("Help");
        //把菜单添加到菜单条上
        mb.add(m1);
        mb.add(m2);
        mb.add(m3);
        //创建菜单项
        JMenuItem mt1 = new JMenuItem("New");
        JMenuItem mt2 = new JMenuItem("Load");
        JMenuItem mt3 = new JMenuItem("Save");
        JMenuItem mt4 = new JMenuItem("Quit");
        //把菜单项添加到菜单中
        m1.add(mt1);
        m1.add(mt2);
        m1.add(mt3);
        //在菜单中添加一个分隔符
        m1.addSeparator();
        m1.add(mt4);
        JMenuItem mt5 = new JMenuItem("Find");
        JMenuItem mt6 = new JMenuItem("Replace");
        m2.add(mt5);
        m2.add(mt6);
        JMenuItem mt7 = new JMenuItem("Help");
        m3.add(mt7);
        //为菜单添加监听器
        mt1.addActionListener(this);
        mt2.addActionListener(this);
        mt3.addActionListener(this);
        mt4.addActionListener(this);
        mt5.addActionListener(this);
        mt6.addActionListener(this);
        mt7.addActionListener(this);
        //把菜单条添加到窗口中
```

```
            f.setJMenuBar(mb);
            f.setSize(300,300);
            f.setVisible(true);
        }

        public static void main(String args[]) {
            new MenuDemo();
        }

        @Override
        public void actionPerformed(ActionEvent e) {
            JMenuItem item = (JMenuItem)e.getSource();
            String name = item.getText();
            JOptionPane.showMessageDialog(f,name + "被单击了!");
        }
    }
```

6.3.8 单选菜单项、复选菜单项和弹出式菜单

单选菜单项和复选菜单项是比较特殊的菜单项,而弹出式菜单是通过单击右键出现的菜单,这些类型的菜单也比较常用,下面分别介绍。

1. 单选菜单项

单选菜单项允许用户在多个菜单中选择一个,多个单选菜单项之间是相互排斥的,通过一个 ButtonGroup 来控制,当选择其中一个按钮的时候,其他的按钮就会取消被选中的状态。

单选菜单项使用 JRadioButtonMenuItem 来表示,JRadioButtonMenuItem 是 JMenuItem 的子类,创建方式与 JMenuItem 的用法相同,另外在创建单选菜单项的时候,可以让该选项被选中。下面的两行代码创建了两个单选菜单项,第一个被选中,第二个没有被选中。

```
JMenuItem mt1 = new JRadioButtonMenuItem("生产模式",true);
JMenuItem mt2 = new JRadioButtonMenuItem("调试模式");
```

为了让两个单项按钮相互排斥,使用 ButtonGroup 对象进行管理,下面的代码展示了用法:

```
ButtonGroup group = new ButtonGroup();
group.add(mt1);
group.add(mt2);
```

图 6.26 中显示的就是两个单选菜单项,两个是一个整体,只能有一个被选中。

图 6.26 单选菜单项

【例 6.41】 单选菜单项。

```
package example6_41;

import java.awt.FlowLayout;
```

```java
import java.awt.event.WindowAdapter;
import java.awt.event.WindowEvent;

import javax.swing.ButtonGroup;
import javax.swing.JFrame;
import javax.swing.JMenu;
import javax.swing.JMenuBar;
import javax.swing.JMenuItem;
import javax.swing.JRadioButtonMenuItem;

public class RadioMenuDemo{
    JFrame f = null;

    public RadioMenuDemo() {
        //创建窗口
        f = new JFrame("菜单的使用");
        //设置窗口的布局方式
        f.setLayout(new FlowLayout());
        //创建菜单条
        JMenuBar mb = new JMenuBar();
        //创建菜单
        JMenu m1 = new JMenu("模式");
        //把菜单添加到菜单条上
        mb.add(m1);
        //创建菜单项
        JMenuItem mt1 = new JRadioButtonMenuItem("生产模式",true);
        JMenuItem mt2 = new JRadioButtonMenuItem("调试模式");
        ButtonGroup group = new ButtonGroup();
        group.add(mt1);
        group.add(mt2);

        //把菜单项添加到菜单中
        //m1.add(group);
        m1.add(mt1);
        m1.add(mt2);
        //把菜单条添加到窗口中
        f.setJMenuBar(mb);
        f.setSize(300,300);
        f.setVisible(true);
    }

    public static void main(String args[]) {
        new RadioMenuDemo();
    }
}
```

2. 复选菜单项

菜单项中也可以使用复选框，使用复选框表示该选项的两种状态：选中和非选中。图 6.27 显示了复选菜单项的显示方式，其中"调试窗口"复选菜单没有被选中，而"控制台"复选菜

单被选中了。使用 JCheckboxMenuItem 表示复选菜单项,
JCheckboxMenuItem 也是 JMenuItem 的子类。

JCheckboxMenuItem 对象的创建与普通菜单项的创建方式相同,下面的代码展示了用法:

```
JMenuItem mt1 = new JCheckBoxMenuItem("调试窗口");
JMenuItem mt2 = new JCheckBoxMenuItem("控制台");
```

可以通过 JCheckBoxMenuItem 的方法来获取或者设置复选菜单项的状态,可以使用下面的方法:

public boolean isSelected(),判断菜单项是否被选中;
public void setSelected(boolean b),设置菜单项的状态.

图 6.27　复选菜单项

【例 6.42】 复选菜单项。

```
package example6_42;

import java.awt.FlowLayout;
import java.awt.event.WindowAdapter;
import java.awt.event.WindowEvent;

import javax.swing.JCheckBoxMenuItem;
import javax.swing.JFrame;
import javax.swing.JMenu;
import javax.swing.JMenuBar;
import javax.swing.JMenuItem;

public class CheckBoxMenuDemo {
    JFrame f = null;

    public CheckBoxMenuDemo() {
        //创建窗口
        f = new JFrame("菜单的使用");
        //设置窗口的布局方式
        f.setLayout(new FlowLayout());
        //创建菜单条
        JMenuBar mb = new JMenuBar();
        //创建菜单
        JMenu m1 = new JMenu("窗口");
        //把菜单添加到菜单条上
        mb.add(m1);
        //创建菜单项
        JMenuItem mt1 = new JCheckBoxMenuItem("调试窗口");
        JMenuItem mt2 = new JCheckBoxMenuItem("控制台");

        //把菜单项添加到菜单中
```

```
            m1.add(mt1);
            m1.add(mt2);
            //把菜单条添加到窗口中
            f.setJMenuBar(mb);
            f.setSize(300,300);
            f.setVisible(true);
        }

        public static void main(String args[]) {
            new CheckBoxMenuDemo();
        }
    }
```

3. 弹出式菜单

为了方便用户的操作,经常在程序中定义一些弹出式菜单。当需要使用这些菜单的时候,在适当的地方单击鼠标右键就可以调出菜单。

弹出式菜单是一个独立的菜单,在窗口中单击鼠标右键的时候弹出,显示形式如图 6.28 所示。

弹出式菜单使用 JPopupMenu 和 JMenuItem 来创建,JPopupMenu 表示弹出式菜单,JMenuItem 表示具体的菜单项。弹出式菜单与之前介绍的菜单的用法基本相同。下面的代码展示了弹出式菜单的创建过程。

图 6.28 弹出式菜单

```
JPopupMenu m1;
m1 = new JPopupMenu("弹出式菜单");
```

创建弹出式菜单对象之后,需要创建弹出式菜单的菜单项。下面的代码展示了如何创建和添加菜单项。

```
JMenuItem mt1 = new JMenuItem("New");
m1.add(mt1);
```

在需要的时候可以显示弹出式菜单,可以通过单击按钮,或者单击菜单项,通常是通过单击鼠标右键弹出菜单,显示菜单的方法如下:

```
public void show(Component invoker, int x, int y)
```

第一个参数表示在哪个窗口中显示,第二个和第三个参数表示弹出式菜单在窗口中的位置。

【例 6.43】 弹出式菜单。

```
package example6_43;

import java.awt.FlowLayout;
import java.awt.event.MouseAdapter;
import java.awt.event.MouseEvent;
```

```java
import javax.swing.JFrame;
import javax.swing.JMenuItem;
import javax.swing.JPopupMenu;

public class PopupMenuDemo extends MouseAdapter {
    //定义菜单项
    JPopupMenu m1;
    //定义窗体
    JFrame f;

    public PopupMenuDemo() {
        //创建窗体
        f = new JFrame("弹出式菜单");
        //注册
        f.addMouseListener(this);
        //设置窗口的布局方式
        f.setLayout(new FlowLayout());
        //实例化弹出式菜单对象
        m1 = new JPopupMenu();
        //创建菜单项
        JMenuItem mt1 = new JMenuItem("New");
        JMenuItem mt2 = new JMenuItem("Load");
        JMenuItem mt3 = new JMenuItem("Save");
        JMenuItem mt4 = new JMenuItem("Quit");
        //把菜单项添加到菜单中
        m1.add(mt1);
        m1.add(mt2);
        m1.add(mt3);
        m1.add(mt4);
        //把菜单添加到窗口中
        f.add(m1);
        f.setSize(200,200);
        f.setVisible(true);
    }

    public static void main(String args[]) {
        new PopupMenuDemo();
    }
    @Override
    public void mouseReleased(MouseEvent e) {
        if (e.isPopupTrigger())
            m1.show(e.getComponent(),e.getX(),e.getY());
    }
}
```

6.3.9 树形结构的使用

树形结构是图形用户界面中常用的一种组件,树是由若干节点组成的,包括叶子节点和分支节点。在 Java 中使用 JTree 表示树形结构,书中的节点(不区分叶子节点和分支节点)

使用 DefaultMutableTreeNode 来表示。对于树形结构的使用主要包括创建树、为树添加节点、响应用户的选择操作。

1. 创建树

创建树调用 JTree 的构造方法，在创建树的时候需要提供一个根节点，根节点和其他普通节点相同，都是 DefaultMutableTreeNode 的对象，创建 DefaultMutableTreeNode 对象表示根节点，然后把这个根节点作为参数创建 JTree 对象。下面的代码展示了基本用法：

```
DefaultMutableTreeNode root = new DefaultMutableTreeNode("Java 电子书");
tree = new JTree(root);
```

第一行代码的参数表示当前节点上显示的文字内容。

2. 为树添加节点

节点和节点的子节点都是 DefaultMutableTreeNode 的对象，要把一个节点作为另外一个节点的子节点，调用节点的 add 方法即可。例如 section 和 chapter 都是 DefaultMutableTreeNode 的对象，前者表示电子书的第几部分，后者表示电子书的具体章。下面的代码把 chapter 作为了 section 的孩子成员。

```
section.add(chapter);
```

3. 当用户在树上单击的时候对用户响应

生成树形结构之后，用户可以单击树中的某个节点，这时候需要向用户响应。要对用户的选择事件进行响应，需要实现 TreeSelectionListener 接口，实现这个接口中的方法 public void valueChanged(TreeSelectionEvent e)，在处理方法中可以通过 DefaultMutableTreeNode node＝(DefaultMutableTreeNode) tree.getLastSelectedPathComponent()得到当前被选择的节点，然后可以对节点进行操作。另外，需要调用 tree.addTreeSelectionListener(this)，把事件处理器关联起来。

4. 实例

下面的例子展示了如何创建 JTree、为 JTree 添加多个节点，然后在单击节点的时候触发事件。

【例 6.44】 树形结构的使用。

```
package example6_44;

import java.awt.BorderLayout;

import javax.swing.JFrame;
import javax.swing.JScrollPane;
import javax.swing.JTextArea;
import javax.swing.JTree;
import javax.swing.event.TreeSelectionEvent;
import javax.swing.event.TreeSelectionListener;
import javax.swing.tree.DefaultMutableTreeNode;
import javax.swing.tree.TreeSelectionModel;

public class JTreeDemo implements TreeSelectionListener {
```

```java
    JFrame f;
    JTree tree;
    JTextArea textArea;

    public JTreeDemo() {
        f = new JFrame("JTree Demo");
        f.setLayout(new BorderLayout());

        DefaultMutableTreeNode root = new DefaultMutableTreeNode("Java 电子书");
        tree = new JTree(root);
        tree.getSelectionModel().setSelectionMode(
                TreeSelectionModel.SINGLE_TREE_SELECTION);
        JScrollPane treeView = new JScrollPane(tree);
        DefaultMutableTreeNode chapter = null;
        DefaultMutableTreeNode section = null;
        String[] sections = new String[] { "第一部分：基本语法","第二部分：面向对象",
                "第三部分：常用类库" };
        String[][] chapters = new String[][] {
                { "第一章 Java 入门","第二章 运算符","第三章 控制结构" },
                { "第四章 面向对象基本概念","第五章 深入面向对象" },
                { "第六章 日期、数字和时间","第七章 集合框架" } };
        for (int i = 0; i < sections.length; i++) {
            section = new DefaultMutableTreeNode(sections[i]);
            root.add(section);
            for (int j = 0; j < chapters[i].length; j++) {
                chapter = new DefaultMutableTreeNode(chapters[i][j]);
                section.add(chapter);
            }
        }
        f.add(treeView,BorderLayout.WEST);

        textArea = new JTextArea(40,30);
        f.add(textArea,BorderLayout.EAST);

        tree.addTreeSelectionListener(this);
        f.setSize(600,400);
        f.setVisible(true);
    }

    public static void main(String args[]) {
        new JTreeDemo();
    }

    public void valueChanged(TreeSelectionEvent e) {
        DefaultMutableTreeNode node = (DefaultMutableTreeNode) tree
                .getLastSelectedPathComponent();
        if (node == null)
            return;
        Object nodeInfo = node.getUserObject();
        textArea.setText(nodeInfo.toString());
    }
}
```

运行效果如图 6.29 所示。

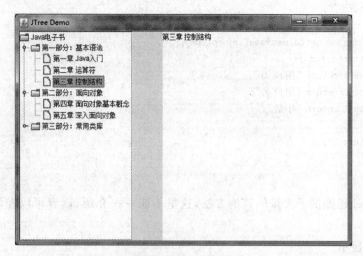

图 6.29 树形结构的使用

6.3.10 表格的使用

在图形用户界面中表格也是非常常用的一个组件,很多数据都需要通过表格来组织。在 Swing 中使用 JTable 来负责表格的显示控制,TableModel 负责组织表格中的数据,在使用的时候通过 JTable 处理与数据显示相关的问题,使用 TableModel 来提供要显示的数据。

1. 准备数据

TableModel 负责组织数据,是一个接口,定义了大量与数据操作相关的方法,为了方便使用可以直接继承 AbstractTableModel,然后实现需要的方法即可,常用的几个方法如下。

- public int getColumnCount():返回表格中数据的列数。
- public int getRowCount():返回表格中数据的行数。
- public Object getValueAt(int row,int col):返回表格中某个位置的数据,参数是行和列。
- public String getColumnName(int column):返回列的名字,显示在表头上。

例如要在表格中显示一些用户信息,用户信息使用 users 来表示,类型为 List<User>,User 包含三个属性 userid、username、userage,TableModel 对象可以这样创建:

```
TableModel dataModel = new AbstractTableModel() {
    public int getColumnCount() {
        return 3;
    }
    public int getRowCount() {
        return users.size();
    }
    public Object getValueAt(int row, int col) {
        switch(col){
            case 0:return users.get(row).getUserid();
            case 1:return users.get(row).getUsername();
            case 2:return users.get(row).getUserage();
```

```
            }
            return "";
        }
        public String getColumnName(int column) {
            switch(column){
            case 0:return "用户 ID";
            case 1:return "用户名";
            case 2:return "年龄";
            }
            return "";
        }
    };
```

TableModel 还提供了大量的其他方法，这里不能一一介绍，读者可以在使用的过程中慢慢学习。

2. 数据的显示

数据显示使用 JTable，通常以 TableModel 为参数创建 JTable 对象，如果数据的行和列比较多，通常需要使用滚动条，滚动条使用 JScrollPane，下面的代码展示了基本用法：

```
JTable table = new JTable(dataModel);
JScrollPane scrollpane = new JScrollPane(table);
```

dataModel 是 TableModel 对象。

3. 为表格添加事件

可以为表格添加多种事件，这里以记录选择为例，当用户使用鼠标选中某一行或者用键盘选中某一行的时候会触发事件。要监听这种事件需要实现 ListSelectionListener 接口，实现这个接口的 public void valueChanged(ListSelectionEvent e) 方法。通常会获取被选中的项，下面的代码展示了如何获取选中的信息：

```
int row = table.getSelectedRow();
String tempId = model.getValueAt(row,0).toString();
```

其中，table 是显示数据的 JTable 对象，model 是数据模型。

下面的代码建立事件源和事件处理代码之间的关系。

```
ListSelectionModel selectionMode = table.getSelectionModel();
selectionMode.setSelectionMode(ListSelectionModel.SINGLE_SELECTION);
selectionMode.addListSelectionListener(this);
```

其中，table 是显示数据的 JTable 对象，第 2 行代码的作用是设置为单选，第 3 行注册事件处理器。

4. 实例

使用表格管理用户信息。

【例 6.45】 使用表格显示用户信息，当选择某个用户的时候，在窗口的下面显示该用户的详细信息。完整的代码参见本书附赠光盘。

运行效果如图 6.30 所示。

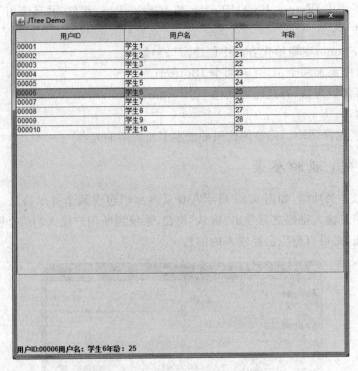

图 6.30 使用表格管理用户信息

6.3.11 实例：选择用户

如图 6.31 所示，左边列出了一些用户，中间是两个按钮，单击左边的按钮，可以把左边选择的项添加到右边，单击右边的按钮，可以把右边选中的选项删除，右边的列表列出了已经选择的项。如果没有选择而单击了按钮会提示"没有选择"，如果选择的项已经存在于右边的列表框中，则提示不能添加。

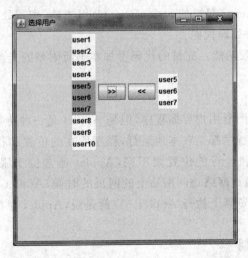

图 6.31 选择用户

程序中主要使用 JFrame、JList、JButton 和 JOptionPane 组件,并且使用了事件处理。

实现过程如下:

(1) 继承 JFrame,在初始化方法中创建窗口对象;

(2) 向窗口中添加两个 JList 和两个 JButton;

(3) 编写事件处理器,并且注册到两个 JButton 上;

(4) 显示窗口。

【例 6.46】 选择用户。完整的代码参加本书所附赠的光盘。

6.3.12 实例:模拟登录

本实例模拟登录功能,如图 6.32 所示在登录界面中包含两个提示信息、两个输入框和两个按钮。当用户输入密码之后单击"确认"按钮,系统判断用户输入的两个密码是否相同,单击"清除"按钮,则可以删除已经输入的信息。

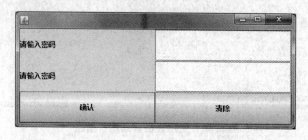

图 6.32 模拟登录

实现过程如下:

(1) 继承 JFrame,在初始化方法中创建窗口对象;

(2) 向窗口添加组件,包含两个标签,两个输入框和两个按钮;

(3) 初始化窗口,包括设置窗口的大小、位置和显示窗口;

(4) 实现 ActionListener;

(5) 实现 ActionListener 接口的 actionPerformed 方法,编写处理代码;

(6) 关联按钮与事件处理代码。

【例 6.47】 模拟登录功能。完整的代码参加本书所附赠的光盘。

6.3.13 JApplet

Applet 也是 Java 的图形用户界面程序,但是 Applet 是一种特殊的程序,特殊在它的运行方式不同,之前介绍的程序都是在本地运行,程序所在的位置和程序运行的位置相同,而 Applet 程序所在的位置和运行的位置则不同,Applet 通常位于服务器上,然后被嵌入到 HTML 网页中,当用户通过网络访问网站上的网页的时候,Applet 类文件会被下载到客户端的浏览器上,然后在浏览器上执行 Applet。也就是说,Applet 存在于服务器上,运行的时候会下载到客户端执行。

1. Applet 的生命周期

每个 Applet 在编写的时候需要提供 5 个方法:init、start、stop、destroy 和 paint 方法,这 5 个方法会在 Applet 生命周期的各个阶段来执行。

初始化阶段：在客户端浏览器下载 Applet 之后，会创建该 Applet 对象，对象创建之后会进行初始化，调用 init 方法，在 Applet 的生命周期中 init 方法只执行一次。

激活阶段：在浏览器调用 init 方法完成初始化之后，会调用 start 方法来启动 Applet，与 init 方法不同的时候，init 方法在生命周期中只执行一次，而 start 方法可以执行很多次，如果用户在访问过程中转向了其他页面然后再次转换到当前页面的时候会再次调用 start 方法，可以称为激活。在激活的时候会调用 paint 方法重画界面。

挂起阶段：如果用户在访问网页的过程中转向了其他页面，浏览器会停止当前页面中 Applet 的执行，称为挂起，会调用 stop 方法，与 start 方法相同，在 Applet 的生命周期中会被调用很多次。

停止阶段：当关闭 Applet 所在的网页的时候，系统会释放 Applet 占用的资源，会调用 destroy 方法。

Applet 生命周期的 4 个状态之间的转换以及和 5 个方法之间的关系如图 6.33 所示。

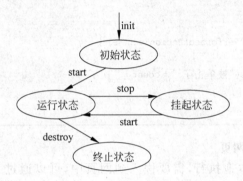

图 6.33 Applet 的生命周期

2. Applet 的编写

Applet 是特殊的类，在 AWT 编程中需要继承 Applet，使用 Swing 编程需要继承 JApplet。在继承 JApplet 的时候，通常需要实现的是 Applet 的生命周期方法。JApplet 和 JFrame 相同，都是一个窗口，所以在编写 Applet 的时候，可以在窗口中添加各种组件，并且设置组件的布局方式，根据需要为组件添加各种事件处理代码，编写过程与其他的图形用户界面程序相同。

下面的 Applet 包含两个组件：一个按钮和一个标签，在按钮上单击的时候在标签上显示在按钮上单击的次数。

【例 6.48】 Applet 实例。

```
package example6_48;

import java.awt.Graphics;
import java.awt.GridLayout;
import java.awt.event.ActionEvent;
import java.awt.event.ActionListener;

import javax.swing.JApplet;
```

```java
import javax.swing.JButton;
import javax.swing.JLabel;

public class AppletDemo extends JApplet implements ActionListener {
    private JButton button;
    private JLabel label;
    private int count;

    public void init() {
        setLayout(new GridLayout(2,1));
        button = new JButton("请单击我");
        label = new JLabel("这里显示单击次数");
        add(button);
        button.addActionListener(this);
        add(label);
    }
    @Override
    public void actionPerformed(ActionEvent e) {
        count++;
        label.setText("被单击了 " + count + " 次了");
    }
}
```

3. 把 Applet 嵌入到网页

Applet 需要下载到本地执行,需要嵌入到网页中,可以通过 HTML 的 applet 标签。applet 标签的主要属性如下:

- code:指出 Applet 文件的位置。
- align:表示对齐方式,可选的值包括 left、right、top、bottom、middle、baseline、texttop、absmiddle 和 absbottom。
- alt:Applet 的替换文本,当浏览器不支持 Applet 的时候显示的内容。
- codebase:规定 code 属性指定的 applet 的基准 URL。
- height:applet 的高度。
- hspace:applet 和左右元素之间的距离。
- name:applet 的名字。
- vspace:applet 和上下元素之间的距离。
- width:applet 的宽度。

下面的代码把例 6.48 中的 Applet 嵌入到网页中。

【例 6.49】 把 Applet 嵌入到网页中。

```
<applet code = "example6_48.AppletDemo.class" width = "350" height = "350">
</applet>
```

【注意】 class 文件要和网页放在相同的位置。

6.3.14 图形

之前介绍的 GUI 程序都是在窗口中添加各种元素,在很多应用中用户需要自己控制页面的实现效果,甚至在界面中画各种形状的图形。本节介绍如何在窗口中画图。

实际上之前的 GUI 应用中窗口的内容都是画上去的,只是画的过程我们没有关心。要在界面上画各种图形,可以在 paint 方法中定义。paint 方法的定义是 public void paint(Graphics g),画图就是通过方法中的参数 g 进行的。

Graphics 对象提供的常用方法如下:

- setColor 和 getColor:设置或者获取画笔的颜色,用于控制所画图形的颜色。
- setFont 和 getFont:设置或者获取 Font 对象,Font 表示字体信息。
- drawLine(int x1,int y1,int x2,int y2):画直线,前两个参数表示起始点的坐标,后两个参数表示结束点的坐标。
- fillRect(int x,int y,int width,int height):填充矩形,前两个参数表示矩形的左上角坐标,第 3 个和第 4 个参数表示矩形的宽度和高度。
- drawRect(int x,int y,int width,int height):画矩形,参数作用与填充矩形时候的参数相同。
- clearRect(int x,int y,int width,int height):把画好的矩形删除掉。
- drawRoundRect(int x,int y,int width,int height,int arcWidth,int arcHeight):画圆角矩形,第 5 个参数和第 6 个参数表示圆角的宽度和高度。
- fillRoundRect(int x,int y,int width,int height,int arcWidth,int arcHeight):填充圆角矩形,参数的含义同上。
- draw3DRect(int x,int y,int width,int height,boolean raised):画三维矩形,最后一个参数表示矩形向上突起还是向下凹进去。
- fill3DRect(int x,int y,int width,int height,boolean raised):填充三维矩形,参数同上。
- drawOval(int x,int y,int width,int height):画椭圆,前两个参数表示左上角的坐标,后两个参数表示椭圆的宽度和高度,如果要画圆让 width 和 height 相同即可。
- fillOval(int x,int y,int width,int height):填充椭圆,参数含义同上。
- drawArc(int x,int y,int width,int height,int startAngle,int arcAngle):画弧线,前 4 个参数与画椭圆时的参数的含义相同,第 5 个参数表示起始角度,第 6 个参数表示弧线的弧度。
- fillArc(int x,int y,int width,int height,int startAngle,int arcAngle):填充弧形区域,参数含义同上。
- drawPolyline(int xPoints[],int yPoints[],int nPoints):画曲线,第 1 个参数表示所有点的横坐标,第 2 个参数表示所有点的纵坐标,第 3 个参数表示点的个数。
- drawPolygon(int xPoints[],int yPoints[],int nPoints):画多边形,参数含义同上。
- fillPolygon(int xPoints[],int yPoints[],int nPoints):填充多边形,参数含义同上。
- drawString(String str,int x,int y):显示字符串,第 1 个参数表示要显示的字符串,第 2 个参数和第 3 个参数表示字符串的位置。

- drawImage：显示图片，提供了多种显示图片的方式。

注意在使用 paint 方法的时候需要先调用父类的 paint 方法，否则在显示界面的时候其他的元素就不能正常显示了。

下面通过一个例子展示如何在界面上画各种图形。

【例 6.50】 画各种图形。

```java
package example6_50;

import java.awt.Color;
import java.awt.Graphics;

import javax.swing.JFrame;
import javax.swing.JLabel;

public class PaintDemo extends JFrame {
    public PaintDemo() {
        this.setSize(500,500);
        this.setLocation(100,200);
        this.add(new JLabel("可以画各种图形……"));
        this.setVisible(true);
    }

    public void paint(Graphics g){
        super.paint(g);
        Color temp = g.getColor();
        g.setColor(Color.RED);
        g.drawString("这是一个字符串!",400,200);
        g.setColor(Color.GREEN);
        g.drawRect(50,50,100,100);
        g.setColor(Color.YELLOW);
        g.fillOval(100,150,200,200);
        g.fillArc(100,350,200,200,45,200);
        g.setColor(temp);
    }

    public static void main(String[] args) {
        new PaintDemo();
    }
}
```

6.4 综合实例

本节通过三种不同类型的综合例子对 Java 的内容进行总结。

第一个实例实现了一个信息管理系统，完成对学生信息的管理，是在第 5.9 节的学生信息管理系统的基础上加入了图形用户界面。

第二个实例是图形界面方式的网络聊天程序，是对第 6.2.5 节中的聊天室的图形化实现。

第三个实例实现的功能模拟了 Windows 系统自带的画图软件。

6.4.1 实例：学生信息管理系统（GUI 版本）

学生信息使用文件保存，通过图形用户界面完成学生信息的添加、查看、删除、修改功能。实例的完整代码参加本书附带的光盘。

6.4.2 实例：网络聊天程序（GUI 版本）

网络聊天程序能够满足多个用户同时聊天，服务器程序监听客户端的请求，每个聊天用户可以连接到服务器，客户端通过图形用户界面把消息发送到服务器端，服务器再把消息转发给在线的客户端，客户端通过图形用户界面查看其他客户端发的聊天信息。实例的完整代码参加本书附带的光盘。

6.4.3 实例：简单画图工具

该实例模拟 Windows 操作系统中提供的画图工具，用户可以选择画笔的颜色，可以选择不同的图形来画图。实例的完整代码参加本书附带的光盘。